The First Book *of*

Baking *for* Beginners

烘焙新手必備的第一本書

106道超簡單零失敗の幸福甜點

Carol＝著

| 推薦序 |

按圖索驥就能享受自己動手做的樂趣

古人說：「民以食為天」，這是一句放諸四海皆準的名言。人類生活的六大需要，即所謂：食、衣、住、行、育、樂，而食列為首要。至於飲食文化每一個國度、民族、地區都不相同，而各具風格與特色。如今藉由視訊網路的發達，各國都在介紹自己的飲食文化，以促進觀光。譬如韓國的《大長今》影集，就是傳播韓國美食的最佳例證。日本電視播映的美食節目，亦是藉由料理介紹日本各地不同的美食，以達宣傳的效果。可見「食」對人類的重要性。

作者Carol出生於公教家庭，早年公教的薪俸微薄，維持家計十分辛苦。三餐之外欲享受蛋糕、餅乾是很奢侈的事。其母董玉亭女士，為了改善生活滿足家人，因此學習烘焙，置辦烤箱等器具，自己動手做西點，成品既可口又經濟。Carol從小耳濡目染，即對烘焙產生濃厚的興趣。也學著自己烘焙，經常將成果送給好友、同學，贏得很多友誼，奠定了她對烘焙良好的基礎。以後又進一步閱讀相關資料，摸索嘗試，融會貫通，而能青出於藍。

民國95年的12月，Carol在YAHOO網站建立了部落格，經常將身邊的瑣事與廚房心得PO上網，與廣大的網友分享，未料每日點閱人數達到上萬，如今總人數已破千萬人次。幸福文化出版社與其接洽，擇取其中餅乾及蛋糕製作出版為專輯，以做為廣大讀者的參考。

如今是一個重視生活品質的社會，除了吃的好之外，還要吃的健康。本書從選材、配料、到製作的程序，一絲不苟，以精美的照片呈現每一個環節，讀者只要按照作者的指引，就能享受自己做的樂趣，而促進家庭的和諧，享受幸福的人生。這本書對初學者而言將會收到意想不到的效果。在出版前夕，內舉不避親，特誠摯地向親愛的讀者推介，並題詩一首，做為本文的結束，詩云：

西點出爐滿室香，垂涎欲滴味芬芳。舉家和樂常歡笑，指引迷津意興長。

2010年6月10日序於內湖聽竹軒

（本文作者為大學教授，中華詩學研究會理事長）

| 自　序 |

親手烘焙是最幸福的事

一直還記得童年時在烤箱前等待媽媽做的蛋糕出爐，甜甜的滋味飄散在空氣中，媽媽做的蛋糕永遠是記憶中最甜蜜的味道。烘焙的世界迷人又多彩，在我為家人朋友烘烤點心的時候，自己也沉迷在製作的過程中。不論是甜蜜的生日蛋糕或是酥脆討喜的餅乾，看到家人及朋友驚喜的笑臉就是我源源不絕的動力來源。親手烘焙總讓我得到大大的滿足，只要將平凡無奇的麵粉、奶油、雞蛋、砂糖等材料混合就可以產生各種變化。可口的餅乾、蛋糕就這麼從自家烤箱製造出來。

四年前在我決定離開職場之後，老公就一直鼓勵我要做自己有興趣的事。廚房是我從小到大最喜愛的地方，嘗試自己製作各種烘焙料理更是我最大的興趣。為了記錄下自己的心得，我在YAHOO開啟了部落格，從此部落格就與我的生活緊緊相連。在部落格中記錄這些烘焙料理的過程，又是另一種意想不到經驗。全世界各地的朋友聚集在這個小小空間彼此交流討論，大家也不吝給我支持跟鼓勵，更讓我覺得能做自己喜愛的事真的是最幸福的。

這本書收錄了將近四年來我在部落格中分享過的以及部份未發表過的西點及蛋糕，內容都是自己在家實際操作的完整記錄。藉由自己操作過的經驗，整理出清楚的步驟及詳細說明，讓有興趣的朋友參考，利用家庭中非專業的烤箱也可以做出美味又健康的成品。

這一路走來要謝謝親愛的家人做我的後盾，老公總是默默的給我支持，有時候我滿手麵粉卻發現少糖少材料時，他就會騎上摩托車出門幫我採買。在遇上某些無法自己拍攝的步驟照時，他也必須放下手邊忙碌的工作，即時給我支援。在作品完成後還要幫我拍攝成品照，讓我的點心看起來更甜蜜可口。感謝有他在身邊，我可以在小小的廚房中盡情揮灑。

另外許多朋友分享了他們參考我的食譜成功的經驗，也鼓舞我創作的自信。還有很多朋友提供他們品嚐過的美食，讓我有更多不同的嘗試。所以如果我在這個小小的廚房裡有任何的成長，也要謝謝在電腦前一直替我加油的每一個朋友。你們是支撐我前進的最大動力，帶給我許多的勇氣。因為你們這一路的陪伴，我的所有分享才有了意義，天使在我心中。

最後要感謝幸福文化的總編輯淑娟及所有編輯部的工作夥伴們，他們非常辛苦整理這些龐大的圖文，為我孕育出生平的第一本著作。

甜點有著傳遞幸福因子的魔力，將喜悅美好分享給周遭的人。我想藉由這本書將這樣的心情傳達給你們，讓大家都能夠感受到手工烘焙的魅力，也將烘焙的快樂分享給身邊最親愛的家人。

胡涓涓
Carol

目錄
CONTENTS

Part 1
餅乾
Cookie

❹ 擠花餅乾 092

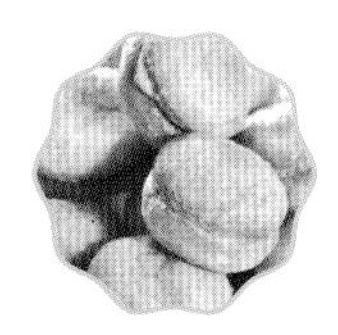

❺ 酥皮餅乾 114

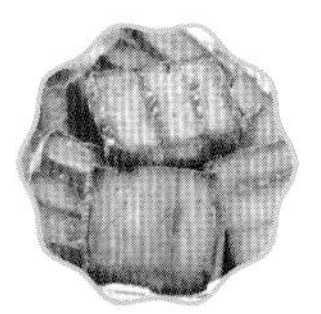

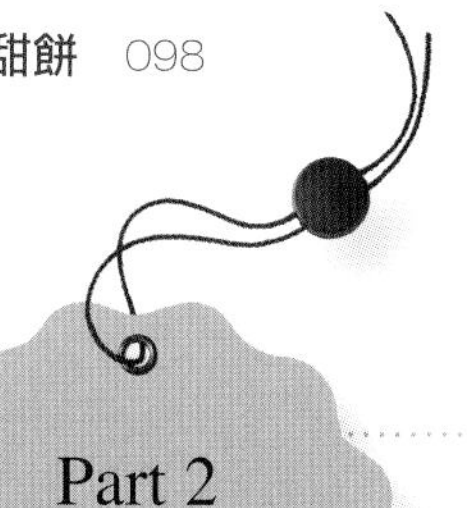

Part 2 蛋糕 Cake

❶ 磅蛋糕 145

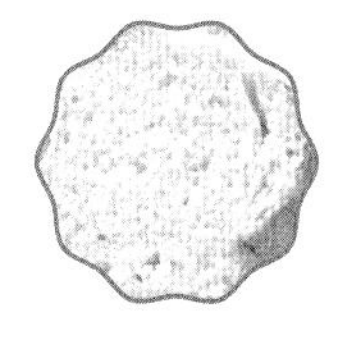

❷ 乳酪蛋糕 174

❸ 清爽戚風蛋糕 200

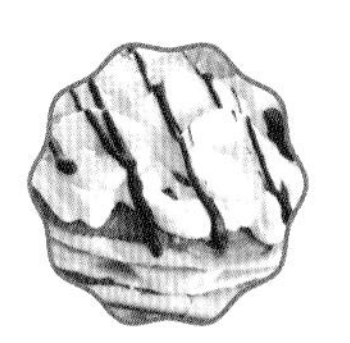

使用本書之前您必須知道的事

本書材料單位標示方式

・大匙→T；小匙→t；公克→g；立方公分→毫升→cc

重量換算

・1 公斤（1kg）＝1000公克（1000g）
・1台斤＝16兩＝600g；1兩＝37.5g

容積換算

・1公升＝1000cc；1杯＝240cc＝16T
・1大匙（1 Tablespoon，1T）＝15cc＝3t
・1小匙（1 teaspoon，1t）＝5cc

烤盒圓模容積換算

・1吋＝2.54cm
如果以8吋蛋糕為標準，換算材料比例大約如下：6吋：8吋：9吋：10吋＝0.6：1：1.3：1.6
・6吋圓形烤模份量乘以1.8＝8吋圓形烤模份量
・8吋圓形烤模份量乘以0.6＝6吋圓形烤模份量
・8吋圓形烤模份量乘以1.3＝9吋圓形烤模份量
・**圓形烤模體積計算：**3.14×半徑平方×高度＝體積

食材容積與重量換算表　　單位：g

項目＼量匙	1T（1大匙）	1t（1小匙）	1/2t（1/2小匙）	1/4t（1/4小匙）
水	15	5	2.5	1.3
牛奶	15	5	2.5	1.3
低筋麵粉	12	4	2	1
在來米粉	10	3.3	1.7	0.8
糯米粉	10	3.3	1.7	0.8
綠茶粉	6	2	1	0.5
玉米粉	10	3.3	1.7	0.8
奶粉	7	2.3	1.2	0.6
無糖可可粉	7	2.3	1.2	0.6
太白粉	10	3.3	1.7	0.8
肉桂粉	6	2	1	0.5
細砂糖	7.5	2.5	1.3	0.6
蜂蜜	22	7.3	3.7	1.8

項目＼量匙	1T（1大匙）	1t（1小匙）	1/2t（1/2小匙）	1/4t（1/4小匙）
楓糖漿	20	6.7	3.3	1.7
奶油	13	4.3	2.2	1.1
蘭姆酒	14	4.7	2.3	1.2
白蘭地	14	4.7	2.3	1.2
鹽	15	5	2.5	1.3
檸檬汁	15	5	2.5	1.3
速發酵母	9	3	1.5	0.8
泡打粉	9	3	1.5	0.8
小蘇打粉	7.5	2.5	1.3	0.6
塔塔粉	9	3	1.5	0.8
植物油	13	4.3	2.2	1.2
固體油脂	13	4.3	2.2	1.1

備註：奶油1小條＝113.5g；奶油4小條＝1磅＝454g

烘焙工具圖鑑（About The Equipments）

以下為本書中會使用到的器具，提供給新手參考。適當的工具可以幫助新手在製作蛋糕的過程中，更加得心應手。先看看家裡有哪些現成的器具能夠代替，再依照自己希望製作的成品來做適當的添購。

一、基本工具

- **烤箱（Oven）**一般能夠烤全雞24公升以上的家用烤箱就可以在家烘烤麵包蛋糕。有上下火獨立溫度的烤箱會更適合。書中標示的溫度大部分都是使用上下火相同溫度，除非有特別的成品才會特別註明。烤箱最重要的是，烤箱門必須能夠緊密閉合，不讓溫度散失。烤箱門若有隔熱膠圈設計，溫度就會比較穩定。（**圖1**）
- **磅秤（Scale）**分為微量秤及一般磅秤。微量秤（電子磅秤）最小可以秤量到1g，一般磅秤最小可以秤量到10g。準確的將材料秤量好非常重要，秤量的時候記得扣除裝東西的容器重量。（**圖2**）
- **量杯（Measuring Cup）**量杯用於秤量液體材料，使用量杯必須以眼睛平行看刻度才準確。最好也準備一個玻璃材質的，微波加熱很方便。（**圖3、4**）
- **量匙（Measuring Spoon）**一般量匙約有4支：分別為1大匙（15cc）；1小匙（5cc）；1/2小匙（2.5cc）；1/4小匙（1.25cc）。使用量匙可以多舀取一些，然後再用小刀或湯匙背刮平為準。（**圖5**）
- **攪拌用鋼盆（Mixing Bowl）**最好準備直徑30cm大型鋼盆1個，直徑20cm中型鋼盆2個，材質為不鏽鋼，耐用也好清洗。底部必須要圓弧形才適合，操作攪打時不會有死角。（**圖6**）
- **玻璃或陶瓷小皿（Small Glass or Ceramic Dish）**秤量材料時使用，也方便微波加熱融化使用。（**圖7**）
- **打蛋器（Whipper）**網狀鋼絲容易將材料攪拌起泡或是混合均勻使用。（**圖8**）
- **手提式電動打蛋器（Eggbeater）**可代替手動打蛋器，省時省力。但電動打蛋器只可以攪拌混合稀麵糊，例如蛋白霜打發　、全蛋打發與糖油麵粉拌合等。千萬不可以攪拌麵包麵糰，以免損壞機器。（**圖9**）

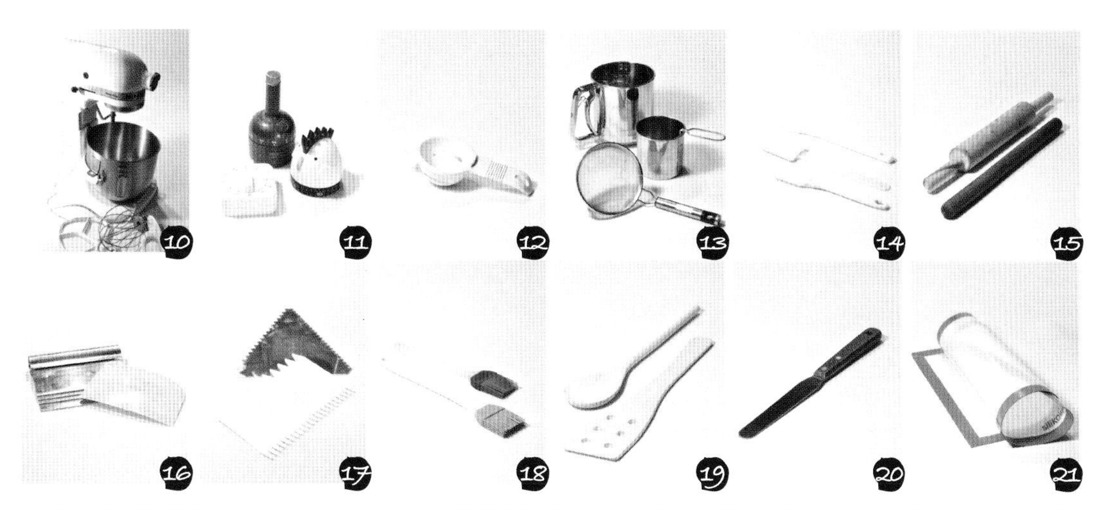

・**桌上家用攪拌機（Beating Machine）**攪拌機馬力大，它的功能除了具備電動打蛋器打蛋白霜、打鮮奶油，以及混合蛋糕的麵糊之外，還可以攪拌麵包麵糰，幫忙省不少力。可依照家中人數需求來挑選適合的大小。太大公升數的攪拌機有一個缺點，就是想做少量時就沒有辦法攪打。因為攪拌機要有一定的份量才攪打的起來，例如打蛋白霜必須要4個蛋白才能夠用攪拌機，低於4顆蛋就必須用電動打蛋器。而容量越大的攪拌機就必須要越大的量才能攪打。（**圖10**）

・**計時器（Timer）**用來做麵包或做蛋糕時提醒時間。最好準備兩個以上，使用上會更有彈性。（**圖11**）

・**分蛋器（Egg Separator）**可以快速有效的將蛋白與蛋黃分離。當然手也是很好的分蛋器，利用手指間的隙縫可以方便的將蛋黃蛋白分開。（**圖12**）

・**過濾篩網（Strainer）**做蛋糕前一定要將粉類的結塊篩細，攪拌的時候才會均勻。也方便在蛋糕成品上篩糖粉裝飾使用。（**圖13**）

・**橡皮刮刀（Rubber Spatula）**混合麵糊攪拌，也可以用於將鋼盆中的材料刮取乾淨。最好選擇軟硬適中的材質。（**圖14**）

・**擀麵棍（Rolling Pin）**粗細各準備1支，視麵糰大小份量不同使用。可以將麵糰擀整適合的形狀大小。（**圖15**）

・**刮板與切麵刀（Scraper and Dough Scrape）**可以切麵糰或是將黏在桌上的麵糰鏟起，也可以切拌奶油麵粉。最好選擇底部是圓角狀的，可以沿著鋼盆底部將材料均勻刮起。平的一面可以當麵糰切板及平板蛋糕麵糊抹平使用。（**圖16**）

・**齒形刮板（Tooth Scraper）**抹奶油裝飾時使用，可做出整齊的輪狀造型。（**圖17**）

・**刷子（Brush）**有軟毛及矽膠兩種材質，矽膠材質較好清潔保存。可於海綿蛋糕刷糖漿、塗抹果膠或是麵包餅乾表面塗抹蛋液及刷去多餘粉類時使用。（**圖18**）

・**木匙（Wooden Spoon）**長時間熬煮材料使用，木質不會導熱，才不會燙傷。（**圖19**）

・**抹刀（Palette Knife）**為了將鮮奶油、巧克力醬等裝飾材料塗抹在蛋糕表面均勻時使用。（**圖20**）

・**矽膠防沾烤工作墊（Silica Gel）**防滑且耐高溫，使用方便也好清潔。適合墊在工作檯上甩打麵糰或揉麵時使用。但要注意不可以用尖銳的東西切割以免損壞。（**圖21**）

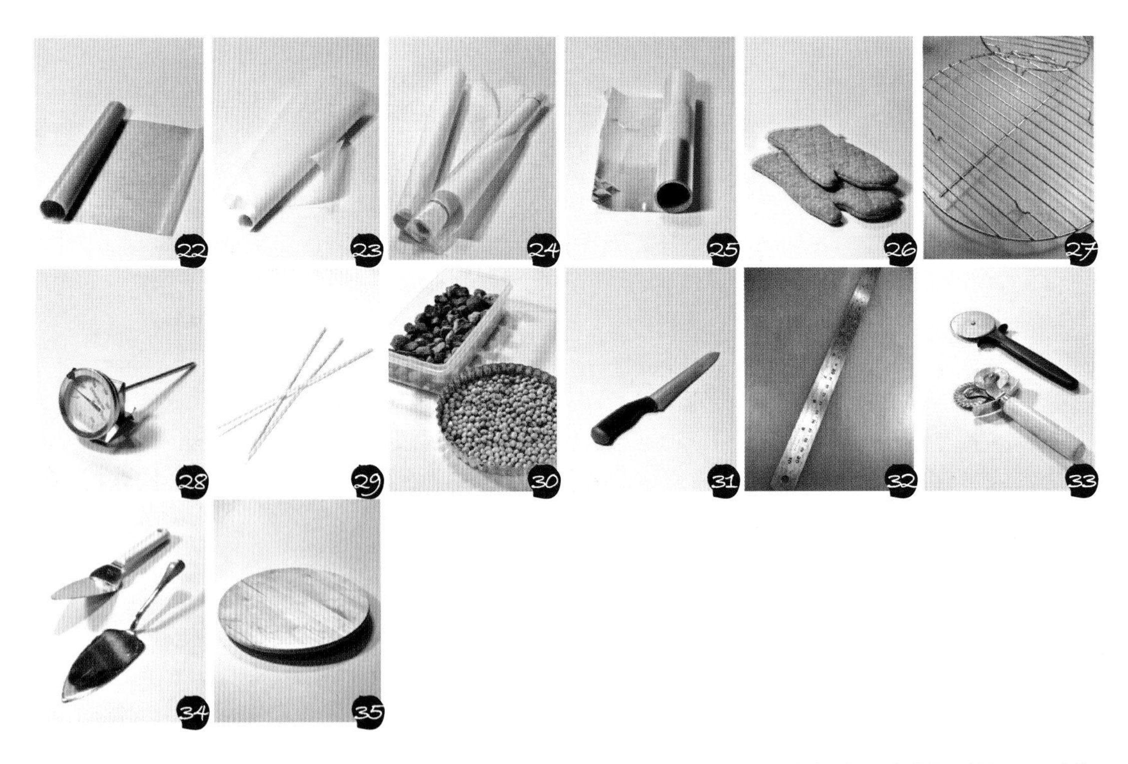

- **防沾烤焙布（Fabrics）**可以避免成品底部沾黏烤盤，自己依照烤盤大小裁剪。清洗乾淨就可以重複多次使用。（**圖22**）
- **防沾烤紙（Parchment Paper）**此為一次性拋棄式的，可以避免成品底部沾黏烤盤，大都是捲筒式，可自己依照烤盤大小裁剪。（**圖23**）
- **烤焙白報紙（Baking Paper）**某些蛋糕需要墊一層烤焙紙，以防止沾黏烤盤方便拿取。此烤焙紙材質為白報紙，大多用於烤平板戚風蛋糕鋪底或海綿蛋糕圍邊。可以在烘焙材料行購買整捲，再依照實際烤盤裁剪成適合的大小使用。（**圖24**）
- **鋁箔紙（Aluminum Foil）**包覆烤模或墊於烤盤底部使用。 （**圖25**）
- **厚手套（Thick Glove）**拿取從烤箱中剛烤好的成品，材質要厚一點才可以避免燙傷。（**圖26**）
- **鐵網架（Cooling Wrack）**蛋糕、餅乾烤好之後，脫模要放網架上散熱放涼。（**圖27**）
- **溫度計（Thermometer）**煮糖或打發全蛋測量溫度時使用。（**圖28**）
- **竹籤（Bamboo Slip）**測試蛋糕熟了沒有，竹籤插入蛋糕中心沒有沾黏麵糊即可。（**圖29**）
- **壓派石（Pie Weights）**烤派的時候，在派皮上放上一些小石頭，烘烤過程派皮才會平整。可以直接使用洗乾淨的小石頭，也可以利用黃豆或紅豆等穀物，烘烤完收起來保持乾燥即可重複多次使用。（**圖30**）
- **切麵包刀（Pastry Jagger）** 選擇較長且是鋸齒狀的，比較方便切麵包。（**圖31**）
- **鋼尺（Steel Rule）**尺上有刻度，方便測量分割麵糰使用，不鏽鋼耐用又好清洗。（**圖32**）
- **滾輪刀（Wheel Cutter）**切割餅乾或披薩使用，有鋸齒形及標準形兩種變化。（**圖33**）
- **蛋糕鏟（Cake Shovel）**蛋糕分切之後，用蛋糕鏟可以方便拿取。（**圖34**）
- **蛋糕轉盤（Revolving Cake Stand）**裝飾鮮奶油蛋糕使用，可以利用轉盤塗抹的更均勻。（**圖35**）

二、蛋糕烤模種類

- **不可分離式烤模（Baking Mould）**適合磅蛋糕、海綿蛋糕或做為麵包模使用。
  a.圓型蛋糕模（Round Pan）（**圖36**）　b.花形中空烤模（Ring Mould）（**圖37**）
  c.長方形烤模（Loaf Pan）（**圖38**）　d.方形烤模（Square Pan）（**圖39**）
- **戚風蛋糕專用分離式烤模（Ring Mould）**戚風不能用防沾烤模或是將烤模抹油，是因為一出爐就必須倒扣，如果用防沾模馬上就會掉下來，因為戚風會蓬鬆柔軟就是因為倒扣之後內部水分可以蒸發，蛋糕才不會回縮。戚風蛋糕烤模底板有平板跟中空兩種，可以依照成品外觀不同選用。（**圖40**）
- **派盤（Pie Pan）**甜鹹派專用。（**圖41**）
- **塔盤（Tart Pan）**塔類點心專用。（**圖42**）
- **慕斯蛋糕模（Mousse Cake Mold）**慕斯蛋糕專用，各式形狀鋼圈，搭配鐵盤為一整組。（**圖43**）
- **馬芬模（Muffin Tins）**馬芬專用烤模，一次可以做12個，非常方便。間隔距離需一致，烘烤才能更平均。（**圖44**）
- **陶瓷烤模（Souffle Dish）**舒芙蕾專用烤模。（**圖45**）
- **布丁模（Pudding Cup）**除了烤布丁外，也可以當做馬芬模使用。（**圖46**）
- **拋棄式烤模（Baking Cup）**紙製或鋁箔製，只能做一次性使用。（**圖47**）
- **矽膠烤模（Silicone Baking Cup）**矽膠製品，防沾耐高溫，可以重複使用。（**圖48**）
- **小塔模（Tart Cup）**蛋塔、水果塔類點心專用。（**圖49**）
- **擠花袋&各式擠花嘴（Piping Bag& Nozzle）**擠花餅乾麵糊或是裝飾鮮奶油時使用，可做出特殊的花紋。有塑膠及帆布兩種材質，塑膠製清洗保存較方便。擠花嘴較常使用為1cm圓形及星形，可以依照實際需要添購。（**圖50**）
- **餅乾壓模（Cookie Mould）**多種形狀，可以快速做出形狀可愛的餅乾。（**圖51**）

烘焙材料圖鑑（About The Ingredients）

甜點的完成都掌握在材料的特性與風味上，所以使用新鮮的材料是成品成功與否的重要關鍵。只要料解各材料的特性，就能避免烘焙失敗的機率。

粉類（Flour）

- **高筋麵粉（Bread Flour）**蛋白質含量最高，約在11～13%，適合做麵包、油條。高筋麵粉中的蛋白質會因為搓揉甩打而慢慢連結成鏈狀，經由酵母產生二氧化碳而使得麵筋膨脹形成麵包獨特鬆軟的氣孔。（**圖1**）
- **中筋麵粉（All Purpose Flour）**蛋白質含量次高，約在10～11.5%，適合做中式麵點。（**圖2**）
- **低筋麵粉（Cake Flour）**蛋白質含量最低，約在5～8%以下，麵粉筋性最低，適合做餅乾、蛋糕這類酥鬆產品。（**圖3**）
- **全麥麵粉（Whole-Wheat Flour）**整粒麥子磨成，包含了麥粒全部的營養，添加適宜的全麥麵粉可以達到高纖維的需求。筋性接近中筋麵粉。（**圖4**）
- **小麥胚芽（Wheat Germ）**麥子發芽成種子的部位，是非常優質的蛋白質。含豐富的維生素及微量元素。（**圖5**）
- **玉米粉（Corn Starch）**玉米澱粉，具有凝結濃稠的作用，常使用在需要勾芡的用途。因為無筋性的特點，所以做蛋糕時可以加入少量的玉米粉來降低麵粉筋度，增加蛋糕鬆軟的口感。（**圖6**）

糖類（Sugar）

- **細砂糖（Castor Sugar）**糖在西點中除了增加甜味，也具有柔軟、膨脹的作用，使得麵糊細緻有光澤。保持材料中的水分，延緩成品乾燥老化。如細砂糖精製度高，顆粒大小適中，具有清爽的甜味，容易跟其他材料溶解均勻，最適合做西點烘焙。（**圖7**）
- **黃砂糖（Brown Sugar）**其中含有少量礦物質及有機物，因此帶有淡淡褐色。但是因為顆粒較粗，不適合做西點。若要添加在麵包中，必須事先加入液體配方中使之溶化。（**圖8**）
- **黑糖（Black Sugar）**是沒有經過精製的粗糖，礦物質含量更多，顏色很深呈現深咖啡色。（**圖9**）

- **糖粉（Powdered Sugar）**細砂糖磨成更細的粉末狀，適合口感更細緻的點心。若其中添加少許澱粉，可以做為蛋糕裝飾使用，不怕潮濕。（**圖10**）
- **顆粒冰糖（Crystal Sugar）**粗粒的冰糖烘烤不會融化，適合裝飾西點使用。（**圖11**）
- **蜂蜜（Honey）**蜂蜜用於烘焙中可以增加特殊風味。（**圖12**）
- **楓糖蜜（Maple Syrup）**採收自楓樹汁液，具有特殊風味及香氣。（**圖13**）
- **麥芽糖（Malt Syrup）**屬於雙糖，是酵母最喜歡的雙葡萄糖，代替砂糖使用酵母會發的更好。甜味比蔗糖低，顏色金黃，富有光澤，有黏性。（**圖14**）

油脂類（Oil Fats）

- **無鹽奶油＆有鹽奶油（Butter）**動物性油脂，由生乳中脂肪含量最高的一層提煉出來。奶油分為有鹽及無鹽兩種。如果配方中奶油份量不多，使用有鹽或無鹽都可以。若是份量較多，最好使用無鹽奶油才不會影響成品風味。（**圖15**）
- **植物性油脂（Vegetable Oil）**此類屬於流質類的油脂，例如沙拉油、蔬菜油、橄欖油、葡萄籽油或芥花油等。可以加入麵包中或蛋糕中代替動物性油脂。（**圖16**）
- **動物性鮮奶油（Whipping Cream）**由牛奶提煉，口感比植物性鮮奶油佳。適合加熱使用，打發的時候需要另外添加細砂糖才有甜味。還可以用於料理中做白醬，濃湯等。鮮奶油開封後要密封放冰箱冷藏，開口部分要保持乾淨，使用完馬上放冰箱，這樣應該可以放20　30天。千萬不可以冷凍，一冷凍就油水分離無法打發了。（**圖17**）
- **酸奶油（Sour Cream）**是用更高乳脂含量的奶油，經由酵母菌發酵過程製作出含有0.5%以上乳酸的奶油製品。經由發酵，奶油會變的更濃稠，也帶有酸味。（**圖18**）

奶類（Milk）

- **牛奶（Milk）**可以用全脂奶粉沖泡或是使用鮮奶。加在蛋糕、餅乾中可以補充水分，調整麵糊的軟硬度。添加在麵包中代替清水，可以使得麵包更香軟可口。（**圖19**）
- **煉奶（Condensed Milk）**煉奶是添加砂糖熬煮的濃縮牛奶，水分含量只剩下一般鮮奶的1/4。添加少量就可以達到濃郁的牛奶味。　（**圖20**）

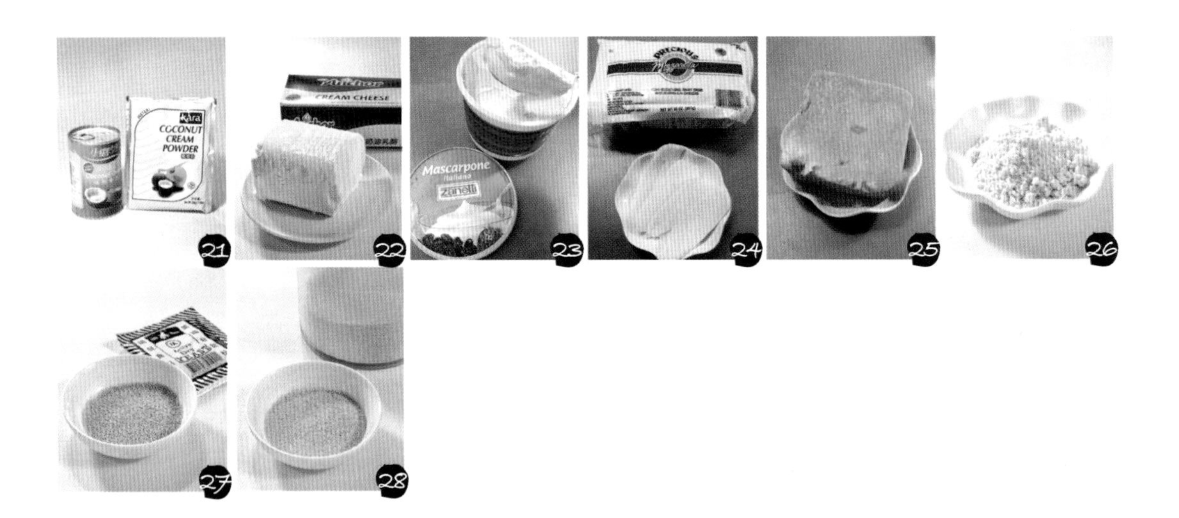

・**椰漿（Coconut Milk）**椰漿是由椰子肉壓榨出來的乳白色漿汁，具有特殊風味，含有糖份及油脂成分。有罐頭及粉狀兩種。罐頭打開可以直接使用，粉狀要加清水混合均勻還原。（**圖21**）

常見起司類（Cheese）

・**奶油乳酪（Cream Cheese）**由全脂牛奶提煉，脂肪含量高，屬於天然、未經熟成的新鮮起司。質地鬆軟，奶味香醇，是最適合做甜點的乳酪。（**圖22**）

・**馬斯卡朋起司（Mascarpone Cheese）**脂肪含量高，屬於天然、未經熟成的新鮮起司。口感細緻清新，是義大利經典甜點「提拉米蘇」的主要原料。（**圖23**）

・**摩佐拉起司（Mozzarella Cheese）**新鮮乳酪，傳統原料原是水牛奶做成，現在則大多由一般牛奶製造。新鮮Mozzarella乳酪可以跟番茄、蘿勒搭配，做出義大利著名的三色沙拉。也可以鋪放在披薩上，加熱後形成柔軟綿密的絲狀。（**圖24**）

・**切達起司（Cheddar Cheese）**原產於英國，屬於硬質起司。色澤金黃，口味甘甜。放的越久，奶香味越重。（**圖25**）

・**帕梅森起司（Parmesan Cheese）**帕梅森起司原產於義大利，為一種硬質陳年起司，含水低味道香濃，可以長時間保存。蛋白質含量豐富，可以事先磨成粉末或切成薄片，再用於料理中。（**圖26**）

酵母類（Yeast）

・**一般乾酵母（Dry Yeast）**由廠商將純化出來的酵母菌經過乾燥製造而成，使用前，先用溫水泡5分鐘再加入到麵粉中。（**圖27**）

・**快速乾酵母（Instant Yeast）**由廠商將純化出來的酵母菌經過乾燥製造而成，但是發酵時間可以縮短，用量約是乾燥酵母的一半。乾酵母開封後必須密封，放置於冰箱冷藏保存以避免受潮。（**圖28**）

膨大劑（Swelling Agent）

- **泡打粉（Baking Powder）**泡打粉的主要原料就是小蘇打再加上一些塔塔粉而組成的，遇水即會產生二氧化碳，藉以膨脹麵糰麵糊，使得糕點產生蓬鬆口感。（**圖29**）
- **小蘇打粉（Baking Soda）**化學名為「碳酸氫鈉」，是鹼性的物質，有中和酸性的作用。所以一般會使用在含有酸性的麵糊中。例如含有水果、巧克力、酸奶油、優格與蜂蜜等。當鹼性的蘇打與酸性的成分結合，經過加熱釋放出二氧化碳使得成品膨脹。巧克力的產品添加適量的小蘇打粉，也會使得成品更黑亮。（**圖30**）

果乾類（Dried Fruit Class）

- **堅果類（Nuts）**如核桃、胡桃、杏仁等堅果類。購買的時候要注意保存期限，買回家必須放在冰箱冷凍室保存，以避免產生臭油味。（**圖31**）
- **大杏仁（Almond）**大杏仁在西點中使用機率很高，大杏仁與中式南北杏不同，不會有特殊強烈的氣味。大杏仁帶有濃厚的堅果香，很適合添加在糕點中增加風味，需放冷藏保存。一般常見有以下幾種形式：
  a.整顆沒有去皮的。（**圖32**）
  b.去皮切成片狀，適合做杏仁瓦片酥及表面裝飾。（**圖33**）
  c.去皮切成粒狀，適合增加餅乾口感及表面裝飾。（**圖34**）
  d.磨成粉狀，適合添加在蛋糕中及做馬卡龍。（**圖35**）
- **乾燥水果乾（Dry Water Dried Fruit）**如蔓越梅、杏桃、桂圓、葡萄乾、無花果乾等。由天然水果無添加糖乾燥而成。台灣氣候潮濕，最好放冰箱冷藏保存。（**圖36、37**）
- **冷凍莓果（Freezing Berry）**由覆盆子、藍莓、桑果組成。由於台灣沒有產這些水果，所以冷凍莓果使用非常方便。可以直接打成汁或加糖熬煮添加在西點中增添風味。（**圖38**）
- **各式水果罐頭（Cocktail Fruit in Syrup）**用糖水醃漬起來的水果，可以代替新鮮水果使用。（**圖39**）

巧克力（Chocolate）

- **無糖純可可粉（Unsweetencd Cocoa Powder）**為巧克力豆去除可可脂後，將剩餘的部分磨成粉，適合糕點中使用。（**圖40**）
- **巧克力塊（Chocolate Block）**分為調溫型及非調溫型。調溫型巧克力含豐富的可可脂，必須適當的操控溫度，注意加熱的溫度，使得巧克力內部的結晶達到穩定，做出來的巧克力成品才會有光澤。（**圖41**）非調溫型巧克力加熱方式較簡單，使用方便，但是加熱時溫度也不可以超過50℃及加熱過久，以免巧克力油脂分離失去光澤。（**圖42**）
- **耐烤巧克力豆（Chocolate Chips）**甜度較低，可以混合在餅乾或蛋糕麵糊中烘焙，不容易融化。（**圖43**）
- **即溶咖啡粉（Instant Coffee）**香氣及味道較重，使用前，先溶解於配方中的熱水或熱牛奶中，以製作咖啡口味點心。（**圖44**）
- **抹茶粉（Green Tea Powder）**天然的綠茶研磨成粉末狀，微苦中帶著清新的茶香。適合日式風味的蛋糕麵包製作。（**圖45**）

乾燥香草料（Dry Vanilla）

- **巴西利（Parsley）**也稱為「洋香芹」，是義大利料理及西式料理很常見的調味料。增添些顏色也增加香氣。（**圖46**）
- **義大利綜合乾燥香草（Italy Synthesizes Dry Vanilla）**由羅勒（Basil）、茴香（Fennel）、薰衣草（Lavender）、馬鬱蘭（Marjoram）、迷迭香（Rosemary）、鼠尾草（Sage）、風輪菜（Summer Savory）、百里香（Thyme）、牛至（Oregano）等香草植物組成。（**圖47**）
- **椰子粉（Coconut Powder）**將椰子肉榨油後剩餘部分烘烤切碎，可以裝飾麵包或做為椰子餡使用。（**圖48**）

洋酒&香料（Wine & Spice）

- **蘭姆酒（Rum）**以甘蔗做為原料所釀製的酒。有微甜的口感，風味清淡典雅，非常適合添加於糕點中。（**圖49**）

- **白蘭地（Brandy）**白蘭地的原料是葡萄，由葡萄酒經過蒸餾再發酵製成。蒸餾出來的白蘭地必須貯存在橡木桶中醇化數年。將橡木的色素溶入酒中，形成褐色。存放年代越久，顏色越深越珍貴。（**圖50**）
- **卡魯哇香甜咖啡酒（Kahlua）**帶有濃郁咖啡香的甜酒，適合提拉米蘇使用。（**圖51**）
- **君度橙酒（Cointreau）**又名「康圖酒」，是以橙皮釀製的酒，味道香醇，適合添加在甜點中。（**圖52**）
- **香草豆莢（Vanilla）**是由爬蔓類蘭花科植物雌蕊發酵乾燥而成，具有甜香的氣味。添加在西點中可以去除蛋腥，使得味道更為甜美。使用方式為：先以小刀將香草豆莢從中間剖開，將香草籽刮下來，然後再將整枝豆莢與香草籽一起放入所要使用的食材內增加香味。（**圖53**）
- **香草精（Vanilla Extract）**由香草豆莢蒸餾萃取製成，直接加入材料中混合使用。（**圖54**）

其他（The Other）

- **雞蛋（Egg）**雞蛋是烘焙點心中不可缺少的材料，可以增加成品的色澤及味道，是非常重要的材料。蛋黃中含有的蛋黃成分具有乳化的作用。烘烤麵包最後刷上一層全蛋液也可以幫助麵包表面色澤美觀並保持柔軟。不論是全蛋或蛋白都可以經由攪打使得蛋糕體積膨大。1顆全蛋約含75%的水分，蛋黃中的油脂也有柔軟成品的效果。一顆雞蛋淨重約50g，蛋黃約佔整顆雞蛋重量的33%，所以蛋黃大約是17g，蛋白是33g。（**圖55**）
- **鹽（Salt）**鹽可以增加麵粉的黏性及彈性，少量的鹽添加在西點中，可以使得甜度適宜，降低甜膩感。（**圖56**）
- **吉利丁（Gelatine）**又稱明膠或魚膠，它是從動物的骨頭（多為牛骨或魚骨）中所提煉出來的膠質。加在甜點中可製作慕斯類及果凍類產品。入口即化，口感很好。吉利丁有片狀及粉狀兩種，片狀使用前泡在冰水中軟化，粉狀要直接倒入少量冷水中膨脹後使用。一定要將吉利丁粉倒入冷開水中，若是將冷開水倒入吉利丁粉中將會導致結塊無法混合均勻。等到吉利丁粉整個泡脹後再用隔水加熱的方式使之溶解，這樣就可以混合到冷的果汁或奶酪中了。（**圖57**）
- **裝飾糖豆銀珠（Rainbow）**各式各樣的糖豆銀珠可做為蛋糕裝飾用。（**圖58**）

Part 1

餅乾
Cookie

1. 塑型餅乾
2. 冷凍餅乾
3. 壓模餅乾
4. 擠花餅乾
5. 酥皮餅乾

認識餅乾

餅乾基本上就是麵粉、蛋、奶油及糖的組合，依據其中材料份量配比的不同，就會產生不同的口感及風味。餅乾是烘焙的入門，剛開始做點心可以先做一些簡單的小西餅，以熟悉材料及操作程序。製作餅乾的材料雖然與蛋糕接近，但是餅乾液體含量低，油脂成分也比較高，所以成品口感屬於酥脆堅硬。僅需稍微注意烤溫及時間，可以說是失敗率很低的點心。

餅乾雖然是很容易上手的點心，但是要烤的顏色漂亮、金黃酥脆並不容易。一般片狀餅乾約用160℃來烘烤，如果家裡烤箱溫度較高，可以降低10℃以避免烘烤到焦黑。烤餅乾不一定是用一個溫度重頭烤到底。有時候要依照實際狀況隨時調整，例如看到餅乾表面開始上色，可以將上下火溫度調低10℃繼續烘烤；或是可以打開烤箱用手摸摸看餅乾軟硬度，若烘烤時間結束，但是餅乾還沒有完全脆硬，可以將時間延長或是將爐火完全關掉，讓餅乾在烤箱中燜到冷卻就會變得酥脆。配方中液體越多，需要越多時間才能烘烤到酥脆。

奶油量越高的餅乾口感越酥鬆，全蛋白做的餅乾口感酥脆，而全蛋黃做的餅乾口感則酥鬆。也可以依照自己的喜好添加一些堅果或果乾、穀物等材料，形狀也可以隨心所欲，讓出爐的成品更多彩繽紛。

一、製作餅乾前的準備工作

■ 奶油回溫

無鹽奶油放置室溫回軟，不過不需要太軟，只要到手指可以按壓的程度即可。冬天天氣冷，奶油比較硬，可以將奶油切薄片，鋪在不鏽鋼盆底，放在窗邊有陽光的地方或是廚房燒熱水比較暖和的位置，就會使得奶油軟化的速度加快。若是需要將糖加奶油打發的成品，奶油不能融化使用，否則無法做出蓬鬆的口感（**圖1、2**）。

■ 粉類過篩

過篩可以使得粉類中不同的材料混合的更均勻，不會只集中在某處。也可以讓結塊的部位打散。這樣的做法使得麵粉中充滿空氣，利於與其他材料混合。也讓成品更蓬鬆可口（**圖3、4**）。

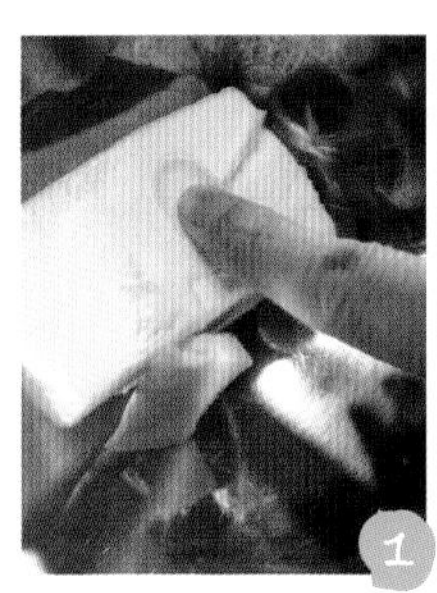
1

2

3

4

■ 烤箱預熱到正確的溫度

烤箱務必預熱到正確的溫度，若溫度沒有到達，熱就無法迅速傳遞到麵糰內部。將會導致外焦內不熟的結果。如果家用烤箱沒有預熱指示燈，一般要達到160℃必須至少預熱10分鐘。因為每一台烤箱都會有溫差，所以書上的溫度時間是以Carol家中的烤箱為基準。如果剛開始對家中烤箱溫度不熟悉，一定要仔細記錄每一次烘烤的溫度時間。抓出自己烤箱的正確溫度很重要，如果用書上的溫度都很難上色，那就必須調高溫度10℃再試試，表示烤箱的溫差就是10℃。烘烤過程中如果成品表面已經上色，但是時間又還沒有到達，可以迅速打開烤箱，在表面覆蓋一張鋁箔紙，以避免表面烤焦。烘烤餅乾的時候也要適時的把烤盤轉向，以利烘烤上色平均。以這樣的方式來修正，不管是怎麼樣的烤箱都可以烤出漂亮的成品。

二、餅乾糖油打發的基本步驟

1. 回溫的無鹽奶油放入盆中切成小塊（**圖5**）。
2. 用打蛋器攪拌打散成乳霜狀。這裡需要多一點耐心，如果一開始攪打奶油會整糰沾黏在打蛋器上，就用小刀將奶油刮下來再繼續。多重複幾次，奶油就會慢慢變的柔軟光滑（**圖6～8**）。
3. 然後加入配方中的糖，順同一方向攪打，攪打過程中會發現奶油體積慢慢變得蓬鬆且呈現的顏色較原來更淡，拿起打蛋器奶油尾端會呈現角狀（**圖9、10**）。
4. 然後將配方中的蛋液分數次加入，每一次都要確實攪拌均勻才可以加下一次。如果一下子將蛋液太快加入，會使得奶油來不及吸收，導致油水分離。這樣會造成餅乾口感不蓬鬆。只要好好做完以上兩個程序，就可以不需要添加泡打粉也可以得到蓬鬆的口感（**圖11、12**）。

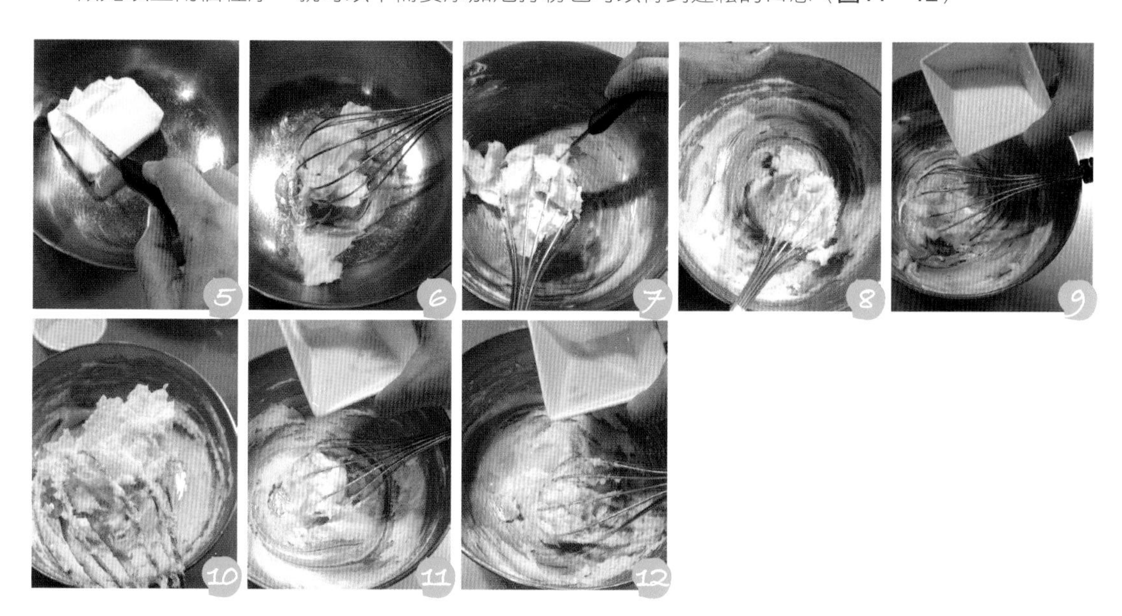

5 最後將事先已經過篩的粉類分兩次加入。這時將打蛋器換成橡皮刮刀，利用橡皮刮刀或手與盆底磨擦按壓的方式將麵粉與奶油混合成糰狀。不要過度攪拌搓揉，避免麵粉產生筋性影響口感（**圖13～15**）。

6 如果配方中有堅果或果乾等材料，此時可以加入混合均勻（**圖16、17**）。

7 完成的麵糰可以有以下幾種方式整形：

a.直接用手捏或湯匙舀1大匙，搓圓後放入烤盤中再壓扁（**圖18、19**）。

b.裝在保鮮膜或塑膠袋中整形，然後放入冰箱冷凍定形後再切片（**圖20、21**）。

c.利用餅乾壓模或鋼尺切割出整齊的形狀（**圖22～25**）。

8 利用擠花袋擠出花樣麵糊（**圖26、27**）。

塑型餅乾。

將餅乾材料直接混合均勻後，用手或湯匙捏取小塊，
放入烤盤中再整型烘烤，
這樣的方式十分簡單，做出來的每一片造型也不大相同，
有一股純樸自然的風味。

巧克力豆餅乾

份量

· 約12片

材料

· 低筋麵粉170g
· 無鹽奶油80g
· 細砂糖30g
· 黑糖30g
· 雞蛋1個
· 蘭姆酒1/2T
· 鹽1/8t
· 耐烤巧克力豆100g

學生時代曾在美國住過一段時間，當時寄住在一戶非常美式的家庭，胖胖的美國媽媽就經常烘烤這樣的餅乾讓我帶到學校當中午的餐後點心。胖媽媽的廚房總是飄散著甜蜜餅香，給我一股幸福的感覺。現在只要一看到巧克力豆餅乾，當年種種美好的回憶馬上就湧上心頭。簡單樸實的味道帶給我好多懷念。

甜點帶有一種幸福的魔力，現在的我也經由烘焙把這樣的心情傳達給家人，在廚房的我既平凡又快樂……。

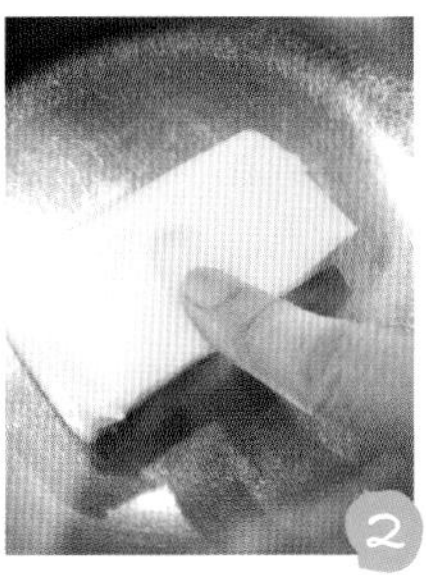

準備工作

1. 所有材料秤量好（**圖1**）。
2. 無鹽奶油放置室溫回軟，手指可以壓出印子的程度就好（**圖2**）。
3. 低筋麵粉用濾網過篩（**圖3**）。
4. 黑糖將結塊部位壓散，加上細砂糖混合均勻。

做法

1. 無鹽奶油切小塊，用打蛋器攪打成乳霜狀（**圖4**）。
2. 將混合均勻的糖及鹽加入攪打至泛白（**圖5**），拿起打蛋器尾端呈現角狀。
3. 將雞蛋及蘭姆酒分4～5次加入，用打蛋器攪拌均勻（**圖6、7**）。
4. 再將過篩的粉類分兩次加入攪拌均勻，使用刮刀或手與盆底磨擦按壓的方式混合成糰狀（**圖8、9**）。
5. 最後將巧克力豆加入混合均勻（**圖10**）。
6. 將攪拌好的麵糰用手捏一小塊搓揉成圓球狀（約35g），間隔整齊的放入烤盤中（**圖11**）。
7. 用手直接將小麵糰壓扁（厚約0.5cm）（**圖12**）。
8. 放入已經預熱到160℃的烤箱中烘烤約15分鐘（**圖13**）。
9. 烤好移出到鐵網架上放涼即可（**圖14**）。

小叮嚀

1. 耐烤巧克力豆可以用一般巧克力塊代替，不過要事先切成0.5cm丁狀。此處使用的水滴形巧克力豆為耐烤型，而一般的巧克力塊烤了會稍微熔化，但是冷了會凝固。
2. 水滴形巧克力豆甜度較低，份量加多較不會過於甜膩。若使用一般巧克力塊，請自行斟酌減少使用量。
3. 口感可以依照自己喜歡決定，喜歡脆一點可以延長烘烤時間，若喜歡略有濕潤感，15分鐘就差不多了。請依照自家烤箱調整。

花生胡桃餅乾

份量

・約16片

材料

・低筋麵粉120g
・無鹽奶油40g
・不甜花生醬50g
・黑糖50g
・蘭姆酒1/2T
・雞蛋1個
・胡桃30g
（或任何喜歡的堅果）

＊若花生醬為甜口味，黑糖請酌量減少一半。

沒有特別安排的日子，就會帶著我的書單到圖書館晃晃，穿梭在書架中找找喜歡的書是最開心的時候。找一個窗邊，東西一放，就完全忘記時間。看累了就觀察一下周圍的人，腦子胡思亂想一番，一個人的日子雖然有些孤單但也挺有趣的。在書海中遨遊，心更寬廣。

忽然好想念厚片吐司抹上一層花生醬的滋味，買了一罐花生醬只吃了一次就被冷凍起來。冰箱常常堆滿了臨時起意購買的東西，如果好好利用能夠創造新鮮感。加了花生醬的餅乾好香，再添加胡桃堅果增加口感，黑糖的滋味帶有一股焦香，這種餅乾薄脆又回味無窮。我的花生醬又再展現風情……。

準備工作

1. 所有材料秤量好（**圖1**）。
2. 無鹽奶油放置室溫回軟，手指可以壓出印子的程度就好。
3. 將胡桃放入烤箱以150℃烤7～8分鐘後取出，放涼切成碎粒（**圖2**）。
4. 低筋麵粉用濾網過篩（**圖3**）。
5. 將黑糖結塊的部分壓散。

做法

1. 無鹽奶油切成小塊，加花生醬用打蛋器攪打至乳霜狀態（**圖4**）。
2. 加入黑糖攪拌均勻（**圖5**）。
3. 將雞蛋及蘭姆酒分4～5次加入，用打蛋器攪拌均勻（**圖6**）。
4. 再將過篩的粉類分兩次加入攪拌均勻，使用刮刀或手與盆底磨擦按壓的方式混合成糰狀（**圖7**）。
5. 最後將胡桃碎加入混合均勻（**圖8、9**）。
6. 將攪拌好的麵糰用手捏一小塊搓揉成圓球狀（約20g），間隔整齊的放入烤盤中（**圖10**）。
7. 用手將麵糰壓扁（厚約0.3cm），並用叉子在表面上壓出十字印痕（**圖11、12**）。
8. 放入已經預熱到160℃的烤箱中烘烤約15分鐘。
9. 烤好移出到鐵網架上放涼即可（**圖13**）。

蘭姆葡萄乾餅乾

份量

· 約18片

材料

· 低筋麵粉130g
· 無鹽奶油60g
· 細砂糖35g
· 雞蛋1個
· 蘭姆葡萄乾50g

為了這個酒香味十足的餅乾，早在兩個星期前就把葡萄乾用蘭姆酒浸泡著。一想到充滿蘭姆酒的滋味，還沒吃就先醉了。

從貧乏的一篇文章開始在部落格中記錄自己的這些烘焙，我覺得網路實在是本世紀最偉大的發明。上網找資料時也曾到過很多人的部落格瀏覽，但大部分時候都是看看就離開。會讓你駐足並且留下回應的其實很少。有些熱門的部落格根本不差你一個，有些是你興奮的去留言，但對方卻完全沒有回應。在這茫茫網路中，有這麼一群人會因為我的喜怒幫我一起加油打氣，真的是一件很美好的事。

因為你們，我有了不一樣的世界！

準備工作

1. 所有材料秤量好。
2. 無鹽奶油放置室溫回軟，手指可以壓出印子的程度就好。
3. 低筋麵粉用濾網過篩。
4. 蘭姆葡萄乾切碎。

做法

1. 無鹽奶油加細砂糖用打蛋器打至泛白乳霜狀態（**圖1**）。
2. 將雞蛋分4～5次加入攪打至泛白（**圖2**），拿起打蛋器尾端呈現角狀。
3. 再將過篩的粉類分兩次加入攪拌均勻（**圖3**），使用刮刀或手與盆底磨擦按壓的方式混合成糰狀。
4. 最後將切碎的蘭姆葡萄乾加入攪拌均勻（**圖4、5**）。
5. 將攪拌好的麵糰用湯匙舀一小球，間隔整齊的鋪放入烤盤中（**圖6**）。
6. 用手沾點水將麵糰壓扁（**圖7**）。
7. 放入已經預熱到170℃的烤箱中烘烤約15分鐘。
8. 烤好移出到鐵網架上放涼即可（**圖8**）。

小叮嚀

蘭姆葡萄乾製作方法：將葡萄乾裝入乾淨玻璃瓶中，倒入蘭姆酒（酒的份量要高出葡萄乾1cm），然後密封放在冰箱冷藏保存。若要加入新的葡萄乾，只要把舊的葡萄乾移到最上層，將蘭姆酒再加滿即可。

燕麥果乾餅乾

· 約24片

· 無鹽奶油50g
· 細砂糖10g
· 蜂蜜30g
· 雞蛋1個
· 低筋麵粉100g
· 燕麥70g
· 椰子粉3T
· 杏仁20g
· 黑棗乾15g
· 蔓越莓乾15g
· 鹽1/8t

都四月天了，大氣一會兒涼一會兒熱，還真是陰晴不定。下雨天不方便出門，剛好在家裡整理我的小花圃。忽然發現好不容易冒出新芽的九層塔及香菜都死了，原因就是自己太雞婆，前幾天怕菜苗沒有營養，加了一些有機肥，沒想到卻把它們害死了。

我想起小時候也曾有這麼一件事，鄰居婆婆送給媽媽一棵珍貴的檀香樹。小小的苗好可愛，我每天都在院子看著小樹，希望它趕緊長大。媽媽雖然交待過不能澆太多水，但是我還是忍不住偷偷倒水，以為這樣它會長得快一點。最後檀香樹禁不起我這樣的膩愛，終於停止了生長，整棵枯萎了，現在媽媽說起這件事還會不停的笑我。愛的太多反而造成反效果，順其自然才是最好的。

在冰箱翻箱倒櫃的時候，心裡一直想著要再多一點再多一點材料加進這個餅乾。燕麥增加了膳食纖維及口感，乾燥果乾及堅果讓餅乾有著更豐富的滋味。高纖卻不失美味，酥脆又有益健康的材料全部都聚集到這小小宇宙中。

準備工作

1. 所有材料秤量好（**圖1**）。
2. 無鹽奶油放置室溫回軟，手指可以壓出印子的程度就好。
3. 將杏仁放入烤箱用150℃烤7～8分鐘取出，放涼切成碎粒，乾燥水果乾切成小塊（**圖2**）。
4. 低筋麵粉用濾網過篩。

做法

1. 無鹽奶油切小塊用打蛋器攪打至乳霜狀態（**圖3、4**）。
2. 依序將細砂糖、蜂蜜及鹽加入攪打至泛白（**圖5、6**），拿起打蛋器尾端呈現角狀。
3. 全蛋液分4～5次加入確實攪拌均勻（**圖7**）。
4. 再將過篩的粉類分兩次加入攪拌均勻（**圖8**），使用刮刀或手與盆底磨擦按壓的方式混合成糰狀（**圖9**）。
5. 再將燕麥及椰子粉加入混合均勻（**圖10**）。
6. 最後將杏仁及水果乾加入混合均勻（**圖11**）。
7. 用湯匙舀起1T，間隔整齊放入烤盤中（**圖12、13**）。
8. 用手將小麵糰壓扁（厚約0.5cm）（**圖14、15**）。
9. 放入已經預熱到160℃的烤箱中烘烤15～18分鐘即可（中間調頭一次使得餅乾上色平均）（**圖16**）。
10. 烤好取出放在鐵網架上冷卻（**圖17**）。

胡桃雪球

份量

· 約18個

材料

· 無鹽奶油70g
· 糖粉25g
· 蛋黃1個
· 帕梅森起司粉20g
· 杏仁粉15g
· 低筋麵粉100g
· 胡桃30g
（或任何喜歡的堅果）
· 糖粉適量（表面裝飾用）

在廚房烘焙東西偶爾都會剩下一些單獨的材料讓人傷腦筋。有時候剩下一個蛋白，有時候剩下一個蛋黃不知道怎麼處理，這個時候做餅乾最適合。想要香脆的餅乾就用蛋白，想吃酥鬆口感的餅乾就用蛋黃。各取所需，也就完全不會浪費。

可愛的球狀餅乾灑上一層糖粉，吃起來入口即化的口感好甜蜜。加了一些杏仁粉及微鹹的帕梅森起司粉，吃起來酥酥鬆鬆不甜不膩，絕對是討人喜歡的零嘴。

準備工作

1 所有材料秤量好（**圖1**）。
2 無鹽奶油放置室溫回軟，手指可以壓出印子的程度就好（**圖2**）。
3 將胡桃放入烤箱用150℃烤7～8分鐘取出，放涼切成碎粒（**圖3**）。
4 低筋麵粉用濾網過篩（**圖4**）。

做法

1. 無鹽奶油切小塊用打蛋器攪打至乳霜狀態（**圖5**）。
2. 將糖粉加入攪打至泛白（**圖6**），拿起打蛋器尾端呈現角狀（**圖7**）。
3. 蛋黃分兩次加入用打蛋器攪拌均勻（**圖8**）。
4. 依序將帕梅森起司粉及杏仁粉加入用打蛋器攪拌均勻（**圖9、10**）。
5. 再將過篩的粉類分兩次加入攪拌均勻（**圖11**），使用刮刀或手與盆底磨擦按壓的方式混合成糰狀（**圖12**）。
6. 最後將胡桃碎粒加入用切拌的方式混合均勻（**圖13、14**）。
7. 攪拌好的麵糰用手捏取小塊（每一塊約15g），在手心中滾圓（若天氣太熱，可以把麵糰用保鮮膜包起來，放入冰箱冷藏30分鐘比較好操作）（**圖15**）。
8. 將餅乾麵糰間隔整齊排放在烤盤中（**圖16**）。
9. 放入已經預熱到160℃的烤箱中烘烤20～22分鐘至表面呈現均勻的金黃色即可。
10. 烤好移至鐵網架上放涼（**圖17**）。
11. 要吃之前用濾網篩上一層糖粉（**圖18**）。

玉米片餅乾

份量

- 約12片

材料

- 無鹽奶油50g
- 細砂糖30g
- 全蛋液30g
- 低筋麵粉100g
- 葡萄乾乾玉米片50g
- 鹽1/8t

辭掉工作後，我用錢的方式有了很大的改變。以前多一份薪水，買東西花費都不需要想太多。偶爾可以買些奢侈品，吃個大餐，買買新衣、新包包犒賞自己。

專心成了家庭主婦的這幾年，雖然用錢必須精打細算，但是和之前忙碌不堪的身心相比，我覺得快樂許多。現在每個月我都會把必須的花費先扣除，剩下可用的錢就是我們的伙食費、娛樂費。自從養成了記帳的習慣後，明顯發現家中很多不必要的錢都省下來了。

去市場或賣場，一定買當季盛產的蔬果為主。一方面價格實惠，一方面也最鮮甜豐碩。遇到特價的肉類會多買一點，分裝好放入冷凍庫儲存。在家隨手關燈，馬桶水箱多放兩個瓶子省水，為了節省也無形中做了環保。用最少的預算來滿足家人的胃口是我每天最重要的功課。

我不會覺得這樣過得很辛苦，反而樂在其中。雖節省但絕不小氣，該花的錢一定不會省。買到物超所值的東西就能夠開心很久。生活中一些小小的感動就帶給我無比的快樂。我過自己想要的生活，不會受人影響，在自己的城堡中踏實又滿足。

天氣冷的早上不想喝冰牛奶，冰箱中一大包的早餐玉米片沒有銷路真是傷腦筋。捏碎加進餅乾中就是好吃的點心，卡滋卡滋好酥脆。^^

準備工作

1. 所有材料秤量好（**圖1**）。
2. 無鹽奶油放置室温回軟，手指可以壓出印子的程度就好。
3. 玉米片直接用手捏成小碎片（**圖2**）。
4. 低筋麵粉用濾網過篩（**圖3**）。

做法

1. 無鹽奶油切小塊用打蛋器攪打至乳霜狀態（**圖4**）。
2. 將細砂糖及鹽加入攪打至泛白，拿起打蛋器尾端呈現角狀（**圖5**）。
3. 雞蛋液分4～5次加入確實攪拌均勻（**圖6**）。
4. 再將過篩的粉類分兩次加入攪拌均勻（**圖7**），使用刮刀或手與盆底磨擦按壓的方式混合成糰狀。（**圖8**）
5. 最後將玉米片加入混合均勻（**圖9～11**）。
6. 用湯匙舀起1T，間隔整齊放入烤盤中（**圖12**）。
7. 用手將小麵糰壓扁（厚約0.5cm）（**圖13、14**）。
8. 放入已經預熱到160℃的烤箱中烘烤15～18分鐘即可（中間調頭一次使得餅乾上色平均）（**圖15**）。
9. 烤好取出放在鐵網架上冷卻。

葡萄乾紅茶酥餅

份量

· 約24個（直徑3cm）

材料

· 鬆餅粉100g
· 無鹽奶油60g
· 全蛋液30g
· 細砂糖30g
· 葡萄乾20g
· 伯爵紅茶包1/2包

自從愛上烘焙，結婚戒指就被我取下收在抽屜中，做點心的手不能戴任何戒指，也不能留長指甲或擦指甲油，手上只剩下奶油味。只要有麵粉、奶油、糖這三種基本材料，我就可以在小小的世界中烘烤出不同的滿足。

從餅乾中飄散出來的淡淡伯爵茶香，加上滿滿的葡萄乾，這是唸書時美麗的回憶。寧靜的午後我和我的貓咪在窗台邊曬太陽，這樣的幸福希望永遠永遠。

準備工作

1. 所有材料秤量好（**圖1**）。
2. 無鹽奶油放置室溫回軟，手指可以壓出印子的程度就好。
3. 鬆餅粉使用濾網過篩（**圖2**）。
4. 葡萄乾切碎（**圖3**），伯爵紅茶包剪開取1/2包。

做法

1. 無鹽奶油切小塊用打蛋器打散成乳霜狀（**圖4、5**）。
2. 將細砂糖加入攪打至泛白（**圖6**），拿起打蛋器尾端呈現角狀。
3. 雞蛋打散，分3～4次加入，每一次加入都要確實攪拌均勻才加下一次（**圖7**）。
4. 然後將紅茶包加入混合均勻（**圖8**）。
5. 再後將過篩的粉類分兩次拌入（**圖9**），使用刮刀與盆底磨擦按壓的方式混合成糰狀（**圖10**）。
6. 最後將切碎的葡萄乾加入混合均勻（**圖11、12**）。
7. 將麵糰用保鮮膜包好，放到冰箱冷藏30分鐘較好整形。
8. 取出冷藏好的麵糰，用手捏一小塊在手心中間搓揉成圓球狀（約10g）（**圖13**）。
9. 小麵糰間隔整齊的放入烤盤中（**圖14**）。
10. 放入已經預熱到160℃的烤箱中烘烤15～18分鐘至表面呈現黃色即可（**圖15**）。
11. 烤好移出到鐵網架上放涼即可。

柚子果醬餅乾

份量

・約14～15片

材料

・無鹽奶油40g
・細砂糖10g
・全蛋液30g
・低筋麵粉100g
・柚子果醬30g
・鹽1/8t
・柚子果醬30g（表面裝飾用）

下著雨，我還是開心地出門到台北市逛了一下午。跟著擁擠的人潮在捷運中穿梭，感受一下這個城市的生命力。在捷運上連續看到年輕的學生會自動的讓位給老奶奶，真想給他們一個愛的鼓勵。我看著身邊的人都匆匆忙忙，充滿了朝氣。台北街頭雖然溼溼帶著些許寒意，空氣中卻有一種清新的感覺。

以前上班的時候，每天就是趕著上下班，我很少注意台北有哪些美麗的地方。現在的我停下腳步，才有機會好好地認識這個從小生長的地方。台北市圖總館就是我很喜歡去的地方，各種書籍資料都可以盡情的閱覽，八樓還有一個小型的視聽教室，每天都放映不同的電影。

我特別挑了一部有興趣的影片進去看，雖然還沒有到放映時間，可是一整個廳已經將近坐滿，大部分都是老人家。大家安安靜靜的等著電影開始。當電影開始放映時，我發現這部片雖然是一部伊朗片，不過劇中若是出現鴨子、小豬、牛等動物的畫面，這些老人家就會很開心的笑個不停，一直重複說著動物的名字。我跟著這一群可愛的觀眾度過了一段有趣的時光。

水果盛產的季節就是做果醬的好機會，新鮮的水果加上糖細細熬煮，就有了濃縮的美味。好簡單的小甜點，利用柚子茶醬添加在其中，飄著柚子清新的香味。添加了水果的點心特別有種清爽的感覺。

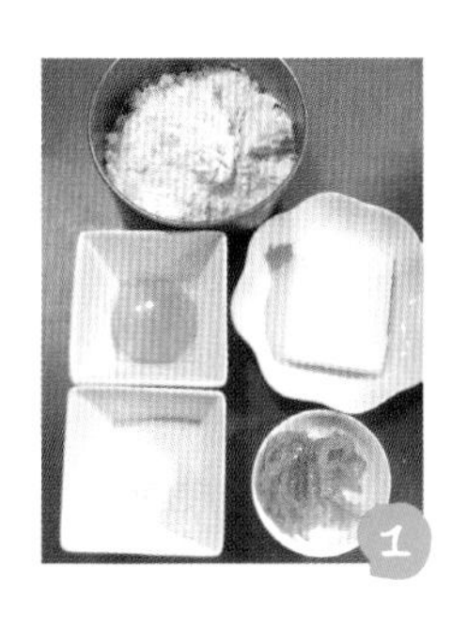

準備工作

1. 所有材料秤量好（**圖1**）。
2. 無鹽奶油放置室溫回軟，手指可以壓出印子的程度就好。
3. 低筋麵粉使用濾網過篩。
4. 將柚子果醬中的柚子皮切細，較容易混合。

做法

1. 無鹽奶油切小塊用打蛋器打散成乳霜狀（**圖2**）。
2. 將細砂糖加入攪打至泛白（**圖3**），拿起打蛋器尾端呈現角狀。
3. 全蛋液分4～5次加入確實攪拌均勻（**圖4**）。
4. 將柚子果醬加入混合均勻（**圖5**）。
5. 再將過篩的粉類分兩次加入攪拌均勻（**圖6**），使用刮刀或手與盆底磨擦按壓的方式混合成糰狀（**圖7、8**）。
6. 攪拌好的麵糰用手捏取小塊（每一塊約15g），在手心中滾圓（若天氣太熱可以把麵糰用保鮮膜包起來，放冰箱冷藏30分鐘比較好操作）（**圖9**）。
7. 將餅乾麵糰間隔整齊排放在烤盤中。
8. 用手將小麵糰稍微壓一下，用手指在麵糰中心戳出一個凹槽（**圖10、11**）。
9. 在凹槽中央放上適量的柚子果醬（**圖12**）。
10. 放入已經預熱到160℃的烤箱中烘烤15～18分鐘（中間調頭一次使得餅乾上色平均）（**圖13、14**）。
11. 烤好取出放在鐵網架上冷卻。

黑糖杏仁餅乾

份量

· 約15片

材料

· 無鹽奶油40g
· 黑糖30g
· 全蛋液30g
· 低筋麵粉80g
· 全麥麵粉20g
· 杏仁粒1T

表面裝飾

· 蛋白少許
· 整顆杏仁適量

今天當小跟班，跟著老公到廠商那裡談事情。剛好廠商那裡離淡水很近，所以談完事情，我們就去淡水吃想了很久的「黑店」排骨飯。在我還沒有離職前，我們既是夫妻，也是同事，更是彼此最好的朋友。在旁邊偷偷看著他認真談事情專注的表情，讓我有一種安全感。

淡水的「黑店」雖然地處偏僻，但是每次去人都好多。前幾年去店裡的時候，店還沒有現在擴充的這麼大。而且還看見年紀很大的老闆親自坐鎮，掌管收錢的事。但是這兩年卻都沒有再看到他的身影。現在店面交給孫輩打點，也擴充了兩倍大，所以還沒到吃飯時間小巷子就已經塞車了。真的很難相信這麼不起眼的地方有這麼熱鬧的一家店。

其實有時候為什麼會對一家店的食物特別有深刻的印象，可能也不是因為料理特別美味。很多時候是跟第一次去吃的心境有很大的關係。這家店雖然貌不驚人，但總讓我回想起戀愛的時光。那時候什麼都沒有的我們，吃著簡單的排骨飯也甜蜜無比。

黑糖有一股焦香微苦的風味，甜度也比砂糖來得低。適當的加在甜點中可以創造出獨特的口味，而整顆杏仁也讓這個餅乾充滿元氣。

準備工作

1. 所有材料秤量好，雞蛋回溫取30g（**圖1**）。
2. 低筋麵粉使用濾網過篩後加全麥麵粉混合均勻（**圖2**）。
3. 無鹽奶油放置室溫回軟，手指可以壓出印子的程度就好。
4. 將黑糖結塊處壓散。

做法

1. 無鹽奶油切小塊用打蛋器打散成乳霜狀（**圖3、4**）。
2. 將黑糖加入攪打至拿起打蛋器尾端呈現角狀（**圖5**）。
3. 全蛋液分4～5次加入確實攪拌均勻（**圖6**）。
4. 再將過篩的粉類分兩次加入攪拌均勻，使用刮刀或手與盆底磨擦按壓的方式混合成糰狀（**圖7、8**）。
6. 最後將杏仁粒加入混合均勻（**圖9、10**）。
7. 混合完成的麵糰用手捏取一小塊（約12g），在手心中間滾成圓形（**圖11**）。
8. 將餅乾麵糰間隔整齊排放在烤盤中。
9. 麵糰上方刷上少許蛋白，放上一顆杏仁，用手指直接將小麵糰壓扁（厚度約0.5cm）（**圖12**）。
10. 放入已經預熱到160℃的烤箱中烘烤15～18分鐘（中間調頭一次使得餅乾上色平均。）（**圖13、14**）。
11. 烤好取出放在鐵網架上冷卻。

檸檬酥餅

份量

· 約20個

材料

· 無鹽奶油75g
· 細砂糖40g
· 蛋黃1個
· 低筋麵粉160g
· 檸檬外皮屑1個
· 檸檬汁1T
· 君度橙酒1/2T
· 細砂糖適量
（麵糰表面裝飾用）

如果少了麵粉，我的生活一定失去很多動力。每天都在廚房中，將神奇的麵粉變成蓬鬆的麵包、香甜的蛋糕、熱騰騰的包子饅頭。麵粉擁有不可思議的魔力，讓廚房變的更多彩多姿。

一陣子就要烤一些餅乾讓Leo帶到學校與同學分享，這樣簡單的小點心總是非常討人喜歡。餅乾水分低，保存時間較長，多做一點也不需擔心要馬上吃完，這也是餅乾魅力所在。檸檬的季節一到，就是做甜點的好機會。酸酸的檸檬是甜點的好搭配，讓甜點更清爽又芳香。甜甜圈狀的小酥餅，沾滿了糖粒，好像寶石般耀眼。

準備工作

1 所有材料秤量好（**圖1**）。
2 無鹽奶油放置室溫回軟，手指可以壓出印子的程度就好（**圖2**）。
3 低筋麵粉使用濾網過篩（**圖3**）。
4 檸檬洗乾淨，用磨皮器磨出皮屑，擠出檸檬汁取1T（**圖4**）。

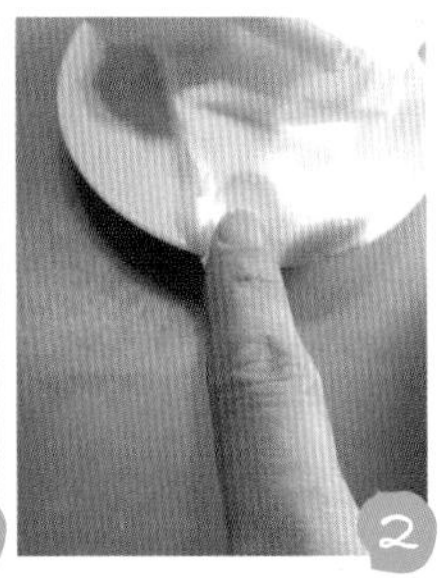

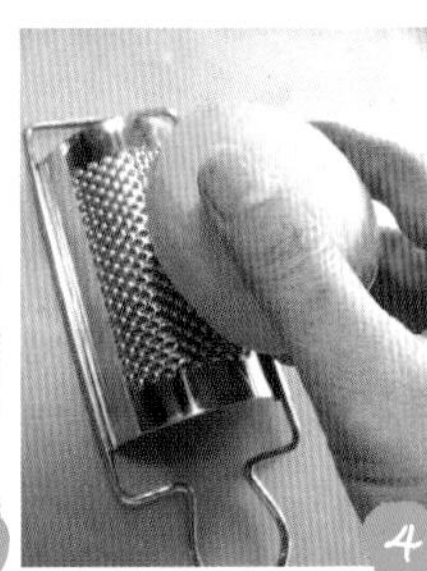

做法

1. 無鹽奶油切小塊用打蛋器打散成乳霜狀（**圖5、6**）。
2. 將細砂糖加入攪打至泛白（**圖7**），拿起打蛋器尾端呈現角狀（**圖8**）。
3. 蛋黃及檸檬汁及君度橙酒分兩次加入確實攪拌均勻（**圖9、10**）。
4. 再將檸檬皮屑加入混合均勻（**圖11**）。
5. 最後將過篩的粉類分兩次加入攪拌均勻，使用刮刀或手與盆底磨擦按壓的方式混合成糰狀（**圖12～14**）。
6. 攪拌好的麵糰用手捏取小塊（每一塊約15g），用手搓揉成約12cm的長條（若天氣太熱，可以把麵糰用保鮮膜包起來，放入冰箱冷藏30分鐘比較好操作）（**圖15**）。
7. 長條麵糰前端壓扁，將麵糰圈起來包覆住尾端成為圈形（**圖16～18**）。
8. 麵糰表面沾附一層細砂糖（**圖19**）。
9. 將餅乾麵糰間隔整齊排放在烤盤中（**圖20**）。
10. 放入已經預熱到160℃的烤箱中烘烤18～20分鐘（中間調頭一次使得餅乾上色平均）（**圖21**）。
11. 烤好取出放在鐵網架上冷卻。

義大利杏仁脆餅

巧克力與原味

份量

· 巧克力與原味各約15片

材料

A. 麵糊
· 杏仁粉100g
· 無鹽奶油70g
· 細砂糖40g
· 全蛋1個
· 蛋黃2個
· 低筋麵粉85g（分成50g及35g）
· 無糖可可粉15g
· 鹽1/8t
· 腰果80g

B. 蛋白霜
· 蛋白2個
· 檸檬汁1t
· 細砂糖40g

C. 表面裝飾
· 杏仁片適量

有些餅乾的配方中會添加泡打粉做為膨脹劑，如果不加泡打粉做出來的餅乾有時候口感會過於結實。利用蛋白霜來當天然的膨脹劑，就可以達到蓬鬆酥脆的口感。

偶然一次做了一個失敗的杏仁磅蛋糕，為了不浪費材料，所以將烤的不滿意的磅蛋糕切片再放進烤箱烤乾。沒想到烤出來的成品口感美味極了。於是又試做了幾次調整材料的配比，就變成了這個好吃的義大利杏仁脆餅。失敗的蛋糕卻意外得到了一個經驗，是一件很令人開心的事。

這是適合搭配咖啡的義大利脆餅，需要烘烤兩次才能達到硬脆的口感。奶油部分一定要先打發，麵糊才會飽含空氣，攪拌蛋白霜時也才不會太困難。添加了杏仁粉的口感會更酥鬆可口。煮一壺熱咖啡，用義大利脆餅沾著咖啡一起品嚐。

準備工作

1. 所有材料秤量好（**圖1**）。
2. 無鹽奶油放置室溫回軟，手指可以壓出印子的程度就好。
3. 雞蛋從冰箱取出，將其中2顆蛋黃蛋白分開，蛋白不可以沾到蛋黃、水分及油脂（建議分雞蛋的時候都先分在一個小碗中，確定沒有沾到蛋黃才放入鋼盆裡，不然只要一顆沾到蛋黃，全部的蛋白就打不起來了）。
4. 將粉類分為兩部分個別過篩（**圖2**）。
   a.巧克力口味：低筋麵粉35g加無糖可可粉15g。
   b.原味口味：低筋麵粉50g。
5. 腰果部分平均分成兩半。

做法

1. 無鹽奶油切小塊，加入細砂糖及鹽用打蛋器打散成為乳霜狀（**圖3**）。
2. 將雞蛋液打散分數次加入，每一次加入都要確實攪拌均勻才加下一次（**圖4**）。
3. 將杏仁粉加入混合均勻（**圖5**），然後將麵糰平均分為兩部分（各約140g）（**圖6**）。

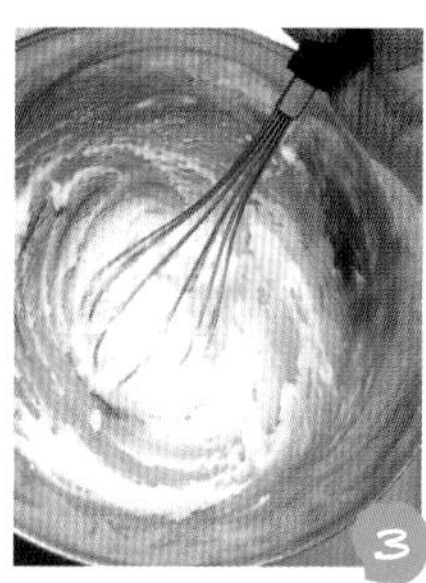

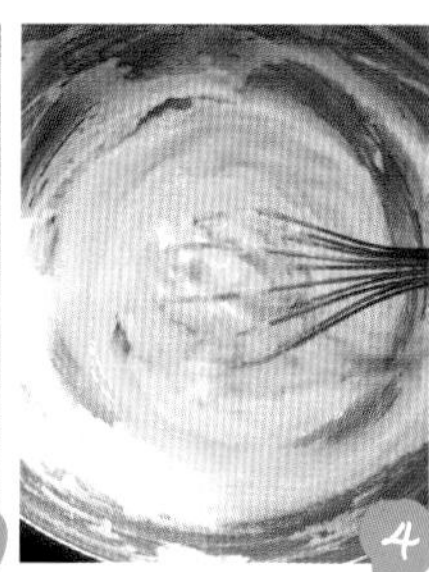

小叮嚀

腰果可以用任何自己喜歡的堅果代替。

4 將巧克力口味及原味口味已經過篩的粉類分別加入混合均勻（**圖7～9**）。
5 蛋白霜部分先用打蛋器打出一些泡沫，然後加入檸檬汁及細砂糖打成尾端挺立的蛋白霜（乾性發泡）（**圖10**）。
6 蛋白霜大致分成兩半，再分別挖1/3份量的蛋白霜混入蛋黃麵糊中，用橡皮刮刀延著盆邊翻轉及切拌的方式攪拌均勻（一開始不是很好攪拌，必須有一點耐性）（**圖11**）。
7 然後再將拌勻的麵糊分別倒入剩下的蛋白霜中混合均勻（**圖12**）。
8 將腰果分成兩部分個別加入混合均勻（**圖13、14**）。
9 將麵糊倒入不沾烤布上形成橢圓形。
10 將杏仁片平均灑在麵糊上（**圖15**）。
11 放入已經預熱到160℃的烤箱中烘烤20分鐘出爐（**圖16**）。
12 稍微放涼就將烤至半乾的餅乾切成寬約1～1.5cm的條狀（**圖17**）。
13 切面朝上間隔整齊排放在烤盤上，再度進爐用120℃的溫度烘烤30～40分鐘至完全乾燥即可（**圖18**）。
14 烤好取出放在鐵網架上冷卻。

冷凍餅乾。

奶油含量豐富，材料混合均勻整型成長方體或是圓柱形，
再放入冷凍室冰硬，冰硬後再直接切成片狀放入烤箱烘烤。
這款餅乾可以在不忙的時候多準備一點，
想吃的時候隨時都可以取出切片烘烤，
做出來的造型形狀統一，非常整齊。

乳酪酥餅

份量

・約36片

材料

・無鹽奶油60g
・細砂糖30g
・帕梅森起司粉35g
・雞蛋1個
・低筋麵粉120g

下午抽空到南京西路辦一些事情，雖然年假已經結束，但是還在放寒假的學生讓街上依然熱鬧不已。一個人在街上隨意晃晃，看著街上來來往往的人，讓自己晾在暖暖的冬陽中。

看著櫥窗中映出的自己，混在人群中的我好像不屬於這個街頭。一個人的下午，我想起了遠在法國的D。記得唸書時最愛和D在街上看人，對著陌生的路人偷偷品頭論足，兩個人笑得好瘋，就覺得有趣。一下課就衝去看最新上演的片子，討論的都是我們愛的銀幕英雄，狄龍、爾冬陞、Robert De Niro。書沒有唸的特別認真，下課後的生活卻是過的多彩多姿。

好像這樣的生活才沒有多久以前，但一回首，竟然也過了這麼多年。D永遠都是我最好的死黨，每每與她聊起這些陳年往事，兩個人還是會笑的東倒西歪。青春雖然短暫卻是無比珍貴，一個人逛街的快樂讓我回到年少的無憂時光⋯⋯。

加了帕梅森起司粉，這小西點吃起來略帶鹹味，不甜不膩。小小的餅乾藏著我祝福的心意，是特別要送給朋友的溫暖伴手禮。

準備工作

1. 所有材料秤量好（**圖1**）。
2. 低筋麵粉使用濾網過篩。
3. 無鹽奶油放置室溫回軟，手指可以壓出印子的程度就好。

做法

1. 無鹽奶油切小塊用打蛋器打散（**圖2、3**）。
2. 將細砂糖加入攪打至泛白，拿起打蛋器尾端呈現角狀（**圖4**）。
3. 雞蛋液分4～5次加入，每一次都要確實攪拌均勻才繼續加下一次（**圖5**）。
4. 再將帕梅森起司粉加入混合均勻（**圖6**）。
5. 最後將過篩的粉類分兩次加入攪拌均勻，使用刮刀或手與盆底磨擦按壓的方式混合成糰狀（**圖7～9**）。
6. 混合完成的麵糰放到一大張保鮮膜上（**圖10**）。
7. 用保鮮膜包裹起來捏緊整成長方形或圓形，放入冰箱冷凍至少2～3小時冰硬（**圖11**）。
8. 冷凍好由冰箱取出切成厚約0.5cm的片狀（剛從冰箱取出若覺得太硬不好切，可以稍微回溫一下就會好切了，切的時候刀要垂直用力壓下）（**圖12**）。
9. 將餅乾片間隔整齊排放在烤盤中（**圖13**）。
10. 放入已經預熱到160℃的烤箱中烘烤15～18分鐘即可（中間調頭一次使得餅乾上色平均）（**圖14**）。
11. 烤好取出放在鐵網架上冷卻。

巧克力杏仁酥餅

份量

· 約45片

材料

· 無鹽奶油120g
· 細砂糖80g
· 牛奶1T
· 雞蛋1個
· 低筋麵粉230g
· 無糖可可粉40g
· 杏仁片150g

趁著好天氣，我拉著老公帶我到假日花市晃晃，想把我的露台添些香草植物。對植物我一直沒有太大的把握，帶回家最後的下場都差不多，能夠長得茂盛的只剩下萬年青和鳳仙花。

天氣好，花市人潮洶湧，我們得緊緊牽著手才不會被擠散。來到我最愛的一個香草攤，老闆娘馬上遞來一杯熱熱的香草茶。看著滿滿各式各樣可以入菜的香草植物，想起了日劇《美人》中的田村正和，也很想家裡有一個魔法般的香草花園。

買了幾顆小苗，又帶著滿滿的希望回家，我要我的陽台也香草滿園。

巧克力餅乾是我唯一的選擇，苦中帶甜的滋味最合口味。從小喜餅盒中的餅乾一定先挑巧克力的，生日蛋糕也一定要巧克力，似乎甜點就是要跟巧克力劃上等號。

我想我是中了巧克力的癮。

準備工作

1. 所有材料秤量好（**圖1**）。
2. 將低筋麵粉與無糖可可粉使用濾網過篩（**圖2**）。
3. 無鹽奶油放置室溫回軟，手指可以壓出印子的程度就好。

做法

1. 無鹽奶油切小塊用打蛋器打散成乳霜狀（**圖3、4**）。
2. 然後加入細砂糖打至打蛋器尾端呈現角狀（**圖5**）。
3. 將雞蛋及牛奶分兩次加入確實攪拌均勻（**圖6**）。
4. 最後將過篩的粉類分兩次加入攪拌均勻，使用刮刀或手與盆底磨擦按壓的方式混合成糰狀（**圖7～9**）。
5. 最後將杏仁片加入混合均勻（**圖10、11**）。
6. 混合完成的麵糰放到一大張保鮮膜上（**圖12**）。
7. 用保鮮膜包裹起來捏緊整成長方形或圓形，放入冰箱冷凍至少2～3小時冰硬（**圖13**）。
8. 冷凍好由冰箱取出切成厚約0.5cm的片狀（剛從冰箱取出若覺得太硬不好切，可以稍微回溫一下就會好切了，切的時候將刀垂直用力壓下）（**圖14**）。
9. 將餅乾片間隔整齊排放在烤盤中（**圖15**）。
10. 放入已經預熱到160℃的烤箱中烘烤16～18分鐘（中間調頭一次使得餅乾上色平均）（**圖16**）。
11. 烤好取出放在鐵網架上冷卻。

咖啡核桃酥餅

・約45片

・無鹽奶油120g
・細砂糖80g
・即溶咖啡粉2T
・熱牛奶2T
・蛋黃1個
・低筋麵粉240g
・核桃100g

記得這是媽媽最愛的一種小西點，核桃及咖啡的搭配香噴噴。以全蛋黃來做口感酥脆，核桃也可以替換成胡桃或其他自己喜歡的堅果。

麵糰捏成條狀或擀壓成片狀，放在冰箱冷凍起來可以保存一段時間，想吃的時候就可以隨時有新鮮的餅乾出爐，是很方便的小西點。

準備工作

1. 所有材料秤量好。
2. 低筋麵粉使用濾網過篩。
3. 無鹽奶油放置室溫回軟，手指可以壓出印子的程度就好。
4. 核桃放入已經預熱到150℃的烤箱中烘烤7～8分鐘取出放涼。
5. 熱牛奶倒入即溶咖啡粉中溶化放涼（**圖1、2**）。

做法

1. 無鹽奶油切小塊用打蛋器打散成乳霜狀（**圖3、4**）。
2. 將細砂糖加入攪打至泛白（**圖5**），拿起打蛋器尾端呈現角狀（**圖6**）。
3. 蛋黃分兩次加入確實攪拌均勻（**圖7**）。
4. 咖啡牛奶液分兩次加入攪拌均勻（**圖8**）。

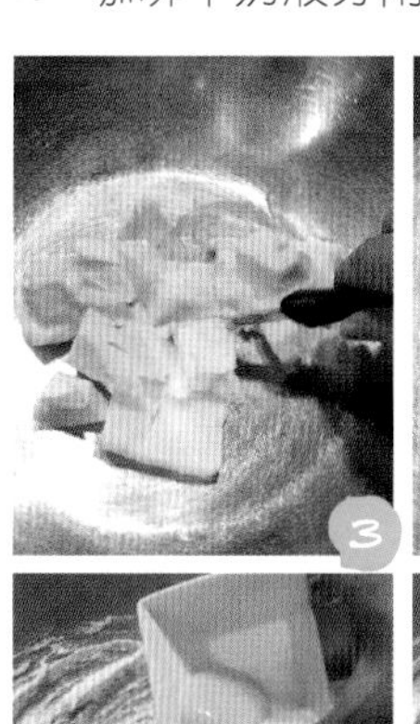
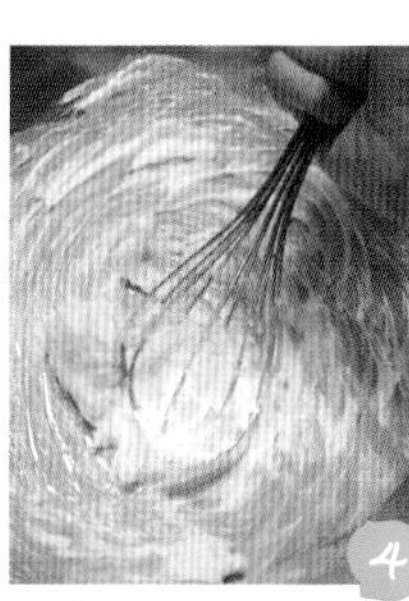
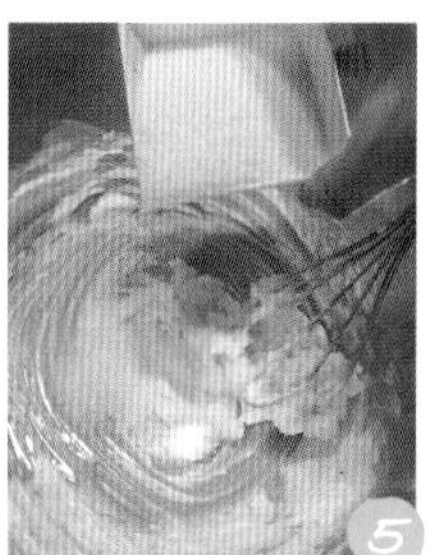
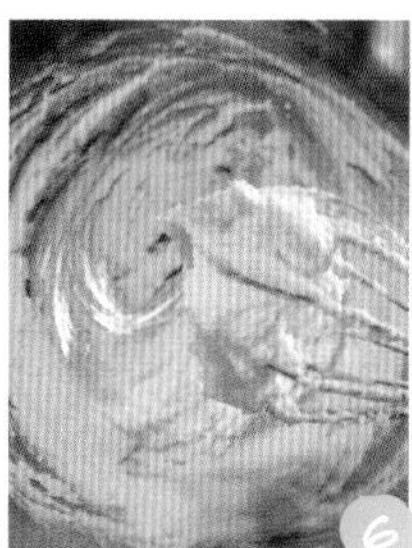

5 再將過篩的粉類分兩次拌入，使用刮刀或手與盆底磨擦按壓的方式混合成糰狀（**圖9～11**）。
6 最後將烤好放涼的核桃加入混合均勻（**圖12～14**）。
7 混合完成的麵糰放到一大張保鮮膜上（**圖15**）。
8 用保鮮膜包裹起來捏緊，整成長方形或圓形，放入冰箱冷凍至少2～3小時冰硬（**圖16**）。
9 冷凍好由冰箱取出，切成約0.5cm片狀（剛從冰箱取出若覺得太硬不好切，可以稍微回溫一下就會好切了，切的時候菜刀垂直用力壓下）（**圖17**）。
10 將餅乾片間隔整齊排放在烤盤中（**圖18**）。
11 放入已經預熱到150℃的烤箱中烘烤16～18分鐘（中間調頭一次使得餅乾上色平均）（**圖19**）。
12 烤好取出放在鐵網架上冷卻。

豆渣地瓜高纖餅乾

份量

· 約24片（直徑約4cm）

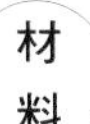

材料

· 豆渣100g
· 地瓜泥200g
· 無鹽奶油50g
· 細砂糖30g
· 黑芝麻2t
· 蛋黃1個
· 低筋麵粉40g
· 全麥麵粉40g

這兩天出現了很棒的陽光，趁著好天氣努力的曬蘿蔔乾與蘿蔔籤。下午偷閒與老公晃到木柵環保復育公園，非假日的公園幾乎沒有人，我們兩個人吃著三明治享受這一整片的草原。一望無際的山頭只有滿眼的綠，對住在都市的人來說實在太奢侈了！

要離開的時候正好看到另一對夫婦也來到這裡，他們帶著齊全的裝備，在草地上鋪起野餐巾，然後還拿出紅酒與紅酒杯，兩人在草原上對飲起來。哇！真是太享受了，好像電影中的情節。下一回我也要準備豐富一點，來這裡開野餐派對。^^

自己做豆漿都會剩下很多豆渣，除了做料理做麵包，也可以好好利用來做一些高纖維的點心。把炒乾的豆渣與甜美的地瓜搭配在一塊，豆渣餅乾多吃幾片也不會有罪惡感。

準備工作

1. 所有材料秤量好（**圖1**）。
2. 無鹽奶油放置室溫回軟，手指可以壓出印子的程度就好。
3. 地瓜去皮蒸熟取200g，用叉子壓成泥狀放涼備用（**圖2、3**）。
4. 豆渣放入炒鍋中，小火乾炒4～5分鐘至鬆散的粉狀盛起放涼（**圖4**）。
5. 低筋麵粉使用濾網過篩。

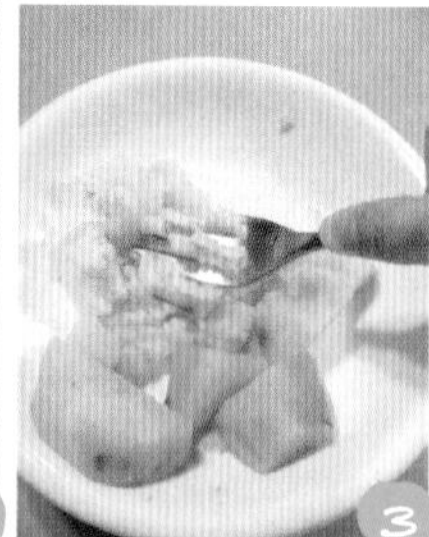

做法

1. 無鹽奶油切小塊用打蛋器打散成乳霜狀態（**圖5**）。
2. 將細砂糖加入攪打至泛白，拿起打蛋器尾端呈現角狀（**圖6**）。
3. 將蛋黃分兩次加入確實攪拌均勻（**圖7**）。
4. 然後依序加入豆渣、地瓜泥及黑芝麻混合均勻（**圖8～11**）。

5. 最後將過篩的低筋麵粉及全麥麵粉分兩次加入，使用刮刀或手與盆底磨擦按壓的方式混合成糰狀（**圖12～14**）。
6. 混合完成的麵糰放到一大張保鮮膜上（**圖15**）。
7. 用保鮮膜將麵糰包裹起來捏緊搓成直徑4cm圓柱狀，放入冰箱冷凍至少2～3小時冰硬（**圖16、17**）。
8. 冷凍好的麵糰由冰箱取出切成厚約0.5cm的片狀（剛從冰箱取出若覺得太硬不好切，可以稍微回溫一下就會好切了，切的時候將刀垂直用力壓下）（**圖18**）。
9. 將餅乾片間隔整齊排放在烤盤中（**圖19**）。
10. 放入已經預熱到160℃的烤箱中烘烤18～20分鐘（中間調頭一次使得餅乾上色平均）（**圖20**）。
11. 時間到將溫度關掉直接在烤箱中燜到冷卻。

糖鑽巧克力餅乾

份量

・約15片

材料

・無鹽奶油50g
・細砂糖30g
・全蛋液30g
・杏仁粉30g
・低筋麵粉70g
・無糖可可粉15g

麵糰表面裝飾

・蛋白液、粗糖粒各適量

在傍晚微涼的空氣中，與老公帶著Leo到台大校園慢慢散步，是一個星期最開心的時候。在校園中沒有目標，隨心所欲地走著，一邊走一邊東張西望。途中可以遇到與主人追逐奔馳的狗兒、甜蜜牽手的情侶、玩著直排輪的孩子、樹上攀爬不怕人的松鼠，感受著校園四周隨季節而變化的植物。我們無所顧慮地閒聊著，說到冷笑話咧開嘴大笑，聊著我們家未來的一切，分享最近看過的書，彼此家人間的情況。

逛累了就到公館找找我最愛的小吃，兄弟麵線、公館豆花、臺一紅豆牛奶冰、鳳城燒臘，每一樣都是好味道。風涼涼吹著，秋天的溫度真是舒服，是適合散步的季節。

巧克力餅乾周圍鑲嵌著晶瑩剔透的冰糖粒，透著華麗的質感。濃郁的巧克力味道混合著杏仁的香，這是我最喜歡的味道。

準備工作

1. 所有材料秤量好（**圖1**）。
2. 低筋麵粉加無糖可可粉使用濾網過篩（**圖2**）。
3. 無鹽奶油放置室溫回軟，手指可以壓出印子的程度就好。

做法

1. 無鹽奶油切小塊用打蛋器打散成乳霜狀（**圖3**）。
2. 將細砂糖加入攪打至泛白，拿起打蛋器尾端呈現角狀（**圖4**）。
3. 全蛋液分4～5次加入確實攪拌均勻（**圖5**）。
4. 再將杏仁粉加入混合均勻（**圖6**）。
5. 最後將過篩的粉類分兩次拌入，使用刮刀或手與盆底磨擦按壓的方式混合成糰狀（**圖7、8**）。
6. 混合完成的麵糰放到一大張保鮮膜上（**圖9**）。
7. 用保鮮膜將麵糰包裹起來捏緊整成圓形，放入冰箱冷凍至少2～3小時冰硬（**圖10、11**）。
8. 冷凍好的麵糰由冰箱取出，在表面上刷上一層蛋白液（**圖12**）。
9. 將冷凍麵糰放在粗糖粒上來回滾動，使得糖粒沾黏在表面（**圖13**）。
10. 用刀切成約0.5cm厚的片狀（剛從冰箱取出若覺得太硬不好切，可以稍微回溫一下就會好切了，切的時候將刀垂直用力壓下）（**圖14**）。
11. 將餅乾片間隔整齊排放在烤盤中（**圖15**）。
12. 放入已經預熱到160℃的烤箱中烘烤15～18分鐘（中間調頭一次使得餅乾上色平均）（**圖16**）。
13. 烤好取出放在鐵網架上冷卻。

貓咪奶油餅乾

份量

· 約15片

材料

· 無鹽奶油50g
· 細砂糖40g
· 全蛋液30g
· 杏仁粉50g
· 低筋麵粉100g

餅乾表面裝飾

· 苦甜巧克力磚30g

從小就愛貓。愛牠那柔軟的身軀，輕巧的步伐，深情的雙眼。

小時候第一隻貓是在小學二年級時大姑姑送的一隻邋遢貓。我和妹妹愛極了，整天抱著不放，但是爸爸很不喜歡，總認為貓咪是陰沉的動物。所以沒有多久，那隻邋遢貓就還給姑姑，我還以為就此跟貓咪無緣。

後來唸完書在法商工作時，同事的妹妹養了一隻漂亮的金吉拉，我常在下班後到她家去看貓，羨慕得不得了。也真是剛好，竟然在上班途中在家附近撿到一隻純白的幼貓，我叫牠咪咪，從那時起就開始了跟貓咪的這一段路。

有過被貓咪淹沒的經驗嗎？身邊一遍貓海，每隻都呼嚕呼嚕的咕噥著，讓我連起身都沒辦法，雙腿也被牠們壓到發麻。我每天晚上就是被寶貝們用這種方式愛著，看著牠們熟睡的臉龐，覺得自己好幸福。

為了牠們，我可以省吃儉用也要買最好的乾飼料，吵著要老公替牠們做貓窩、貓餐桌，牠們玩的很瘋打破我心愛的果盤我也無所謂，在家佔地盤偷尿尿我也只笑著罵兩聲，牠們跟我喵呀喵呀地說話就覺得可愛，我是一個標準的貓奴。

怎麼會這麼愛牠們？牠們有時優雅而天真，有時又是隻狂野的小豹。我在家都是寶貝寶貝的叫著。我喜歡把牠們緊緊地擁在懷中，感覺牠們溫暖光滑如絲綢般的外套，牠們全然的信任我，我就是牠們的全部。牠們愛乾淨的習性，有點黏又不太黏的個性，是非常好的同伴。多半時間牠們都是安安靜靜，偶爾來腳邊跟我磨蹭磨蹭打個招呼，告訴我牠知道我回家了。

有了牠們，我好多年沒有出門旅遊，不能太晚回家，卻都是值得的。

我是一個無藥可救的貓奴……。

冷凍餅乾烤好後，利用巧克力當畫筆，在餅乾上畫出自己喜歡的圖案，讓單調的餅乾更增加了一股童趣。

準備工作

1. 所有材料秤量好（**圖1**）。
2. 低筋麵粉使用濾網過篩（**圖2**）。
3. 無鹽奶油放置室溫回軟，手指可以壓出印子的程度就好。

做法

1. 無鹽奶油切小塊用打蛋器打散成乳霜狀（**圖3**）。
2. 將細砂糖加入攪打至泛白，拿起打蛋器尾端呈現角狀（**圖4**）。
3. 全蛋液分4～5次加入確實攪拌均勻（**圖5**）。
4. 再將杏仁粉加入混合均勻。
5. 最後將過篩的粉類分兩次拌入，使用刮刀或手與盆底磨擦按壓的方式混合成糰狀（**圖6～8**）。

6 混合完成的麵糰放到一大張保鮮膜上（**圖9**）。
7 用保鮮膜將麵糰包裹起來捏緊整成圓形，放入冰箱冷凍至少2～3小時冰硬（**圖10**）。
8 冷凍好的麵糰由冰箱取出，用刀切成約0.5cm厚的片狀（剛從冰箱取出若覺得太硬不好切，可以稍微回溫一下就會好切了，切的時候將刀垂直用力壓下）（**圖11**）。
9 將餅乾片間隔整齊排放在烤盤中（**圖12**）。
10 放入已經預熱到160℃的烤箱中烘烤15～18分鐘（中間調頭一次使得餅乾上色平均）（**圖13**）。
11 烤好取出放在鐵網架上冷卻。
12 苦甜巧克力磚用刀切碎（**圖14、15**）。
13 用50℃的熱水隔水融化（**圖16**）。
14 將融化的巧克力醬裝入擠花紙筒中（**圖17**）。
15 在餅乾表面畫出喜歡的圖案（**圖18、19**）。

雙色格子餅乾

份量

· 約40片

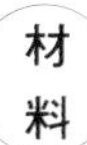

材料

A.原味麵糰
· 無鹽奶油60g
· 細砂糖40g
· 全蛋液30g
· 低筋麵粉120g
· 白蘭地1/4t

B.巧克力麵糰
· 無鹽奶油60g
· 細砂糖40g
· 全蛋液30g
· 低筋麵粉90g
· 無糖可可粉30g
· 白蘭地1/4t

跟Celine是第一次碰面，從知道要見面的那一天就開始緊張。我在腦中演練著見到面的第一句話要說些什麼，計畫著要準備甚麼好吃的下午茶。

真的見面了，好像是我自己多慮了，我們像是老朋友般自然的熟識。一個下午我們無話不談，我彷彿話匣子一開不可收拾。看到她俏皮地逗著貓咪玩，興奮地幫忙做著餅乾的麵糰，我也覺得開心極了。吃著甜蜜的點心，聊著我們各自的愛情、親愛的家人和未來的夢想。秋涼的十月，友情的溫馨洋溢心底。

將兩種不同色彩的麵糰做一點變化，簡單的餅乾就變的更有價值。麵糰切成大小相同的條狀再組合起來，可以依照自己喜歡，做成大小不同的格子排列。多一點耐心就能夠得到最完美的成果。

準備工作

1. 分別將兩種口味麵糰的所有材料秤量好（**圖1**）。
2. 原味麵糰的低筋麵粉使用濾網過篩，巧克力麵糰的低筋麵粉加無糖可可粉也使用濾網過篩（**圖2**）。
3. 無鹽奶油放置室溫回軟，手指可以壓出印子的程度就好。

做法

1. 無鹽奶油切小塊用打蛋器打散成乳霜狀（**圖3、4**）。
2. 將細砂糖加入攪打至泛白，拿起打蛋器尾端呈現角狀（**圖5**）。
3. 雞蛋液分4～5次加入確實攪拌均勻（**圖6**）。
4. 再加入白蘭地混合均勻（**圖7**）。
5. 最後將過篩的粉類分兩次加入，使用刮刀或手與盆底磨擦按壓的方式混合成糰狀（**圖8～10**）。
6. 巧克力麵糰請依照原味麵糰做法完成（**圖11**）。
7. 混合完成的麵糰分別放入塑膠袋中（**圖12**）。

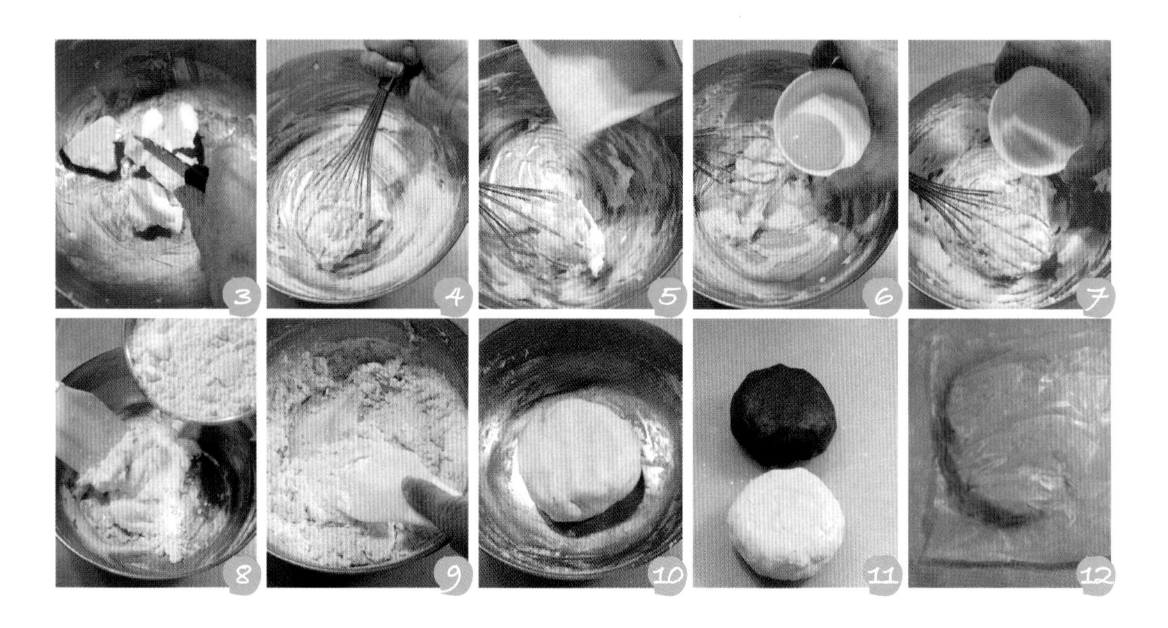

8 隔著塑膠袋用擀麵棍分別將兩個麵糰擀成1cm厚且同樣大小的長方形，放入冰箱冷凍30～60分鐘冰硬，麵糰旁邊可以放兩根1cm厚的木條輔助（**圖13、14**）。

9 冰硬的麵糰由冰箱取出，用剪刀將塑膠袋剪開（**圖15**）。

10 在兩個麵糰其中一片，塗刷上一層全蛋液（**圖16**）。

11 將另一片麵糰疊上來（**圖17**）。

12 周圍不整齊的邊緣裁切掉，切成1cm厚的條狀共8條（**圖18**）。

13 每一條麵糰側面都塗刷上一層全蛋液（**圖19**）。

14 將四組麵條顏色交錯的組合在一起，使其呈格子狀（**圖20**）。

15 切下來的麵糰集中起來搓揉成圓形成為大理石紋路（**圖21～23**）。

16 將完成的餅乾生麵糰用保鮮膜包覆起來，放冰箱冷凍至少1～2小時冰硬（**圖24**）。

17 冰硬的麵糰由冰箱取出切成約0.5cm厚的片狀（剛從冰箱取出若覺得太硬不好切，可以稍微回溫一下就會好切了，切的時候將刀垂直用力壓下）（**圖25**）。

18 將餅乾片間隔整齊排放在烤盤中（**圖26**）。

19 放入已經預熱到160℃的烤箱中烘烤15～18分鐘（中間調頭一次使得餅乾上色平均）（**圖27**）。

20 烤好取出放在鐵網架上冷卻。

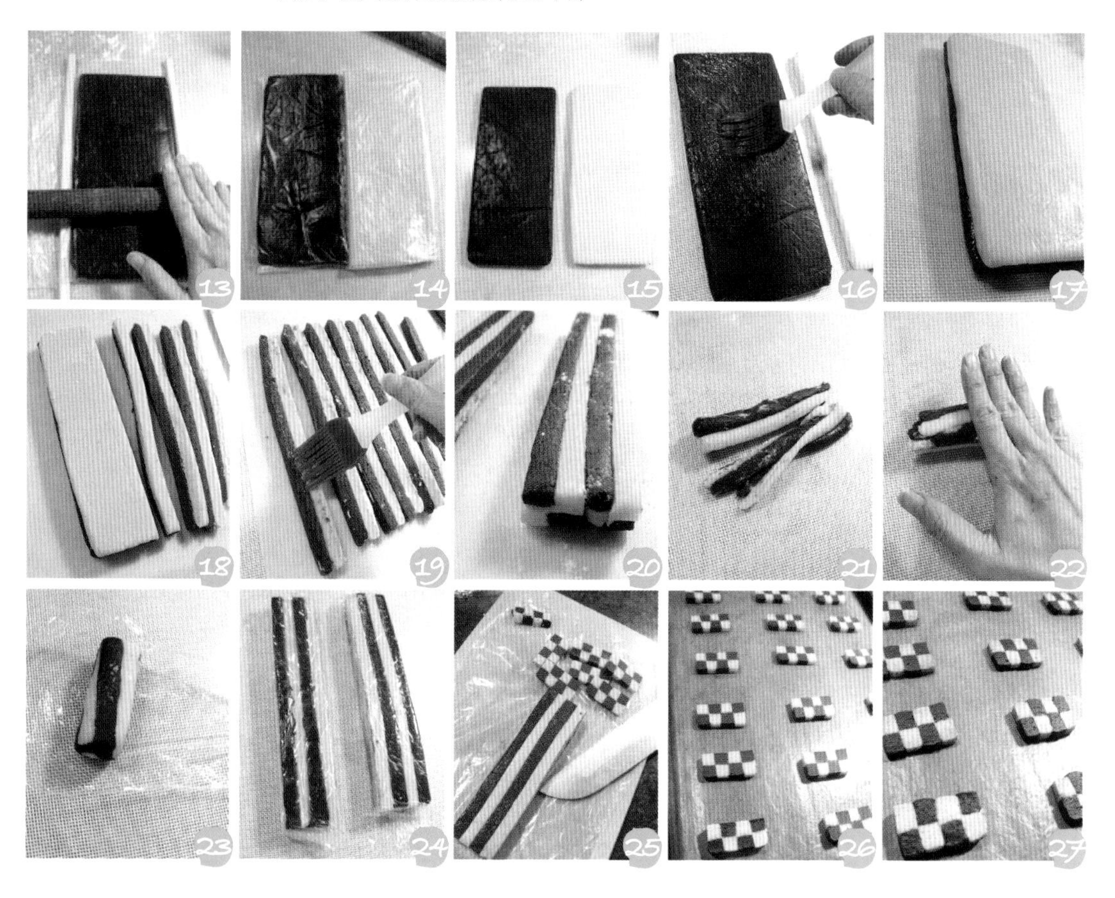

壓模餅乾。

混合完成的餅乾麵糰擀開成為薄片，
利用各式各樣壓花模型或滾輪刀切出自己喜歡的形狀，再放入烤箱烘烤，
造型多變，可以享受自己動手做的樂趣。

牛奶棒

份量

- 約40條

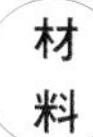

材料

- 低筋麵粉100g
- 細砂糖10g
- 鹽1/8t
- 橄欖油25g
- 煉乳20cc
- 牛奶20cc

Leo每天清晨5：30就必須起床去趕車上學，最近天氣冷，大家都睡得離不開暖烘烘的被窩。有時候鬧鐘響好久竟然也沒有聽到還繼續睡，猛地爬起來才發現時間已經晚了。

這個時候睡意全消，老公馬上去叫Leo起床刷牙洗臉，我趕緊準備早餐讓他帶著去學校吃，一家子急急忙忙的像打仗一樣，連貓咪都緊張兮兮。直到送他出門，家裡才平靜下來。

Leo雖然已經是個大孩子，晚上起來還是會發現他踢被子，還得幫他把被子拉好。在我心裡他還是那個喜歡在身後轉來轉去的小傢伙。

用橄欖油加香濃的煉乳來做餅乾，這餅乾牛奶味好濃好濃，酥脆的一根一根停不了手。

準備工作

1 所有材料秤量好（**圖1**）。
2 低筋麵粉用濾網過篩（**圖2**）。

做法

1 將低筋麵粉加入細砂糖、鹽混合均勻（**圖3**）。
2 依序將橄欖油、煉乳及牛奶加入麵粉中（**圖4、5**）。
3 用手快速將所有材料混合成為一個無粉粒的糰狀（不要過度攪拌，避免麵粉產生筋性影響口感）（**圖6～8**）。
4 將麵糰放入塑膠袋中，用手稍微壓扁，再用擀麵棍擀開成為一張厚約0.3cm的麵皮（將塑膠袋前端開口處折起，這樣麵糰在封閉的塑膠袋中擀壓就可以擀的很整齊）（**圖9～11**）。

小叮嚀

1 橄欖油可用任何自己喜歡的油脂替換，若使用無鹽奶油請先融化再加入。
2 牛奶可以用豆漿或冷水代替。
3 塑膠袋尺寸約20cm x 20cm。

5 將麵皮放入冰箱中冷藏30分鐘，讓麵糰稍微硬一點較容易切割。
6 用剪刀將塑膠袋剪開，利用鋼尺及切麵刀將麵皮切割成為整齊的條狀（若擔心待會不好拿取，這時可以放冰箱冷凍10分鐘冰硬就會比較好拿）（**圖12、13**）。
7 一條一條輕輕拿起，整齊排入不沾烤布上（**圖14、15**）。
8 放進已經預熱到120℃的烤箱中烘烤12～15分鐘（時間請依照自己烤箱及餅乾厚度做適當調整，不要過焦）（**圖16**）。
9 放涼的牛奶餅乾放密封罐保持乾燥儲存。

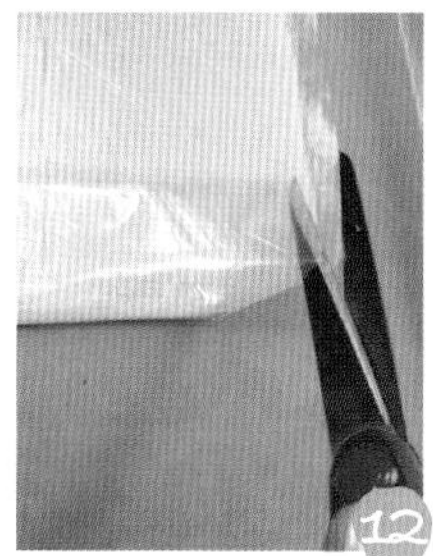
12

13

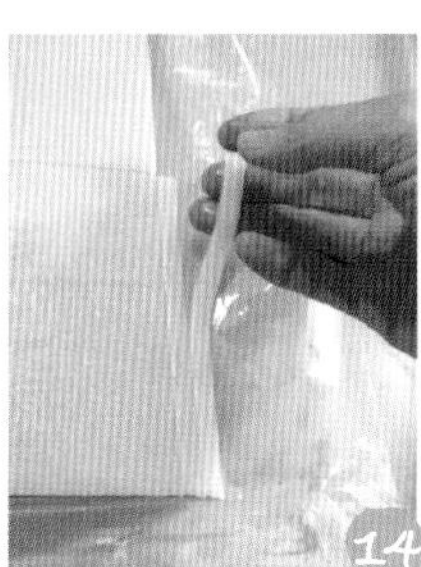
14

15

16

海苔牛奶棒

材料

低筋麵粉100g
細砂糖10g
鹽1/8t
橄欖油25g
煉乳20cc
牛奶20cc
海苔粉2T

做法

所有做法同原味牛奶棒（**圖17～20**）。

17

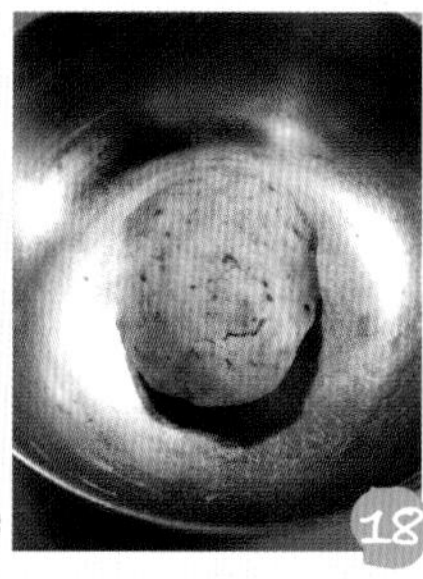
18

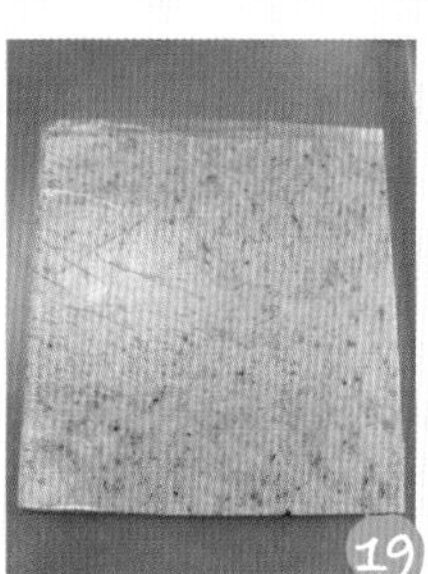
19

20

起司薄片餅乾

份量

- 約18片

材料

- 低筋麵粉40g
- 全麥麵粉20g
- 帕梅森起司粉10g
- 乾燥巴西利1t
  （或乾蔥末也可以）
- 鹽1/4t
- 細砂糖1/4t
- 橄欖油15g
- 牛奶1T

一大早，送走Leo去上學，老公出門上班之後，家裡就完完全全屬於我。

工作這麼多年，每天幾乎都在忙碌中度過，趕著上班打卡，趕著當天要交的案子，趕著回家煮晚餐，趕著倒垃圾，我好羡慕我那些貓兒，可以在玻璃屋恣意的享受陽光。這些年很少機會做自己喜歡的事，也沒辦法好好感受生活的意義，有點累的我，希望不用再那麼努力，我只想要在生活中微妙的，小小的幸福。

大夥出門後我先給自己泡杯咖啡，然後上網瀏覽一天的新聞，更新我的Blog，我很珍惜這個小小的自我空間。櫃子裡收藏的日劇，還有架上的書也終於有時間翻出來再回味一遍。站在我心愛的廚房中，我就是女王。

檢視自己這幾年的工作，我真的很高興認識了很多好朋友。也很幸運的遇到好上司。不論是開心還是難過，都證明自己曾經擁有過。朋友是一生中最重要的資產，可以給你勇氣，給你感動。我要珍惜這些，因為在百人世界村這個發人省思的郵件中，我是屬於那幸福的一群人。

我要感謝上天給我的好運。

添加了起司粉和乾燥巴西利，吃起來類似蘇打餅乾。有一點餓的時候，鹹餅乾永遠是最好的選擇。

做法

1. 所有材料秤量好（**圖1**）。
2. 將低筋麵粉加全麥麵粉混合均勻（**圖2**）。
3. 將帕梅森起司粉、細砂糖、乾燥巴西利及鹽加入麵粉中混合均勻（**圖3、4**）。
4. 將橄欖油倒入，用橡皮刮刀以切拌方式攪拌，使麵粉成為鬆散粒狀的感覺（**圖5、6**）。
5. 將牛奶加入，用按壓的方式混合成糰狀（**圖7、8**）。
6. 將麵糰放入塑膠袋中，用手稍微壓扁，再用擀麵棍擀開成為一張。厚約0.3cm的麵皮（**圖9～11**）。（將塑膠袋前端打開處折起，這樣麵糰在封閉的塑膠袋中擀壓就可以擀的很整齊。）
7. 將麵皮放入冰箱中冷藏30分鐘，讓麵糰稍微硬一點較容易切割。
8. 用剪刀將塑膠袋剪開，利用鋼尺及切麵刀將麵皮分割成整齊的片狀。
9. 一片一片輕輕拿起，整齊排入不沾烤布（紙）上（**圖12**）。
10. 利用叉子在麵皮表面戳出整齊的孔洞（**圖13**）。
11. 放進已經預熱到160℃的烤箱中烘烤12～15分鐘（時間依照自家烤箱溫度及餅乾厚度做適當調整，不要烤焦）（**圖14**）。
12. 烤好取出放在鐵網架上冷卻。

小叮嚀

1 全麥麵粉可以改成高筋麵粉。
2 橄欖油可以用任何自己喜歡的油脂替換，若使用無鹽奶油請先融化再加入。

芝麻薄片餅乾

份量

· 約12片

材料

· 低筋麵粉40g
· 高筋麵粉20g
· 炒熟白芝麻1.5t
· 細砂糖1/2T
· 鹽1/4t
· 橄欖油15g
· 牛奶1T

每天接近晚餐時刻，家裡都會上演一場貓咪合聲秀。因為晚餐過後，也是家裡貓咪的罐頭時間。平時白天牠們有固定的貓乾糧，但是魚罐頭的魅力永遠是牠們無法抗拒的。

只要一聽到我開罐頭的聲音，所有的貓咪不管躲在哪裡都會立刻衝出來。這樣的場面既有趣又壯觀，我天天都看不厭。小可總是喊的最大聲，其他的貓咪也會因為牠的高分貝而加入合唱陣容。最喜歡看牠們圍繞在我身邊用頭磨蹭我的腳，讓我覺得自己被牠們緊緊依賴。

雖然因為有牠們，我沒有辦法出門旅行，家裡新買的沙發也會被牠們當做磨爪子的貓抓板，每天還必須辛勤的吸塵打掃。但是跟牠們給我的愛相比，我都甘之如飴。因為牠們，生活多了很多不一樣的樂趣。

芝麻薄片餅乾整型過程好像在做勞作，酥酥脆脆的餅乾，充滿芝麻香氣，吃起來好有口感。

做法

1. 所有材料秤量好。
2. 將低筋麵粉、高筋麵粉混合均勻過篩。
3. 將白芝麻、細砂糖及鹽加入麵粉中混合均勻（**圖1、2**）。
4. 將橄欖油倒入，用橡皮刮刀以切拌方式攪拌，使麵粉成為鬆散粒狀的感覺（**圖3、4**）。
5. 將牛奶加入，用按壓的方式混合成糰狀（**圖5～7**）。
6. 將麵糰放入塑膠袋中，用手稍微壓扁，再用擀麵棍擀開成為一張厚約0.3cm的麵皮（將塑膠袋前端開口處往下折起，這樣麵糰在封閉的塑膠袋中擀壓就可以擀的很整齊）（**圖8～10**）。
7. 將麵皮放入冰箱中冷藏30分鐘，讓麵糰稍微硬一點較容易切割。
8. 用剪刀將塑膠袋剪開，利用鋼尺及切麵刀將麵皮分割成整齊的片狀（**圖11、12**）。
9. 一片一片輕輕拿起，整齊排入不沾烤布（紙）上。
10. 利用叉子在麵皮表面整齊戳出孔洞（**圖13、14**）。
11. 放進已經預熱到160℃的烤箱中烘烤12～15分鐘（時間依照自家烤箱溫度及餅乾厚度做適當調整，不要烤焦）（**圖15**）。
12. 烤好取出放在鐵網架上冷卻。

小叮嚀

1. 高筋麵粉可以改成低筋麵粉。
2. 橄欖油可以用任何自己喜歡的液體油脂替換，若使用無鹽奶油請先融化再加入。
3. 牛奶可以用豆漿或冷水代替。
4. 塑膠袋尺寸約是20cm×20cm。

抹茶胚芽餅乾

· 約20片

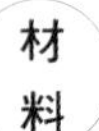

· 無鹽奶油40g
· 細砂糖35g
· 全蛋液30g
· 低筋麵粉100g
· 抹茶粉1T
· 小麥胚芽粉2T

記得幾年前自己一個人到SOGO百貨閒逛，九樓剛好有日本特產展示。當時有日本老師正在示範茶道，好奇的我也被吸引。看似簡單的沖茶卻有著嚴謹的動作與順序。喝完抹茶再吃一塊和菓子，感覺真好。從此對抹茶有了非常深刻的印象。

不甜不膩帶著微苦的抹茶餅乾還飄著胚芽香，吃進口中還有些許海苔香氣。翠綠的顏色美的讓人心情好，今天要泡壺好茶。

準備工作

1. 所有材料秤量好（**圖1**）。
2. 低筋麵粉加抹茶粉使用濾網過篩（**圖2**）。
3. 無鹽奶油放置室溫回軟，手指可以壓出印子的程度就好。
4. 小麥胚芽粉分散鋪放在烤盤上，放入已經預熱到150℃的烤箱中烘烤5～6分鐘後取出放涼。

1

2

做法

1. 無鹽奶油切小塊用打蛋器打散成乳霜狀態（**圖3**）。
2. 將細砂糖加入攪打至泛白，拿起打蛋器尾端呈現角狀（**圖4**）。
3. 全蛋液分4～5次加入確實攪拌均勻（**圖5**）。
4. 然後將小麥胚芽粉加入混合均勻（**圖6**）。
5. 最後將過篩的粉類分兩次拌入，使用刮刀與盆底磨擦按壓的方式混合成糰狀（**圖7～9**）。
6. 將麵糰放入塑膠袋中，用手稍微壓扁，再用擀麵棍擀開成為一張厚約0.4cm的麵皮（將塑膠袋前端開口處折起，這樣麵糰在封閉的塑膠袋中擀壓就可以擀的很整齊）（**圖10、11**）。
7. 將麵皮放入冰箱中冷藏1小時，讓麵糰稍微硬一點較容易切割。
8. 用剪刀將塑膠袋剪開，利用鋼尺及鋸齒切麵刀將麵皮分割成為整齊的長方形片狀（圖12）。
9. 利用竹籤尾端在餅乾麵皮上戳出整齊的孔洞（**圖13**）。
10. 將餅乾片間隔整齊排放在烤盤中（**圖14**）。
11. 放入已經預熱到150℃的烤箱中烘烤16～18分鐘（中間調頭一次使得餅乾上色平均）（**圖15**）。
12. 烤好取出放在鐵網架上冷卻。

黃豆粉芝麻餅乾

份量

- 約48片（直徑2.5cm）

材料

- 無鹽奶油50g
- 細砂糖35g
- 全蛋液30g
- 熟黃豆粉50g
- 低筋麵粉50g
- 白芝麻1T

Leo回阿公家過暑假，家裡少了一個大胃王，忽然變得好難準備晚餐。正在發育的他好能吃，看著他每天把我準備的晚餐掃光，就覺得很有成就感。晚上難得不用準備晚餐，和老公兩個人到通化街走走，吃吃喜歡的小吃，看看五花八門的東西，非假日的夜市人潮不會太多，逛起來還滿舒服的，這是難得的兩人世界。

我有兩個冰箱，其中一個冰箱專門儲存我的烘焙材料。舉凡堅果、果乾、奶油，各式各樣雜糧應有盡有，宛如我的小小材料行。最喜歡把不同的元素混合在一塊，除了增加口感也讓烘焙有了生命。黃豆粉是中式糕點很常用的沾粉，加在餅乾中代替部分的低筋麵粉意外的好吃，有著香香的滋味。刻意將餅乾做小一點，一口一個好過癮。

準備工作

1. 所有材料秤量好，雞蛋回溫取30g（**圖1**）。
2. 低筋麵粉使用濾網過篩（**圖2**）。
3. 無鹽奶油放置室溫回軟，手指可以壓出印子的程度就好。

做法

1. 無鹽奶油切小塊用打蛋器打散成乳霜狀（**圖3**）。
2. 然後加入細砂糖攪打至打蛋器尾端呈現角狀（**圖4**）。
3. 全蛋液分4～5次加入確實攪拌均勻（**圖5**）。
4. 再將熟黃豆粉加入混合均勻（**圖6**）。
5. 最後將過篩的粉類分兩次拌入，使用刮刀或手與盆底磨擦按壓的方式混合成糰狀（**圖7～10**）。
6. 混合完成的麵糰放到塑膠袋中用手稍微壓扁，再用擀麵棍擀開成為一張厚約0.4cm的麵皮（將塑膠袋前端開口處折起，這樣麵糰在封閉的塑膠袋中擀壓就可以擀的很整齊），壓完餅乾剩下的麵糰和成一團壓實，再重複壓出形狀直到所有的麵糰用完（**圖11**）。
7. 放入冰箱冷藏2～3小時冰硬。
8. 將塑膠袋剪開，使用圓形餅乾壓模壓出形狀（或是任何自己喜歡的壓模皆可）（**圖12、13**）。
9. 將餅乾片間隔整齊排放在烤盤中（**圖14**）。
10. 放入已經預熱到160℃的烤箱中烘烤15～16分鐘即可（中間調頭一次使得餅乾上色平均）（**圖15**）。
11. 烤好取出放在鐵網架上冷卻。

洋芋鹹酥脆餅

份量

・24～28片

材料

・洋芋泥200g
・太白粉60g
・沙拉油30g

調味料
・黑胡椒粉1/3t
・鹽1/4t
（可依自己喜好調整）

以前還是上班族的時候，從沒有仔細想過自己會成為專職的家庭主婦。一直認為自己會工作到退休為止。真的變成家庭主婦才發現，主婦的生活是非常忙碌的，採買、打掃、烹調、洗滌等等就佔去一整天的時間。忙完一天的工作，最開心的時光就是晚餐後的悠閒時光。挑一部喜歡的影集，跟老公兩人窩在沙發中，完全沉浸在歡喜憂愁的劇情裡。

這樣的時候就是會嘴饞，準備一些酥脆的小點心讓看影片的心情更好。這幾天用洋芋做了鹹酥餅乾，在廚房做了好多不同口味，玩得不亦樂乎。又酥又脆的口感讓人停不下來，一烤出爐就忍不住一片一片吃起來。自己做的小零食簡單天然，吃得到洋芋的自然原味。

做法

1 所有材料秤量好。
2 洋芋（馬鈴薯）去皮切小塊，放入碗中加入冷水（水量需蓋過洋芋），用強微波微波6分鐘至叉子可以輕易插入的程度，或是用水煮10分鐘至軟（**圖1**）。
3 煮軟的洋芋將水倒乾淨，用叉子壓成泥，稍微放涼一些（**圖2**）。
4 將所有材料及調味料加入洋芋泥中，用手慢慢揉成一個均勻的糰狀（**圖3～7**）。
5 桌上鋪一張保鮮膜，將調好的洋芋泥放上，再蓋上一張保鮮膜。
6 用手稍微壓扁，再用擀麵棍擀開成為一張厚約0.3cm的麵皮（**圖8、9**）。
7 利用鋼尺及切麵刀將麵皮分割成整齊的片狀（**圖10**）。
8 一片一片輕輕拿起，整齊排入不沾烤布（紙）上（圖**11、12**）。
9 放進已經預熱到170℃的烤箱中烘烤15～18分鐘，再將溫度調整為150℃烘烤5分鐘，然後關火用餘溫燜到涼即可（時間請依照餅乾厚度適當調整，不要烤焦）（**圖13**）。
10 放涼的洋芋脆餅裝入密封罐保持乾燥，放冰箱儲存（一次不要做太多，趁新鮮食用完畢）。

小叮嚀

1 每一盤餅乾的大小厚薄盡量一致，才不會有烤不均勻的狀況。烤溫時間會因為餅乾厚度而有差別，若發現餅乾沒有烤脆，烘焙時間可以拉長。
2 一次不要做太多，1～2天內吃完才新鮮，以免產生油味。

海苔洋芋脆餅

這是用餅乾壓模壓出來的洋芋脆餅，口味改成海苔及香辣。

海苔口味

材料

洋芋泥200g　太白粉60g　沙拉油30g
海苔粉1/2T

調味料

黑胡椒粉1/3t　鹽1/4t

香辣口味

材料

洋芋泥200g　太白粉60g　沙拉油30g

調味料

韓國辣椒粉1t　黑胡椒粉1/3t　鹽1/4t

做法

1. 桌上鋪一張保鮮膜，將調好的芋泥放上，再蓋上一張保鮮膜。
2. 用手稍微壓扁，再用擀麵棍擀開成為一張厚約0.3cm的麵皮（**圖1**）。
3. 利用餅乾壓模將麵皮壓出（**圖2～4**）。
4. 一片一片輕輕拿起，整齊排入不沾烤布（紙）上（**圖5、6**）。
5. 剩下的麵皮重複擀開，用餅乾模壓出。
6. 放進已經預熱到170℃的烤箱中烘烤15～18分鐘，再將溫度調整為150℃烘烤5分鐘，然後關火用餘溫燜到涼即可（時間依照餅乾厚度適當調整，不要烤焦）（**圖7、8**）。
7. 放涼的洋芋脆餅放密封罐保持乾燥儲存。

蔓越莓奶油夾心餅乾

份量

· 夾餡後約8個

材料

A.白蘭地奶油夾餡

· 無鹽奶油50g
· 糖粉15g
· 蔓越莓20g
· 白蘭地2T

B.餅乾麵糰

· 無鹽奶油50g
· 糖粉40g
· 雞蛋1/2個
· 杏仁粉30g
· 低筋麵粉100g

忽然想吃奶油香味濃濃的餅乾，馬上鑽進廚房翻箱倒櫃尋找材料。只要有麵粉、奶油、雞蛋與糖，就可以有許多不同的變化，香甜的餅乾就出爐囉！

學生時代很喜歡去的一家西點麵包店「葡吉」，其中有一道高人氣的小西點「蘭姆葡萄夾心餅乾」是我的最愛。利用家裡現有的材料，又回味了這一款迷人的餅乾，滿足了挑剔的嘴。

做法

（A.製作白蘭地奶油夾餡）

1. 所有材料秤量好（**圖1**）。
2. 將白蘭地倒入蔓越莓中浸泡2～3小時（**圖2**）。
3. 將浸泡好的蔓越莓撈起瀝乾，剩下的白蘭地備用（**圖3**）。
4. 無鹽奶油回溫切小塊用打蛋器打散成乳霜狀（**圖4**）。
5. 將糖粉加入混合均勻（**圖5**）。
6. 濾出的白蘭地分四次加入確實攪拌均勻即可（**圖6、7**）。
7. 所有材料秤量好，雞蛋回溫取30g（**圖8**）。
8. 低筋麵粉使用濾網過篩。
9. 無鹽奶油放置室溫回軟，手指可以壓出印子的程度就好（奶油不要回溫到太軟的狀態，只要手指壓按有痕跡的程度就好）。
10. 將杏仁粉結塊處壓散（**圖9**）。

（B.製作餅乾麵糰）

11 無鹽奶油切小塊用打蛋器打散成乳霜狀（**圖10**）。

12 然後加入糖粉攪打至打蛋器尾端呈現角狀（**圖11**）。

13 全蛋液分4～5次加入確實攪拌均勻。

14 再將杏仁粉加入混合均勻（**圖12**）。

15 最後將過篩的粉類分兩次拌入，使用刮刀或用手按壓的方式混合成糰狀（不要過度搓揉攪拌，避免麵粉產生筋性影響口感）（**圖13～15**）。

16 混合完成的麵糰放到塑膠袋中用手稍微壓扁，再用擀麵棍擀開成為一張厚約0.5cm的麵皮（將塑膠袋前端開口處折起，這樣麵糰在封閉的塑膠袋中擀壓就可以擀的很整齊）（**圖16**）。

17 將麵皮放入冰箱中冷藏1小時，讓麵糰稍微硬一點較容易切割。

18 用剪刀將塑膠袋剪開，利用鋼尺及鋸齒切麵刀將麵皮分割成整齊的長方形片狀（約16片）（**圖17**）。

19 將餅乾片間隔整齊排放在烤盤中（**圖18**）。

20 放入已經預熱到160℃的烤箱中烘烤15～18分鐘（中間調頭一次使餅乾上色平均）（**圖19**）。

21 烤好取出放在鐵網架上冷卻。

（C.組合）

21 放涼的餅乾將相同大小的配對。

22 分別抹上適量白蘭地奶油夾餡（**圖20**）。

23 其中一片鋪放適量的蔓越莓（**圖21**）。

24 兩片餅乾夾起來即完成（**圖22**）。

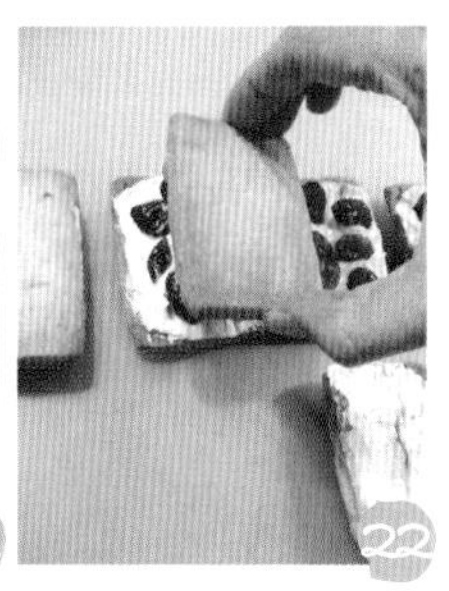

小叮嚀

1 蔓越莓可以用葡萄乾代替。

2 白蘭地可以用蘭姆酒代替。

聖誕餅乾

十二月是一年中我最喜歡的月份，繽紛燦爛。街上妝點的像是嘉年華派對，是禮物糖果分送的季節。

做薑餅屋還會剩下一些麵糰，所以用餅乾模壓出了一些可愛的餅乾。再利用蛋白糖霜當畫筆，把小餅乾裝飾一下，就成了適合節慶的聖誕餅乾。在烤箱前等著餅乾出爐，十二月的心情也因為甜甜的肉桂香氣而飛舞。

- 約45片

材料

A.餅乾麵糰
- 低筋麵粉200g
- 無鹽奶油50g
- 細砂糖40g
- 蜂蜜30g
- 全蛋液25g
- 肉桂粉1/2t

B.裝飾蛋白糖霜
- 純糖粉120g
- 蛋白1/2個（約17g）
- 檸檬汁1/4t
- 抹茶粉、無糖可可粉與果醬各少許

準備工作

1. 所有材料秤量好（**圖1**）。
2. 低筋麵粉加肉桂粉混合均勻，然後使用濾網過篩（**圖2～4**）。
3. 雞蛋打散取25g（**圖5**）。
4. 無鹽奶油放置室溫回軟，手指可以壓出印子的程度就好，切成小塊方便攪打（**圖6**）。

做法

（A.製作餅乾麵糰）

1. 無鹽奶油切小塊用打蛋器打散成乳霜狀態（**圖7**）。
2. 將細砂糖加入攪打至泛白，拿起打蛋器尾端呈現角狀（**圖8、9**）。
3. 全蛋液分4～5次加入確實攪拌均勻（**圖10**）。
4. 再將蜂蜜加入確實攪拌均勻（**圖11**）。
5. 最後將過篩的粉類及肉桂粉分兩次加入，使用刮刀或手與盆底磨擦按壓的方式混合成糰狀（不要過度攪拌，避免麵粉產生筋性影響口感）（**圖12～14**）。

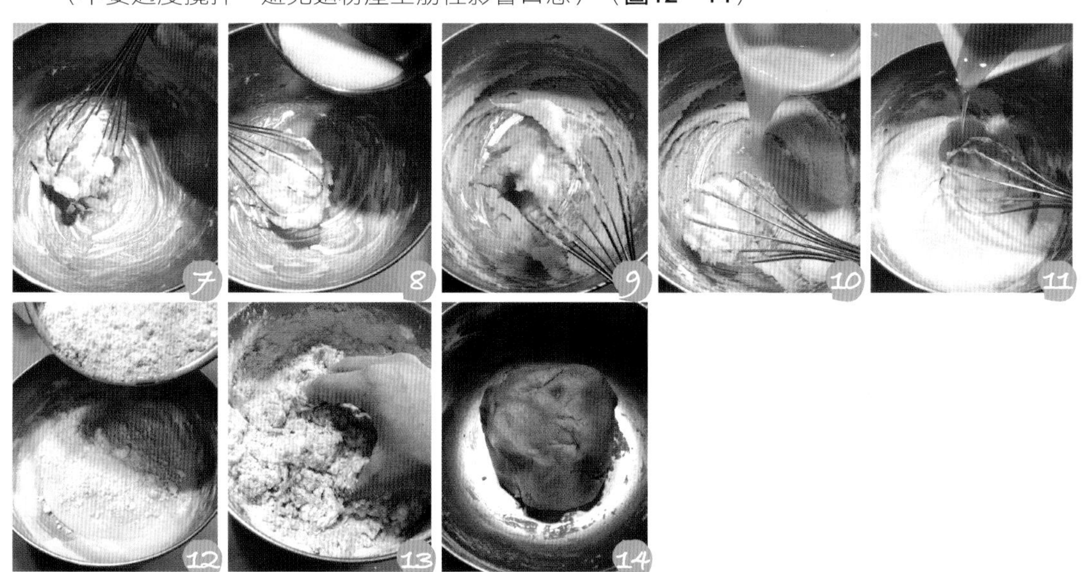

6 將麵糰放入塑膠袋中，用手稍微壓扁，再用擀麵棍擀開成為一張厚約0.3cm的麵皮（將塑膠袋前端開口處折起，這樣麵糰在封閉的塑膠袋中擀壓就可以擀的很整齊）（**圖15**）。
7 放入冰箱中休息30～40分鐘。
8 用剪刀將塑膠袋剪開（**圖16**）。
9 餅乾壓模沾一點低筋麵粉，在麵皮上壓出餅乾造型（**圖17～19**）。
10 一片一片小心取下，間隔整齊排放在烤盤中（**圖20**）。
11 壓完餅乾剩下的麵糰集合成一糰壓實（不要搓揉，用捏緊的方式集中起來，才不會使麵粉產生筋性影響口感）（**圖21、22**）。
12 放入塑膠袋中再用擀麵棍擀壓成平整厚約0.3cm的麵皮（**圖23**）。
13 繼續用餅乾壓模在麵皮上壓出餅乾造型（**圖24**）。
14 重複做法11、12、13，直到所有麵糰用完。
15 放入已經預熱到150℃的烤箱中烘烤10～12分鐘（中間烤盤可以調頭一次使得餅乾上色平均）（**圖25、26**）。
16 烤好取出放在鐵網架上冷卻。

小叮嚀

1 若不喜歡肉桂的味道，可以用1T無糖可可粉代替。
2 傳統的薑餅中會加薑汁及一些荳蔻、小茴香等香料。喜歡的朋友可自行酌量添加。
3 此麵糰還可以變化做薑餅屋。
4 擠花捲筒做法請參考薑餅屋。

（B.製作裝飾蛋白糖霜）

17 將雞蛋的蛋黃蛋白分開，取蛋白部分。

18 糖粉若有結塊請先過篩。

19 蛋白放入盆中，先用打蛋器打出一些泡沫，然後加入檸檬汁及一半的糖粉攪打均勻。

20 繼續將剩下的糖粉加入攪拌，成為濃稠的蛋白糖（打蛋器尾端呈現彎曲狀，盆子倒過來也不會流動的狀態就是完成）（**圖27**）。

21 **各式顏色變化：（圖28）**

a.綠色：抹茶粉1/4t　蛋白糖霜1T　冷開水少許（**圖29、30**）

b.咖啡色：無糖可可粉1/4t　蛋白糖霜1T　冷開水少許

c.黃色：百香果醬1/4t　蛋白糖霜1T　冷開水少許

d.紅色：覆盆子汁1/2t　蛋白糖霜1T

e.白色：蛋白糖霜1T　冷開水少許

以上糖霜一一調和均勻，由湯匙滴落下來成一直線的濃稠度即可（**圖31、32**）（蛋白糖霜沒用完必須密封放冰箱保存，放3～4天沒問題，若變的比較濃稠，可以酌量加少許水調整）。

22 在烤好放涼的餅乾上塗抹喜歡的糖霜（**圖33、34**）。

23 或是用擠花紙筒畫出自己喜歡的花樣（**圖35、36**）。

24 利用彩色小糖豆裝飾。

25 裝飾完成放至糖霜乾燥即可（**圖37**）。

薑餅屋

一到年底，總是讓我莫名的開心起來。聖誕節的腳步越來越靠近，我也隨著街景中五顏六色的裝飾，感覺到那一股歡樂的氣氛。

要做薑餅屋好一陣子了，腦中一直在構思屋子的造型。Leo看我在廚房忙著裝飾小小的薑餅屋，不時好奇的過來看看。我想起小時候也曾帶著他用簡單的消化餅乾做薑餅屋，轉眼他已經長的這麼高大。

裝飾完成的薑餅小屋五彩繽紛，好像在心中點燃一盞希望的燈。今年還剩下一個月，這一年不管是快樂還是悲傷，都是生命中珍貴的記憶。未來還會有很多的挑戰，只要充滿信心一定可以度過。新的一年一切都要順利圓滿。

份量

- 1個

材料

A.餅乾麵糰

- 低筋麵粉400g
- 無鹽奶油100g
- 細砂糖80g
- 蜂蜜60g
- 雞蛋1個
- 肉桂粉1t

B.蛋白糖霜

- 純糖粉240g
- 蛋白1個（約33g）
- 檸檬汁1/2t

準備工作

1. 構思薑餅屋造型。
2. 打樣畫紙型，再把紙型裁剪下來（**圖1～3**）。詳細紙型及尺寸請參考下圖（**圖4～6**）。
3. 所有材料秤量好（**圖7**）。
4. 無鹽奶油放置室溫回軟，切成小塊方便攪打（**圖8**）。
5. 低筋麵粉及肉桂粉使用濾網過篩（**圖9**）。

做法

（A.製作餅乾麵糰）

1. 切小塊的無鹽奶油用打蛋器打散成乳霜狀（**圖10**）。
2. 加入細砂糖打至泛白狀態，打蛋器尾端呈現角狀（**圖11、12**）。
3. 依序將雞蛋分4～5次及蜂蜜加入確實攪拌均勻（**圖13**）。
4. 最後將過篩的粉類及肉桂粉分兩次加入，使用刮刀或手按壓的方式混合成糰狀（不要過度攪拌，避免麵粉產生筋性影響口感）（**圖14～17**）。

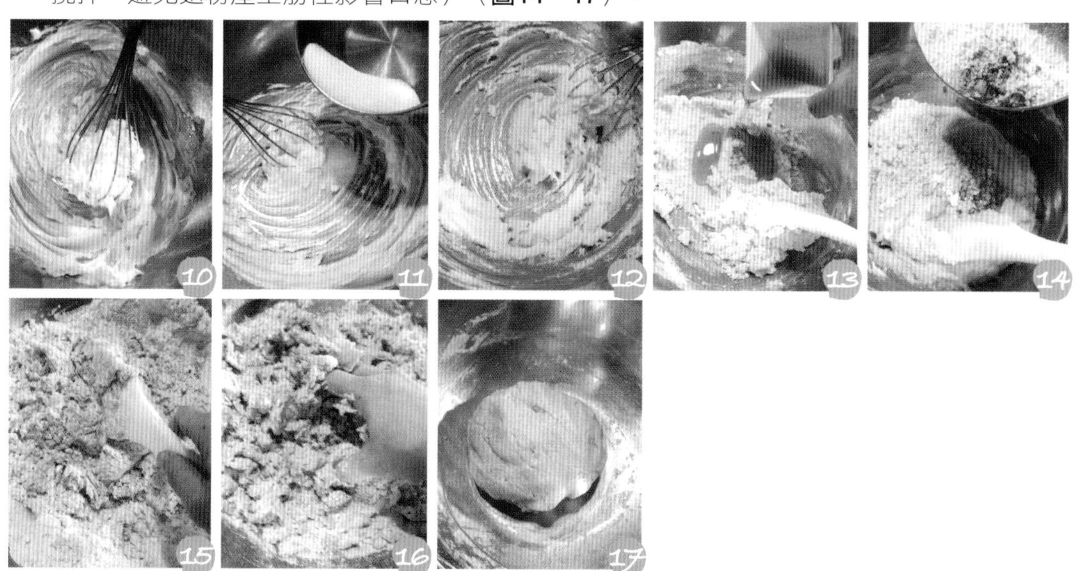

5 將麵糰分成兩糰分別放入塑膠袋中，用手稍微壓扁，再用擀麵棍擀開成為一張厚約0.4cm的麵皮（將塑膠袋前端開口處折起，這樣麵糰在封閉的塑膠袋中擀壓就可以擀的很整齊）（**圖18、19**）。
6 放入冰箱中休息30～40分鐘。
7 用剪刀將塑膠袋剪開，依照裁好的紙型裁剪出所有配件（**圖20、21**）。
8 烤盤若不是防沾材質，請墊上不沾烤布或塗抹上一層奶油，餅乾間隔整齊排放在烤盤中（**圖22**）。
9 放入已經預熱到150℃的烤箱中烘烤10～12分鐘（中間烤盤調頭一次，使得餅乾上色平均）（**圖23**）。
10 利用8吋慕斯模壓出薑餅屋底板，用叉子在麵皮上平均叉出小孔（這樣烘烤的時候才會平整）（**圖24、25**）。
11 另外取一小塊麵糰擀平，利用擠花嘴壓出直徑約1.5cm的圓形小餅乾當做瓦片（至少50個）。
12 放入已經預熱到150℃的烤箱中烘烤10～12分鐘（中間烤盤調頭一次使得餅乾上色平均）（**圖26、27**）。
13 餅乾烤好放至鐵網架上放涼備用（若當天不做，請密封裝好保持酥脆；若有剩下的麵糰可以做壓模餅乾）。

（B.製作蛋白糖霜）

14 將雞蛋的蛋黃蛋白分開，取蛋白部分（**圖28**）。
15 糖粉若有結塊請先過篩。
16 蛋白放入盆中，先用打蛋器打出一些泡沫，然後加入檸檬汁及一半的糖粉攪打均勻（**圖29**）。
17 繼續將剩下的糖粉加入攪拌成為濃稠的蛋白糖（打蛋器尾端呈現彎曲狀，盆子倒過來也不會流動的狀態就是完成）（**圖30**）。
18 將打好的蛋白糖裝入擠花袋中備用（可以準備粗細兩種口徑擠花嘴）（**圖31**）。
19 另外準備一些糖果當配件，例如棉花糖、巧克力豆、軟糖、小餅乾等（**圖32**）。
20 旺仔小饅頭搭配三角形巧克力，利用蛋白糖接合就成為小蘑菇（**圖33～35**）。

（C.組合薑餅屋）

1. 在屋子接合處擠上蛋白糖霜（**圖36**）。
2. 屋子主體先固定在底板上，再黏上屋頂（**圖37、38**）。
3. 屋頂上用小圓餅乾沾蛋白糖霜，黏出一層一層的屋瓦（**圖39**）。
4. 利用竹籤將蛋白糖霜刮出雪融的感覺（**圖40**）。
5. 柵欄及聖誕樹利用蛋白糖霜組合起來放到固定位置（**圖41**）。
6. 屋簷邊緣利用竹籤將蛋白糖霜刮出雪融的感覺（**圖42、43**）。
7. 最後用糖果裝飾，整體灑上一些糖粉即可。
8. 做好的薑餅屋請放到大透明塑膠袋密封保存，約可以保存1個月左右。

小叮嚀

1. 一天時間不夠，可以分次完成，先做麵糰，有時間再烘烤。
2. 要組合之前再做蛋白糖霜，不然蛋白糖霜容易乾掉硬化。
3. 若不喜歡肉桂的味道，可以用無糖可可粉代替。
4. 傳統的薑餅中有加薑汁及一些荳蔻、小茴香等香料，但是Carol比較不喜歡，所以只放了簡單的肉桂粉。喜歡的朋友都可以自行酌量添加。
5. 使用的全部材料都是可以食用的，做好可以先放一陣子當擺飾，等過完節再吃掉。先決條件必須密封防潮，餅乾才不會變質。

擠花餅乾。

此類餅乾麵糊比較柔軟，
必須裝在擠花袋中，利用不同大小花樣的擠花嘴來變化造型。
此類西點口感較鬆軟，吃起來的口感有些類似蛋糕或介於餅乾與蛋糕之間。

杏仁巧克力小西餅

份量
· 約10個（20片）

材料

A.餅乾麵糊
· 無鹽奶油60g
· 糖粉30g
· 雞蛋1個（約45g）
· 低筋麵粉40g
· 無糖純可可粉20g
· 杏仁粉20g

B.中間巧克力夾餡
· 巧克力塊50g
· 動物性鮮奶油20cc

看完一部溫暖人心的日劇《敬啟，父親大人》，久久無法忘懷劇中帶給我的美好感受。森山良子優美的歌聲，搭配上劇中背景「神樂阪」傳統江戶時代的古風，不禁深深沉醉其中。劇中每位演員稱職的表現，適時穿插可愛的幽默對白，整部片就像一條溫暖的河流緩緩的流進心中，讓人好舒服。其實這種生活化平淡無奇的劇情最難表達，雖然沒有高潮迭起，沒有衝擊性的情節，但是就是會被劇中優雅迷人的步調所吸引。

小小傳統的料理亭發生的大小事，就是我們生活中的縮影。沒有真正的好人壞人，每一個人都是盡自己的力量認真的生活。編劇倉本聰是我欣賞的劇作家，他的作品都非常有深度且貼近真實的人性，帶領觀眾進入一個淡雅清新的世界。這部小品讓我這一陣子每晚都帶著微笑入睡。

濃濃的巧克力味，是屬於軟質的小西餅，吃進口中不會過於乾燥。這討喜的小點心簡單又好吃。

準備工作

1. 所有材料秤量好（**圖1**）。
2. 無鹽奶油放置室溫回軟，手指可以壓出印子的程度就好。
3. 低筋麵粉加無糖純可可粉混合均勻用濾網過篩（**圖2**）。
4. 杏仁粉用湯匙將結塊部位壓散。
5. 開始攪拌麵糊的時候烤箱預熱至170℃。

做法

（A.製作餅乾麵糊）

1. 無鹽奶油切小塊用打蛋器打至泛白乳霜的程度（**圖3、4**）。
2. 加入糖粉攪拌均勻（**圖5**）。
3. 全蛋液分4～5次加入確實攪拌均勻（**圖6**）。
4. 再將杏仁粉加入混合均勻（**圖7**）。
5. 最後將過篩的粉類分兩次拌入，使用刮刀與盆底磨擦按壓的方式混合成糰狀（**圖8、9**）。

6 使用直徑約1cm圓形擠花嘴，將麵糊裝入擠花袋中（**圖10～13**）。
7 在不沾烤焙紙上間隔均勻擠出約2cm大的球狀麵糊約20個（間隔至少要1.5cm）（**圖14**）。
8 將麵糊全部擠完後，手指沾水將小麵糊頂上尖起部分稍微抹平整（每抹一個餅乾就必須再沾水，麵糊才不會沾黏手指）（**圖15**）。
9 放入已經預熱到170℃的烤箱中烘烤10～12分鐘即可（**圖16**）。
10 出爐後移到鐵網架上放涼。

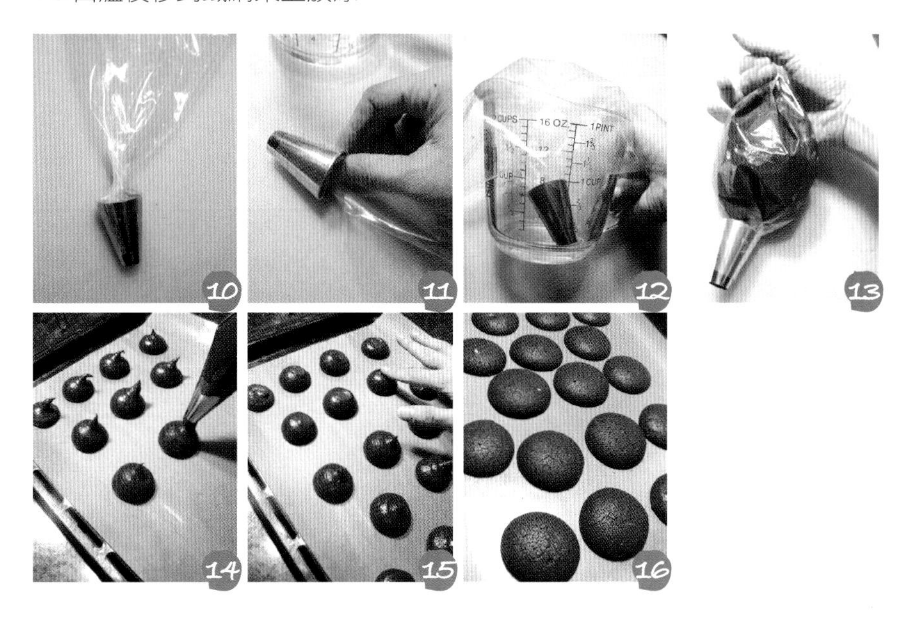

（B.製作中間巧克力夾餡）

11 將巧克力塊切碎。
12 將碎巧克力放入大盆中，下方用一個小盆裝水加熱，利用水蒸氣使巧克力融化（**圖17**）。
13 融化的巧克力加入動物性鮮奶油攪拌均勻即可（**圖18、19**）。
14 將大小最接近的餅乾兩兩配對。
15 中間抹上巧克力醬，兩片餅乾夾起來即可（也可以夾上任何自己喜歡口味的果醬）（**圖20**）。

貓舌餅乾

四天的連續假期天氣都很好，從家裡的窗台看出去就感受到耀眼的陽光。放假的日子反而懶得出門，怕塞車、怕人多。正好假期多了兩個幫手可以好好打掃家裡，幫貓咪清理一下。

下午客廳傳來他們父子倆討論數學的聲音，我照常我的日常作息，在廚房準備晚餐。中間的空檔，我烤了一盤餅乾，清爽薄脆的小餅乾，有著可愛的名稱。這是可以利用多餘蛋白製作的點心，帶著檸檬的清香好爽口。

份量

· 約30片

材料

· 無鹽奶油60g
· 糖粉35g
· 鹽1/8t
· 低筋麵粉60g
· 蛋白60g（約2個雞蛋）
· 檸檬皮屑1個

準備工作

1 所有材料秤量好（**圖1**）。
2 無鹽奶油放置室溫軟化，手指可以壓出印子的程度就好（**圖2**）。
3 低筋麵粉用濾網過篩（**圖3**）。
4 雞蛋兩個將蛋白分出。
5 將檸檬的外皮磨出皮屑（**圖4**）。
6 烤箱預熱至160℃。

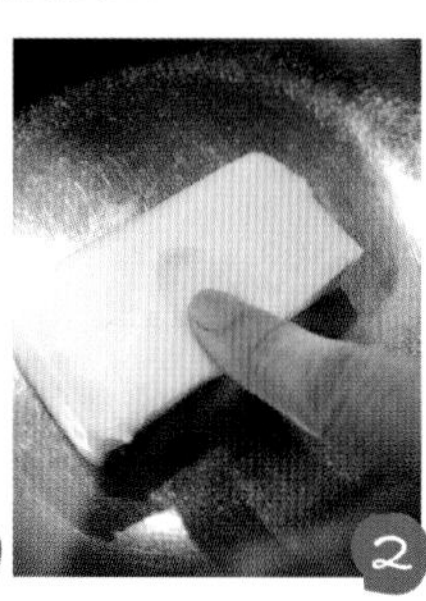

做法

1 回溫的無鹽奶油切小塊用打蛋器先打至軟化（這裡需要多一點耐心，如果一開始攪打奶油會整糰沾黏在打蛋器上，就用小刀將奶油刮下來再繼續，多重複幾次奶油就會慢慢變的柔軟光滑）（**圖5、6**）。
2 將糖粉加入打發至泛白呈現蓬鬆的狀態，打蛋器拿起尾端呈現角狀（**圖7～10**）。
3 蛋白分4～5次加入奶油中，每一次都要確實攪拌均勻才繼續加蛋液（**圖11**）。
4 將過篩的低筋麵粉分兩次加入，使用刮刀與盆底磨擦按壓的方式混合成糰狀（**圖12、13**）。
5 最後將檸檬皮屑及鹽加入混合均勻（**圖14、15**）。
6 將混合好的麵糊裝入直徑約0.7mm的擠花袋中（**圖16**）。
在不沾烤布上間隔整齊的擠出一個一個6cm長條（**圖17**）。
8 放進已經預熱至160℃的烤箱中烘烤10分鐘，至餅乾周圍一圈均勻上色即可（請依照自己烤箱溫度為準）（**圖18**）。
9 出爐後讓餅乾在烤盤上直接放涼就會變脆，或是關火後讓餅乾在烤箱中自然放到涼。

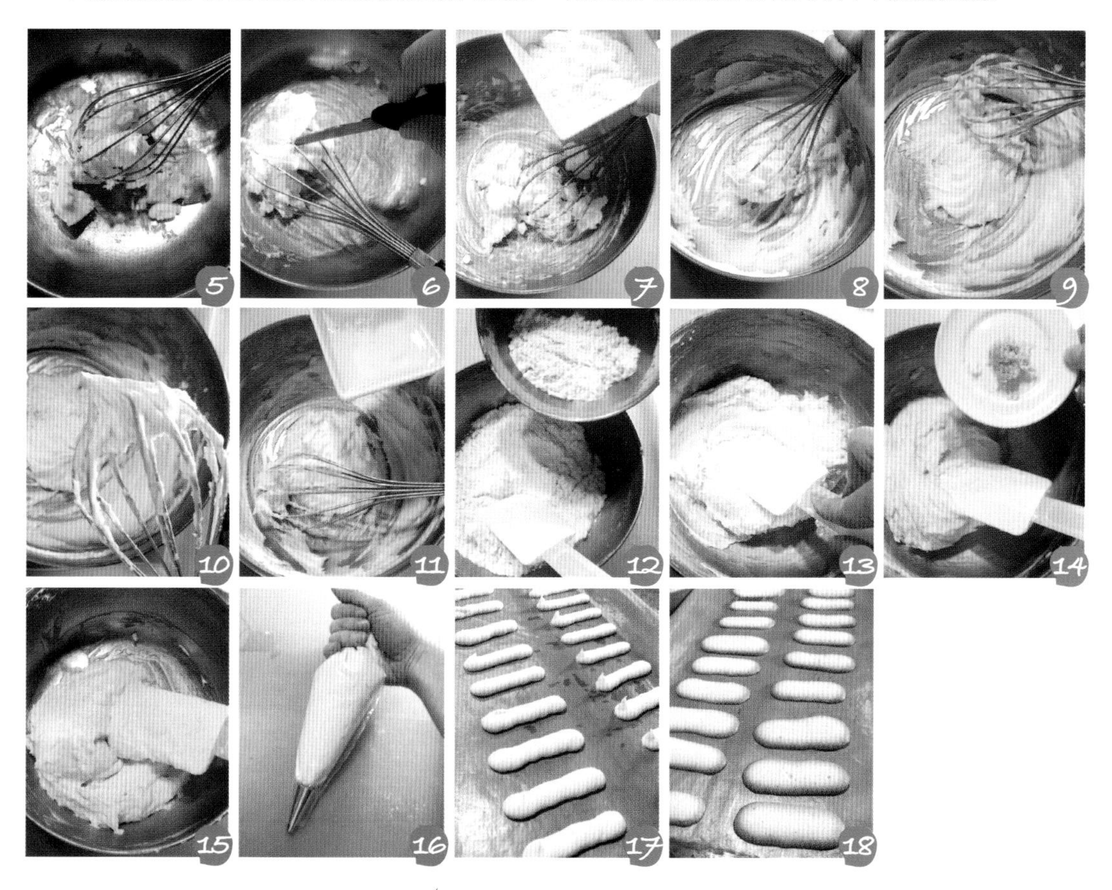

小叮嚀

台灣天氣潮濕，所以一定要低溫烤到完全乾燥才不會回軟。看到餅乾邊緣上色後，可以將溫度調整到120℃再烘烤10～15分鐘，然後關火直接燜到冷卻，這樣比較能夠烤透較不容易回軟。

海苔小甜餅

・約32片（直徑3cm）

A.麵糊

・鬆餅粉100g
・無鹽奶油60g
・雞蛋1個
・細砂糖30g
・帕梅森起司粉10g

B.餅乾表面裝飾

・海苔粉適量

家裡的鬆餅粉是新手入門最簡單的材料，簡單變化零失敗。在西點中適當的加入一些鹹口味的材料，吃起來的味道層次更豐富，也可以綜合糖的甜度。這個小餅乾利用鬆餅粉，再加上帕梅森起司與海苔組成。吃進口中微鹹的口感不甜不膩，吃完還有海苔的香氣餘韻。

準備工作

1 所有材料秤量好（**圖1**）。
2 無鹽奶油放置室溫回軟，手指可以壓出印子的程度就好。
3 鬆餅粉使用濾網過篩（**圖2**）。
4 烤盤鋪上烤焙布。
5 烤箱打開預熱至160℃。

做法

1. 無鹽奶油切小塊用打蛋器打散成乳霜狀態（**圖3、4**）。
2. 將細砂糖加入攪打至泛白，拿起打蛋器尾端呈現角狀（**圖5**）。
3. 雞蛋打散，分5～6次加入，每一次加入都要確實攪拌均勻才加下一次（**圖6、7**）。
4. 然後將帕梅森起司粉加入混合均勻（**圖8、9**）。
5. 最後將過篩的粉類分兩次拌入，使用刮刀與盆底磨擦按壓的方式混合成糰狀（**圖10、11**）。
6. 混合完成的麵糊裝入擠花袋中，使用1cm圓形擠花嘴（**圖12**）。
7. 在烤焙布上間隔整齊擠上圓形麵糊（直徑約2.5cm）（**圖13**）。
8. 全部擠完後在麵糊表面灑上一些海苔粉（**圖14、15**）。
9. 放入已經預熱到160℃的烤箱中烘烤15分鐘至表面呈現黃色即可（**圖16**）。
10. 出爐便直接在烤盤上放涼。

杏仁瓦片酥

份量

- 約16片（直徑8～9cm）

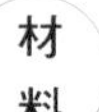

材料

- 蛋白2個
- 細砂糖50g
- 鹽1/8t
- 低筋麵粉40g
- 無鹽奶油25g
- 美國大杏仁片100g

晚上做了手工義大利麵，還剩下兩個蛋白。正想著該拿來利用做些什麼。腦中忽然閃過答應Burberry要做的杏仁瓦片酥，都已經答應半年以上了，真的很不好意思。與Burberry在部落格認識一段時間了，雖然她的格子前一陣子暫時停筆，但是偶爾還是會看到她給我稍來的貼心小語，溫柔的給我鼓勵。

我知道格子中很多老朋友新朋友即便沒有留言，但一直在這裡默默支持我，謝謝你們。廣大的網海中，我們在這個小小空間相遇，只要Carol 的廚房有上菜，海角天涯都沒有距離。

1

2

準備工作

1. 所有材料秤量好（**圖1**）。
2. 無鹽奶油用隔水加熱方式融化（或是用微波爐強微波加熱10～15秒融化）。
3. 低筋麵粉用濾網過篩（**圖2**）。
4. 雞蛋兩個將蛋白分出。

做法

1 將細砂糖、鹽加入到蛋白中攪拌均勻（**圖3、4**）。
2 再將過篩的低筋麵粉加入攪拌均勻成為無粉粒麵糊（**圖5**）。
3 融化的無鹽奶油加入攪拌均勻（**圖6**）。
4 最後將杏仁片加入輕輕混合均勻，避免杏仁片弄碎（**圖7、8**）。
5 封上保鮮膜放置到冰箱醒置30分鐘（**圖9**）。
6 醒好的麵糊從冰箱取出，用大湯匙舀起間隔整齊的排在不沾烤布（紙）上（間隔要稍微大一點，因為還必須將麵糊抹平）（**圖10**）。
7 用手沾清水，將麵糊推平成為一個大薄片。厚薄盡量均勻，烤色才會平均（手沾一些清水才方便操作）（**圖11**）。
8 放進已經預熱至150℃的烤箱中烘烤12分鐘，開始上色後就將溫度調整為130℃，再烘烤6～7分鐘至顏色均勻即可（請依照自己的烤箱溫度為準，用低溫將瓦片烘烤至金黃即可）（**圖12、13**）。
9 出爐馬上移到鐵網架上放涼（**圖14**）。
10 也可以將剛出爐的杏仁瓦片放在圓形玻璃瓶上讓餅乾定形，即成為彎曲瓦片形（此動作要快，餅乾涼了就無法彎曲，必須戴手套操作，不然餅乾很燙）（**圖15、16**）。
11 放涼的杏仁瓦片酥必須馬上放密封罐保持酥脆。

小叮嚀

杏仁片也可以使用南瓜子、葵瓜子、杏仁粒代替。

奶油擠花餅乾

份量

· 約12片

材料

· 無鹽奶油100g
· 糖粉50g
· 蛋黃2個
· 白蘭地1T
· 全脂奶粉10g
· 低筋麵粉120g
· 玉米粉30g
· 草莓果醬適量（表面裝飾用）

為了一些事情要處理，跟妹妹約了一起回家，一進門就聞到媽媽燉肉骨茶的香。中午媽媽簡單煎個鍋貼再搭配一碗肉骨茶，一家子好像又回到從前。

我喜歡在餐桌上聽媽媽說每一道料理特別的地方，注意她說的每一個小細節。還喜歡聽爸爸談起爺爺奶奶的往事。回家與爸媽、妹妹聊聊天再嚐嚐媽媽的菜，感覺又回到小時候。

記得小時候的丹麥西餅，圓鐵盒一打開就飄出滿滿的奶油香。鐵盒中各式各樣的餅乾，我和妹妹最愛的就是這一款奶油小西點。這款餅乾奶油含量較高，入口即化。在那物資不是很豐富的年代，這餅乾有著甜蜜的回憶。

準備工作

1. 所有材料秤量好（**圖1**）。
2. 低筋麵粉加玉米粉使用濾網過篩。
3. 無鹽奶油放置室溫回軟，手指可以壓出印子的程度就好。

做法

1. 無鹽奶油切小塊用打蛋器打散成乳霜狀態（**圖2、3**）。
2. 將糖粉加入攪打至泛白，拿起打蛋器尾端呈現角狀（**圖4、5**）。
3. 蛋黃及白蘭地分次加入，每一次加入都要確實攪拌均勻才加下一次（**圖6**）。
4. 然後將全脂奶粉加入混合均勻。
5. 最後將過篩的粉類分兩次拌入，用刮刀與盆底磨擦按壓的方式混合成糰狀（**圖7～10**）。
6. 混合完成的麵糊裝入擠花袋中，使用1cm星形擠花嘴（**圖11**）。
7. 在不沾烤焙紙上間隔均勻擠出圈狀麵糊約12個（間隔至少要1.5cm）（**圖12、13**）。
8. 將適量的果醬放入麵糊中間（**圖14**）。
9. 放入已經預熱到180℃的烤箱中烘烤13～15分鐘（中間調頭一次使得餅乾上色平均）（**圖15**）。
10. 烤好取出放在鐵網架上冷卻。

小叮嚀

果醬可以選擇任何自己喜歡的口味。

手指餅乾

份量

- 約32～36片

材料

A.蛋黃麵糊
- 蛋黃2個
- 細砂糖10g
- 低筋麵粉40g
- 玉米粉10g

B.蛋白霜
- 蛋白2個
- 檸檬汁1/4t
- 細砂糖30g

C.表面裝飾
- 糖粉適量

手指餅乾是做西點烘焙的基礎，做法也就是基本的海綿蛋糕分蛋法。做出來的成品可以利用在慕斯圍邊、乳酪蛋糕夾層，也是義大利甜點「提拉米蘇」少不了的材料。

看似簡單的點心，卻需要使用到很多基本技巧。只要多練習，做西點蛋糕的過程中就會越來越順利。擠花袋擠出的形狀都可以依照成品需要做成長形、圓形、螺旋形，變化非常大。

準備工作

1. 所有材料秤量好（**圖1**）。
2. 雞蛋將蛋黃蛋白分開（蛋白不可以沾到蛋黃、水分及任何油脂）（**圖2**）。
3. 低筋麵粉加玉米粉混合均勻用濾網過篩（**圖3**）。
4. 烤箱打開預熱至170℃。
5. 使用孔徑1cm的擠花嘴，擠花袋底部先用夾子夾緊（裝麵糊的時候才不會漏出來）（**圖4**）。
6. 把擠花袋放入高一點的杯子中，袋口折下來備用（**圖5**）。

做法

1. 蛋黃加入10g的砂糖用打蛋器充分混合均勻，稍微打至泛白的程度（**圖6、7**）。
2. 蛋白先用打蛋器打出一些泡沫，然後加入檸檬汁及一半的細砂糖用高速攪打（**圖8～11**）。
3. 用一隻手扶著鋼盆慢慢旋轉，另一隻手拿打蛋器固定不動的方式來攪打（**圖12**）。
4. 泡沫開始變較多時就將剩下的細砂糖加入，速度保持高速。將蛋白打到拿起打蛋器尾巴呈現挺立的狀態即可（**圖13**）。
5. 將蛋黃麵糊全部倒入蛋白霜中混合均勻（**圖14**）。

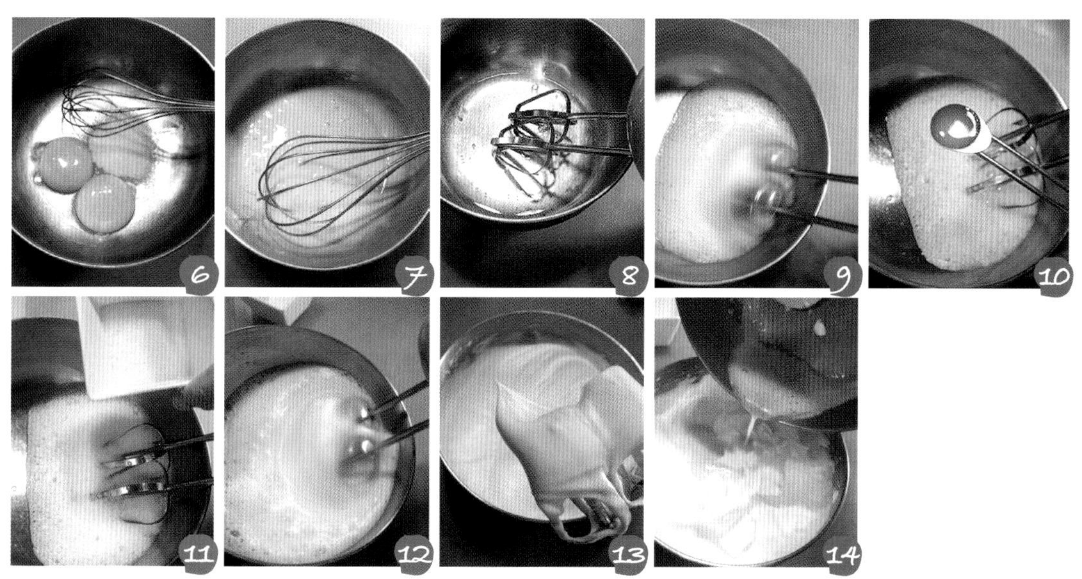

6 使用橡皮刮刀沿著盆邊，以翻轉及劃圈圈的方式攪拌均勻（**圖15、16**）。
7 將已經過篩的粉類分兩次加入麵糊中，用橡皮刮刀快速混合均勻（**圖17～19**）。
8 混合完成的麵糊裝入擠花袋中（**圖20、21**）。
9 將麵糊往前推，雙手握緊擠花袋，在烤盤布上擠出18～20個一條一條的長形（長度約10cm）（**圖22、23**）。
10 擠好的麵糊用濾網篩上一層糖粉（這樣可以避免出爐時表面會濕黏）（**圖24**）。
11 放入已經預熱到170℃的烤箱中烘烤12～15分鐘至表面呈現金黃色即可（**圖25**）。
12 若希望完全酥脆，可以再將溫度調整至120℃，低溫烘烤15～20分鐘完全乾燥為止。

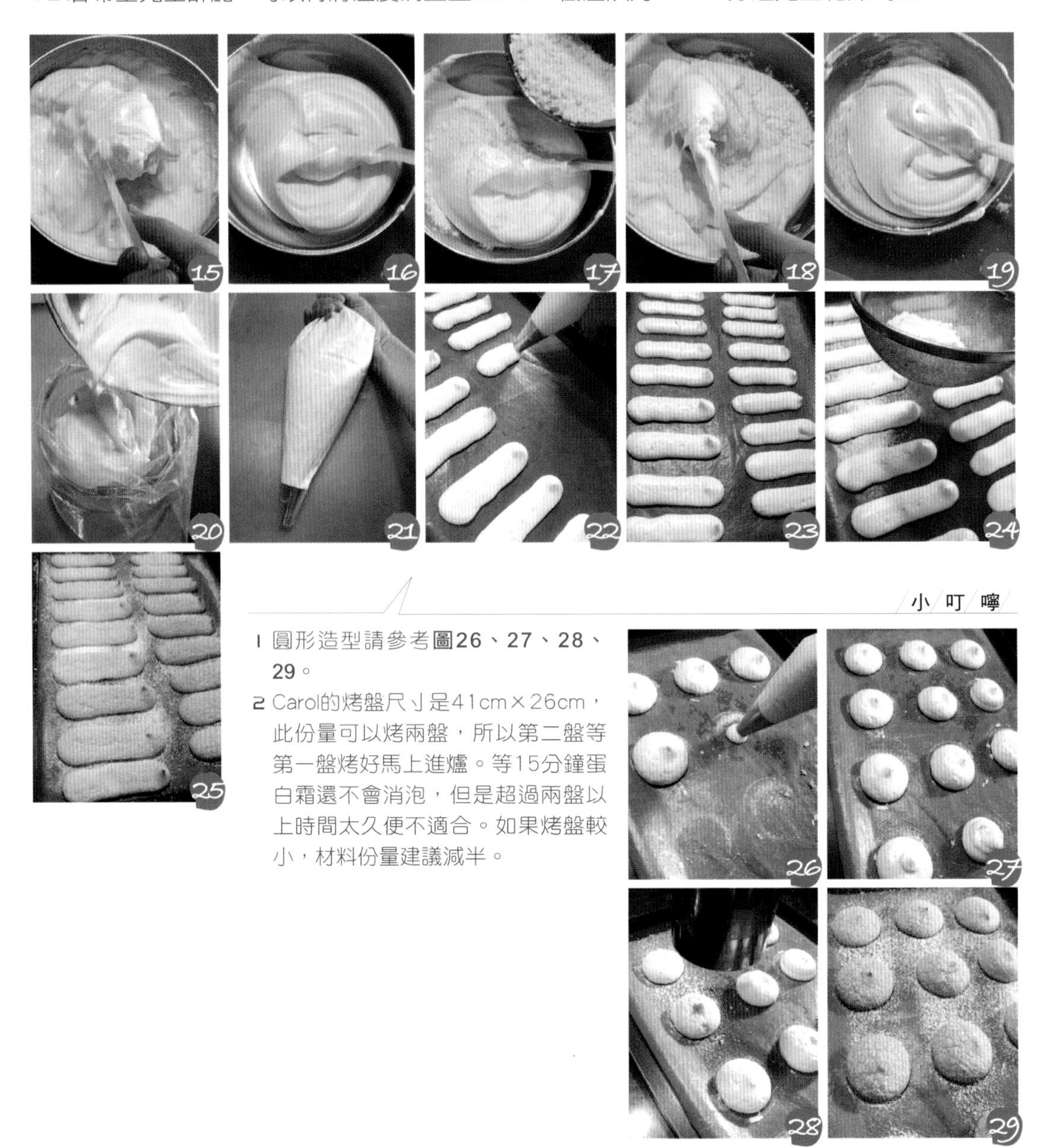

小叮嚀

1 圓形造型請參考**圖26、27、28、29**。
2 Carol的烤盤尺寸是41cm×26cm，此份量可以烤兩盤，所以第二盤等第一盤烤好馬上進爐。等15分鐘蛋白霜還不會消泡，但是超過兩盤以上時間太久便不適合。如果烤盤較小，材料份量建議減半。

海綿小西餅

份量

· 夾餡後約18個

材料

A.蛋黃麵糊
· 蛋黃1個
· 細砂糖5g
· 橄欖油（或任何植物油）10g
· 牛奶10cc
· 白蘭地1t
· 低筋麵粉20g

B.蛋白霜
· 蛋白1個
· 檸檬汁1/4t
· 細砂糖15g

C.表面裝飾
· 糖粉適量

D.中間夾餡
· 無鹽奶油30g
· 糖粉10g
· 白蘭地1/2T

帶著自己烤的麵包與愉快的心情，開心地與好友瑞約在她的新家聚聚。新家的裝潢是瑞自己設計的，透著濃濃的禪意，臨河岸的景觀，讓人心情真是舒服。瑞特別準備了沙拉、開胃點心、紅燒牛腩，每一樣都好吃極了，還有溫潤好喝的葡萄酒。和好朋友相聚的時間總是有聊不完的話題，我們一整個下午聊的好開心，都捨不得回家了。

與瑞已經是這麼久的朋友，真是好難得。我們一塊度過了最快樂的兩年，雖然離職後各分東西，但是心裡依然把對方放在最重要的地方。

鬆軟的海綿小點心，夾上白蘭地奶油餡，醉人的滋味就像我與好朋友的友誼越陳越香。^^

準備工作

1. 所有材料秤量好，雞蛋必須是冰的（**圖1**）。
2. 雞蛋將蛋黃蛋白分開（蛋白不可以沾到蛋黃、水分及油脂）（**圖2**）。
3. 烤盤鋪上防沾烤焙布。
4. 烤箱打開預熱至170℃。

做法

1. 將蛋黃加細砂糖先用打蛋器攪拌均勻（**圖3**）。
2. 將橄欖油加入攪拌均勻（**圖4**）。
3. 再將過篩好的粉類與牛奶、白蘭地分兩次交錯混入，攪拌均勻成為無粉粒的麵糊（不要攪拌過久，避免麵粉產生筋性，導致烘烤時回縮）（**圖5～7**）。
4. 蛋白先用打蛋器打出一些泡沫，然後加入檸檬汁及細砂糖（分兩次加入），打成尾端稍微彎曲的蛋白霜（介於濕性發泡與乾性發泡間）（**圖8、9**）。

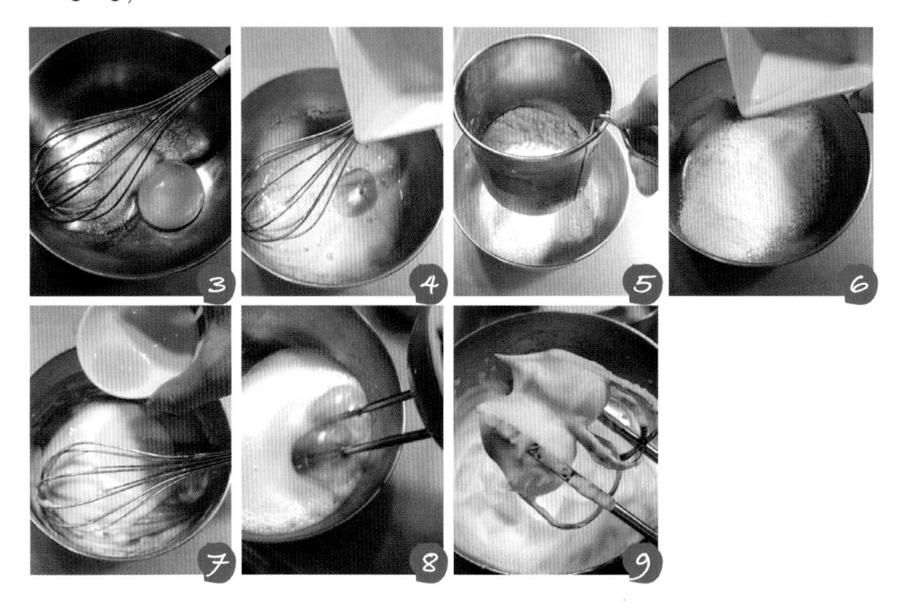

5 將拌勻的麵糊倒入蛋白霜中混合均勻（以橡皮刮刀由下而上翻轉的方式）（**圖10～12**）。

6 混合完成的麵糊裝入擠花袋中，使用1cm圓形擠花嘴（**圖13**）。

7 在烤焙布上間隔整齊擠上圓形麵糊（直徑約2.5cm）（**圖14、15**）。

8 將麵糊全部擠完後，手指沾水將小麵糊頂上尖起部分稍微抹平整（每抹一個餅乾就必須再沾水，麵糊才不會沾黏手指）（**圖16**）。

9 全部擠完在麵糊表面篩上一層糖粉（可以避免表面沾黏）（**圖17**）。

10 放入已經預熱到170℃的烤箱中烘烤12～14分鐘至表面呈現黃色即可（**圖18**）。

11 出爐完全放涼，再將奶油餡料抹在兩片餅乾中間夾起來即可（**圖19～21**）。

12 奶油餡料做法是先將無鹽奶油回溫切小塊，放入盒中，用打蛋器打散成乳霜狀。接著加入糖粉混合均勻後，再加入白蘭地混合均勻即可。

馬卡龍

份量

· 夾餡後約20個

材料

（原味馬卡龍）

A.蛋白45g
　細砂糖50g
　檸檬汁1/4t
B.杏仁粉65g
　糖粉60g

（巧克力馬卡龍）

A.蛋白45g
　細砂糖50g
　檸檬汁1/4t
B.杏仁粉65g
　糖粉60g
　無糖純可可粉3/4T

（抹茶馬卡龍）

A.蛋白45g
　細砂糖50g
　檸檬汁1/4t
B.杏仁粉65g
　糖粉60g
　抹茶粉1/2T

第一次吃馬卡龍時，老公說太甜了，猛灌水。我笑他不懂得欣賞這個甜蜜的小點心，不知道這可愛的法式甜點有多迷人，就是能夠討好女人的心。馬卡龍令人喜愛的除了那帶有濃濃的杏仁堅果風味，還有那變化多端的色彩與不同口味的餡料，五彩繽紛就像是一顆顆寶石。難怪擺在櫥窗中就讓人眼光捨不得離開。

一個一個的馬卡龍輕巧的像七彩小仙子一樣，靜靜的在盤中飛舞著小裙擺。再搭配不同的內餡，彷彿變身超級巨星，施展著無比魅力。烤好的馬卡龍吃起來外皮脆，內部Q軟，甜甜到心坎。

先用爐中關火的溫度，將杏仁圓餅的表面烘烤到形成一個光亮的硬殼，然後再開火讓內部的糖漿沸騰從底部溢流出來形成裙邊。最後再用低溫將內部烘乾定形。說起來原理很簡單，但是實際做的時候可能多一分鐘或少一分鐘都會做出失敗的成品。

烤箱溫度及烘烤時間也會與擠出的圓餅大小及攪拌濃稠度有關。請依照自家烤箱溫度為準。務必全程仔細記錄每一次做的溫度及時間。即使失敗都可以做為下一次的修正參考。

準備工作

1. 所有材料秤量好（**圖1**）。
2. 雞蛋放置室溫2～3天，將蛋白小心與蛋黃分開（**圖2、3**）。
3. 精準秤出所需的蛋白重量（**圖4**）。
4. 準備一張紙，在紙上畫出3cm大小（10元硬幣）間隔整齊的圓形圖案當做擠花依據（**圖5**）。
5. 杏仁粉由冰箱取出，將結粒部位壓散（**圖6**）。
6. 糖粉過篩後與杏仁粉混合均勻（**圖7、8**）。

做法

1. 蛋白用打蛋器中速先打出泡沫，然後加入檸檬汁及1/2量細砂糖中速攪打（**圖9**）。
2. 泡沫開始變細緻時就將剩下的細砂糖加入，速度可以調整為高速，將蛋白打到拿起打蛋器尾巴呈現挺立的狀態即可（整個打發流程至少10分鐘）（**圖10、11**）。
3. 完成的蛋白霜像絲綢般非常有光澤且堅挺（**圖12**）。

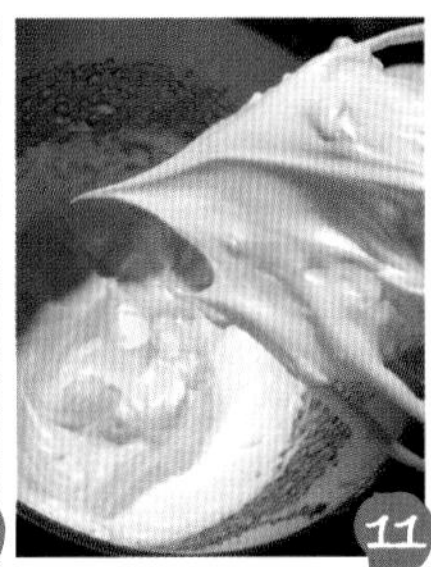
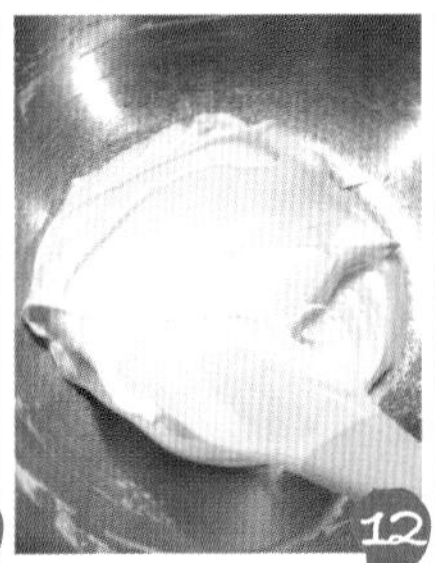

4 混合均勻的杏仁糖粉分成兩次與蛋白霜混合均勻（**圖13**）。

5 用橡皮刮刀與盆底摩擦的方式攪拌，使得蛋白麵糊光滑發亮（此步驟很重要，約做2分鐘。將蛋白霜中的大氣泡壓出，烘烤的時候表面才不會裂開）（**圖14、15**）。

6 攪拌好的蛋白麵糊會呈現緩慢流動而且滴落下來會有明顯摺疊痕跡（到此程度就代表攪拌結束，也不可以攪拌過久）（**圖16**）。

7 攪拌好的原味蛋白麵糊也可以加入不同食用色素2～3滴或巧克力粉、抹茶粉攪拌均勻。

8 將麵糊裝入擠花袋中，使用0.5cm的圓形擠花嘴（**圖17**）。

9 將畫好圓圈的紙墊在不沾烤布下方，擠的時候由中心固定慢慢擠出整齊的圓形麵糊（擠好後小心將底部的紙抽離）（**圖18**）。

10 手指沾水將小麵糊頂上尖起部分稍微抹平整（每抹一個餅乾就必須再沾水，麵糊才不會沾黏手指）（**圖19**）。

11 擠好的生麵糊在室溫稍微放置15～20分鐘讓麵糊自然攤圓（**圖20**）。

12 用牙籤將麵糊表面的大氣泡小心戳破（**圖21～24**）。

13 烤箱預熱到200℃，將烤盤放入後馬上關火，爐門夾兩個厚手套燜6分鐘（**圖25**）。
14 燜好時間到，直接將爐門關上，溫度調為140℃。
15 看到杏仁餅開始膨脹並出現裙邊馬上將溫度調整為120℃烘烤3分鐘。
16 再將溫度調整為100℃，5分鐘烘乾內部水分。
17 最後將溫度關掉，用餘溫燜8分鐘出爐。
18 讓烤好的杏仁圓餅在不沾烤盤布中放涼（**圖26～29**）。
19 若要繼續烤下一盤，溫度一樣預熱至200℃才進爐。
20 做好放涼的杏仁圓餅放密封罐保存。

小叮嚀

1 內餡義大利奶油蛋白霜做法請參考138頁義大利奶油蛋白霜（此內餡僅為參考，您可以依照自己喜歡塗抹果醬、巧克力醬或杏仁膏）。
（1）將奶油餡裝入小塑膠袋中，前方尖角處剪一個小孔（**圖30**）。
（2）將已經放涼的杏仁圓餅大小適合的搭配在一起（**圖31**）。
（3）奶油餡適量的擠入夾起即可（**圖32、33**）。
（4）稍微冰一下，奶油霜更好吃。

2 各種口味的義大利奶油蛋白霜：
（1）藍莓果醬＋義大利奶油蛋白霜，請參考**圖34、35**。
（2）抹茶粉＋義大利奶油蛋白霜，請參考**圖36、37**。
（3）無糖純可可粉＋義大利奶油蛋白霜，請參考**圖38、39**。
（4）香柚果醬＋義大利奶油蛋白霜，請參考**圖40、41**。

酥皮餅乾。

基本材料為千層酥皮，有耐心的將麵糰與奶油層層擀壓，
烘烤後會出現蓬鬆有層次且香酥的口感。

千層酥皮麵糰

份量

· 1塊（60cm×60cm）

材料

· 高筋麵粉220g
· 低筋麵粉180g
· 牛奶180cc
· 細砂糖15g
· 鹽8g
· 白醋10g
· 冷水40cc
· 無鹽奶油300g

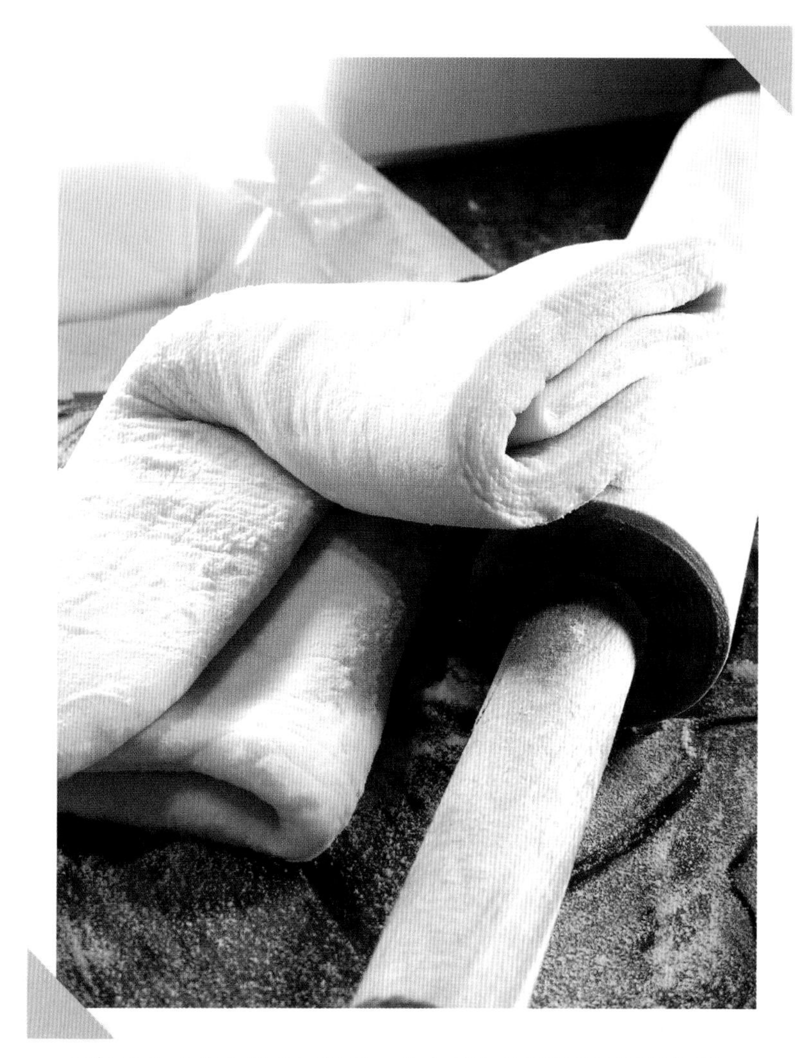

天氣涼爽才適合做千層酥皮，做之前也必須空出完整的時間，才能一氣呵成完成這個比較麻煩的麵皮。麵皮中包入奶油，經過一層一層的折疊擀壓，層次也就會越來越多，造成層層疊疊蓬鬆酥脆的口感。

我喜歡在冷冷的天氣，靜靜的一次一次擀壓這個麵糰，感覺得到麵糰慢慢的變化。辛苦的過程就是為了看到出爐的喜悅。

做法

1 除了無鹽奶油以外，將其他所有材料放入盆中搓揉至麵糰無粉粒狀態即可（冷水的部分可以先保留10cc慢慢添加）（**圖1～3**）。

2 麵糰不要搓揉太久，以免產生過大筋性，導致包入奶油不好操作（**圖4**）。

3 揉好的麵糰搓圓，將收口捏緊朝下，放入已抹少許油的盆中，用保鮮膜密封，放到冰箱低溫冷藏4小時（或隔夜）（**圖5、6**）。

5 無鹽奶油從冰箱拿出來回溫5分鐘，切成厚約1cm的奶油片（**圖7**）。
6 將奶油片放在保鮮膜上排列整齊成長方形（約15cm×20cm），整個用保鮮膜包覆起來（**圖8**）。
7 放入冰箱冷藏備用。
8 使用前用擀麵棍稍微將奶油片擀壓敲打平整軟化（**圖9、10**）。
9 工作桌上灑些低筋麵粉，將冷藏好的麵糰移到桌面上（**圖11**）。
10 麵糰表面也灑上一些低筋麵粉（**圖12**）。
11 用擀麵棍慢慢將麵糰擀成一個長方形（大小至少是奶油片的2.5倍大）（**圖13、14**）。
12 將敲打軟化的奶油片放入麵皮正中央，兩端的麵皮往中間覆蓋，將奶油緊緊包住，兩邊收口捏緊（**圖15～18**）。
13 包好奶油的麵糰轉90度，表面灑上些低筋麵粉，用擀麵棍慢慢擀壓麵糰使得麵糰展開成為一塊長方形（擀壓過程要有耐心，避免奶油爆出導致失敗）（**圖19、20**）。
14 將麵糰平均折成3等份（**圖21～23**）。
15 用保鮮膜將3折的麵糰包覆起來放冰箱冷藏20分鐘（**圖24**）。
16 再度將麵糰從冰箱取出，與之前擀開方向轉90度，表面灑上一些低筋麵粉，用擀麵棍慢慢擀壓麵糰成為一塊長方形（**圖25～27**）。

17 將麵糰對折做出中心記號，上下再往中心對折，然後再對折（**圖28～30**）。

18 用保鮮膜將4折的麵糰包覆起來放冰箱冷藏20分鐘。

19 再重複做法13～18的3折、4折、3折、4折，即完成。

20 將麵糰用保鮮膜包覆起來放冰箱冷藏至隔天。

21 隔天將冷藏好的麵糰取出，桌上及麵糰表面都灑上一些低筋麵粉，用擀麵棍慢慢左右上下擀壓成為一個約60cm×60cm的大薄片即可（**圖31～34**）。

22 擀開的麵皮可以依照成品不同，切割成需要的大小使用（**圖35～37**）。

23 若不馬上使用，可以將切好的麵糰用防沾烤紙一張一張錯開放塑膠袋中密封，置於冰箱冷凍室保存。

24 或是將整片派皮擀開，用防沾烤紙鋪在底部，整卷捲起密封放冰箱冷凍保存（**圖38～40**）。

25 使用前請先取出稍微回溫，就可以展開依照成品不同做適當切割。

小叮嚀

1 麵糰中添加一點酸的成分，可以加強麵皮的延展性，幫助擀壓操作，白醋也可以用檸檬汁代替。

2 此千層酥皮麵糰總共需要擀壓折疊6次：第一次3折；第二次4折；第三次3折；第四次4折；第五次3折；第六次4折。要完成以上6次才會有千層酥皮的口感，層次共有3×4×3×4×3×4＝1728層。

大象耳朵小酥餅

份量

・約18個

材料

・千層酥皮2片
（每片約12cm×12cm）
・細砂糖3t
・肉桂粉1/2t
（不喜歡可以不加）

只要花20分鐘就完成的酥脆甜蜜小點心，有一個可愛的名字——大象耳朵。剛好冷凍庫還有剩下兩片派皮，又是一個解決千層酥皮的好方法。看著酥皮在烤箱中一點一點往兩側膨脹，真的很像大象耳朵。老公在餅乾一冷卻後就開始不停的伸手，對我喊著：「兩片千層酥皮根本不夠吃啦！」呵呵。

做法

1 冷凍千層酥皮拿出來放置室溫5分鐘（**圖1**）。
2 細砂糖加肉桂粉攪拌均勻（**圖2**）。
3 將攪拌均勻的肉桂糖粉灑上千層酥皮，抹平後用擀麵棍來回滾動將糖壓入酥皮中，翻面同樣程序再做一次（**圖3、4**）。
4 將千層酥皮兩端對折再對折，然後在中間灑上一層細砂糖然後對折（**圖5～7**）。
5 用刀將完成的酥皮切成約1cm厚的小麵糰（**圖8**）。
6 將切好的酥皮整齊排放在烤盤上，間隔約2.5～3cm（**圖9**）。
7 放入已經預熱至220℃的烤箱中烘烤12～15分鐘至餅乾呈現金黃色即可（**圖10**）。
8 烤好後取出，放在鐵網架上冷卻。
9 放涼裝罐或裝袋避免受潮。

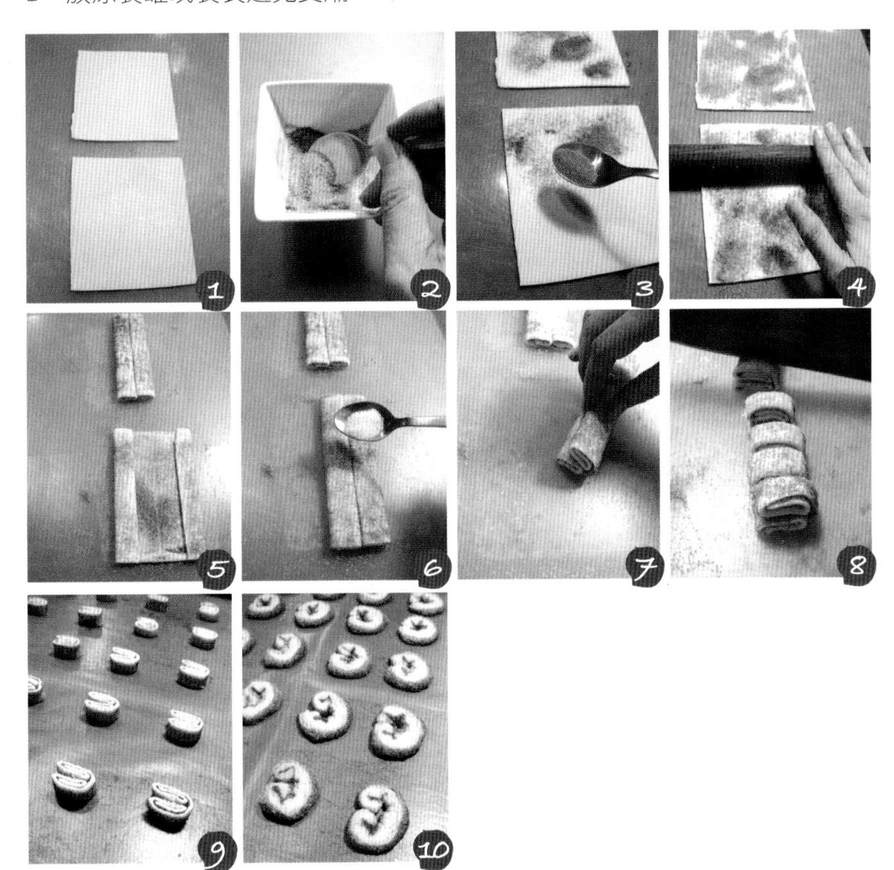

千層酥餅

份量

· 約16片

材料

· 千層酥皮1片
（約12cm×36cm）
· 細砂糖2T
· 蛋液少許

星期天最開心的一件事就是到通化市場採買，老公拉著小拖車做我的小跟班，今天的目標是買一些新鮮的蔬果。

哈蜜瓜1顆20元、芒果一斤20元、青蔥一大把15元、芭樂9個50元、小白菜3把20元……。被這麼多新鮮的蔬果吸引著，我發揮小氣主婦衝鋒陷陣的精神。老闆一開始吆喝降價時，只見一群婆婆媽媽蜂擁而上，場面好壯觀。我的小拖車早就滿滿塞爆了，兩個人手上也提的大包小包。回家後，我們把所有的戰利品放在桌上，自己都嚇一跳。這一個星期要多吃水果。^^

將千層酥皮疊起來烤好的餅乾香香酥酥，層層疊疊的口感讓人停不下手。只加了糖的酥皮餅乾魅力無窮！

做法

1. 冷凍千層酥皮拿出來放置室溫5分鐘（**圖1**）。
2. 將千層酥皮平均切成3等份（**圖2**）。
3. 其中2片千層酥皮均勻刷上一層蛋液（**圖3**）。
4. 再將細砂糖灑上（**圖4**）。
5. 將3片千層酥皮疊起來（**圖5**）。
6. 用刀將完成的酥皮對切成兩半，再切成約1cm厚的小麵糰（**圖6**）。
7. 將切好的千層酥皮整齊排放在烤盤上，間隔約2.5～3cm（**圖7**）。
8. 放入已經預熱至200℃的烤箱中烘烤12～15分鐘至表面呈現金黃色（**圖8**）。
9. 烤好取出放在鐵網架上冷卻。
10. 放涼裝罐或裝袋避免受潮。

起司酥皮條

份量

· 約20根

材料

· 千層酥皮4片
（每片約12cm×12cm）
· 雞蛋1個
· 鹽1/4t
· 黑胡椒1/4t
· 乾燥巴西利1/2t
· 帕梅森起司粉4T

非常難得的跟好朋友約了喝下午茶，一推開餐廳的門就看到她清秀的臉龐，靜靜坐在窗口邊等我。好朋友大老遠回台灣探親，趁她離台前終於找到時間碰面。兩個女子各自分享彼此的心情，在灑滿金色陽光的街角度過了一個溫暖的下午。祝福我的朋友在異鄉幸福快樂。

這是解決冰箱千層酥皮的好方法，鹹味起司小點心很順口，一根一根吃個不停。想再烤一盤時才發現冰箱的酥皮竟然不夠了。

做法

1. 將材料秤量好（**圖1**）。
2. 雞蛋打散，在千層酥皮上面刷上一層蛋汁（**圖2**）。
3. 灑上鹽、黑胡椒、乾燥巴西利，將帕梅森起司粉鋪滿在千層酥皮上（**圖3**）。
4. 轉動擀麵棍稍微用力，將所有材料壓緊在酥皮上（**圖4**）。
5. 每一片千層酥皮用刀切成5條（**圖5**）。
6. 每一小條酥皮扭轉成麻花狀，間距整齊排放在烤盤上（**圖6、7**）。
7. 放入已經預熱到200℃的烤箱中烘烤12～15分鐘至金黃色為止（**圖8**）。
8. 烤好後取出，放在鐵網架上冷卻。
9. 放涼裝罐或裝袋避免受潮。

鹹酥餅乾

份量

· 約16根

材料

A.高筋麵粉80g
· 低筋麵粉20g
· 無鹽奶油35g
· 冰全蛋液1個
· 鹽1/8t
· 冰水1T
（調整麵糰濕度用）

B.中間夾餡
· 帕梅森起司粉2T
· 綜合乾燥香草1/2t
· 全蛋液少許
（塗抹表面）

還記得第一個在部落格留言的那個人嗎？在剛剛起步時，文章數量還少少時，來給你最大鼓勵的那個好心人嗎？他現在還有在你的身邊陪著你一塊努力著嗎？

記得在我剛撰寫部落格時，總是希望自己的一字一句能夠得到回應，即使是來打個招呼也會感動得不得了。她伸出了友誼的雙手，給我每一篇文章熱烈的回應，陪著我走過這麼多的日子。其間我們都曾經傷心、沮喪，甚至有停止的念頭。但是我們互相加油打氣，給彼此鼓勵，才讓部落格一天天成長。她一直是我部落格中非常重要的一個人。親愛的三順，謝謝妳！！

利用鹹派皮的做法，搭配義式元素，做出鹹香的餅乾條，是很好的開胃小點，適合與紅酒一塊享用。

準備工作

1 所有材料秤量好，放入冰箱冷藏30分鐘（**圖1**）。
2 奶油從冰箱取出切成小丁狀（**圖2**）。
3 高筋麵粉加低筋麵粉用濾網過篩（**圖3**）。

做法

1. 麵粉放入工作盆中，然後將奶油小丁加入（**圖4**）。
2. 用手將奶油與麵粉搓揉成為鬆散的粉狀（**圖5**）。
3. 將冰蛋液及鹽倒入，用手快速混合成一塊無粉粒的麵糰，若太乾可以適量加冰水調整（混合時間盡量短，千萬不要搓揉，避免起筋）（**圖6、7**）。
4. 混合完成的麵糰用保鮮膜包起，略整成圓形放冰箱冷藏30～60分鐘（**圖8**）。
5. 桌上撒些低筋麵粉，將麵糰從冰箱移出，表面也灑上一些低筋麵粉避免沾黏（**圖9**）。
6. 將麵糰擀成大片方形（約20×20cm）（**圖10**）。
7. 在麵糰表面均勻刷上一層蛋汁（**圖11**）。
8. 一半的部位均勻灑上帕梅森起司粉及綜合乾燥香草（**圖12**）。
9. 將另一半的麵皮覆蓋過來（**圖13**）。
10. 用擀麵棍將麵糰壓實（**圖14**）。
11. 使用菜刀切成約1cm寬的長條（**圖15**）。
12. 每個長條在桌上搓揉成麻花狀（**圖16**）。
13. 將餅乾條間距整齊排放在烤盤上（**圖17**）。
14. 放入已經預熱到160℃的烤箱中烘烤15～18分鐘至金黃色即可（中間調頭一次使餅乾上色平均）。

杏仁千層派

份量

- 約18片

材料

- 千層酥皮1片（約20cm×20cm）
- 純糖粉60g
- 蛋白1/2個（約15g）
- 檸檬汁1/2t
- 杏仁粒30g

千層派有獨特的口感，是屬於餅乾中非常特別的風味。層層疊疊酥脆的薄片，給人絕佳的享受。奶油混合著甜蜜的糖，還帶點檸檬的清香。靜靜躺在烤盤中的杏仁千層派，輕巧的像森林中的小精靈，等待著我陽光滿溢的午後時光。

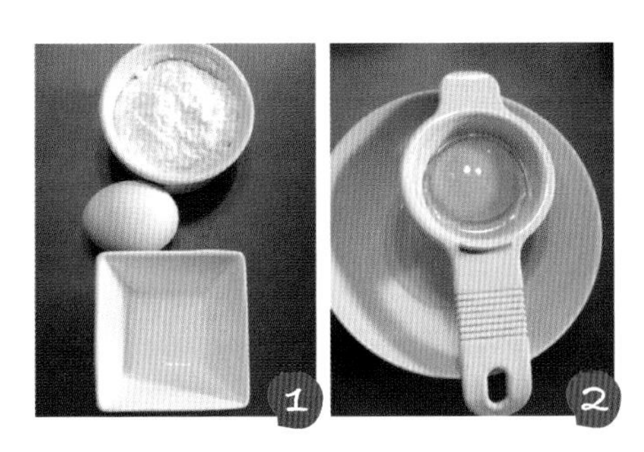

準備工作

1. 所有材料秤量好（**圖1**）。
2. 將雞蛋的蛋黃蛋白分開，取蛋白15g（**圖2**）。
3. 純糖粉若有結塊請先過篩。
4. 冷凍酥皮取出稍微回溫5分鐘。

做法

1. 蛋白放入盆中，將糖粉分3～4次加入，一邊加入一邊攪拌均勻（**圖3～6**）。
2. 然後將檸檬汁加入混合均勻成為濃稠狀的蛋白糖霜即可（**圖7**）。
3. 千層酥皮切割出適當大小（**圖8**）。
4. 將攪拌均勻的蛋白糖霜均勻塗抹在千層酥皮上（**圖9**）。
5. 將杏仁粒均勻灑上，然後放入冰箱冷藏30分鐘讓表面蛋白糖霜凝固（**圖10、11**）。
6. 冷藏好的千層酥皮由冰箱取出，用刀將酥皮對切成兩半，再平均切成2cm寬的餅乾條（**圖12**）。
7. 將餅乾條間距整齊排放在烤盤上（**圖13**）。
8. 放入已經預熱到170℃的烤箱中烘烤20～22分鐘，至表面呈現淡金黃色即可（**圖14**）。
9. 放涼裝罐或裝袋避免受潮。

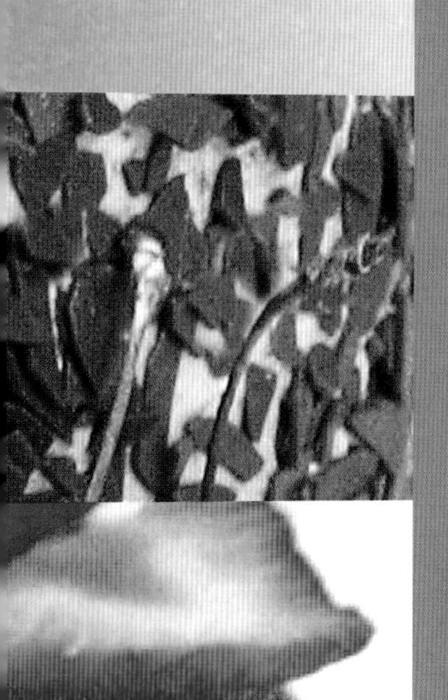

Part 2

蛋糕
Cake

認識蛋糕

利用雞蛋、砂糖、麵粉、油脂四種基本材料就可以烘烤出甜蜜的西點蛋糕。再利用材料份量變化就可以創造出紮實或鬆軟的不同口感。又依照製作方式不同，分為厚實細密的奶油磅蛋糕及清爽濕潤的乳沫類蛋糕。

奶油磅蛋糕含油量較高，大多使用固體奶油來做。攪打時讓空氣充分進入奶油中，烘烤的時候就可以幫助蛋糕膨脹。若使用液體油脂來做，會添加一些泡打粉來幫助蛋糕組織膨脹。

乳沫類蛋糕又可以分為全蛋白的天使蛋糕、分蛋打發的戚風蛋糕、全蛋打發的海綿蛋糕。這類蛋糕是利用空氣進入雞蛋中造成蛋糕體積膨脹。乳沫類蛋糕多是使用植物油，油脂含量也較低，也不需要使用泡打粉。

以下是製作蛋糕的一些基本技巧，熟悉後可以讓您在烤製時更順利。

一、製作蛋糕的基本技巧

■奶油回溫

無鹽奶油放置室溫回軟，也不要回溫到太軟的狀態，只要到用手指按壓有痕跡的程度就好。如果手指一下子就輕易壓下，就表示奶油回溫過度了，這樣攪拌起來容易油脂分離。冬天天氣冷，奶油比較硬，可以將奶油切成薄片，鋪在不鏽鋼盆底，然後放在窗邊有陽光的地方或是廚房燒熱水比較暖和的位置，就會使奶油軟化的比較快。若是需要將糖油打發的成品，奶油不能融化使用，不然無法做出蓬鬆的口感（**圖1、2**）。

■粉類過篩

過篩可以使粉類中不同的材料混合的更均勻，不會只集中在某處，也可以讓結塊的部位打散。這樣的做法使得麵粉中充滿空氣，利於與其他材料混合，也讓成品更蓬鬆可口。若配方中有不同的粉類，都必須先混合均勻再用濾網過篩（**圖3、4**）。

■蛋黃蛋白分開，蛋白先放冰箱冷藏備用

分蛋打發的配方中必須先將雞蛋的蛋白及蛋黃小心分開，蛋白絕不可以沾到蛋黃、水分及油脂。放置蛋白的工作盆也必須保持乾淨，不可以有水分。分蛋白的時候都先分在一個小碗中，確定沒有沾到蛋黃才放入工作盆，不然只要一顆沾到蛋黃，全部的蛋白就無法打發。

分蛋的方式有以下幾種：

1. 利用分蛋器（**圖5**）。
2. 利用蛋殼左右倒過來倒過去將蛋黃及蛋白分開（**圖6**）。
3. 直接利用手指間的間隙讓蛋白流下（**圖7**）。
4. 直接利用湯匙把蛋黃舀起中小型湯匙，蛋黃有時候會從分蛋器縫隙滑到碗裡，反而弄破蛋黃，湯匙直接舀起，成功率百分百而且又省了買分蛋器的費用（**圖8**）。

5

6

7

8

■吉利丁片使用方式

1. 使用吉利丁時，要一片一片放入冰塊水中浸泡5分鐘軟化，泡的時候不要重疊放置，且要完全壓入冰水中（**圖9、10**）。
2. 將已經泡軟的吉利丁片取出完全擠乾水分（**圖11**）。
3. 放入已經煮沸的材料中混合均勻即可（**圖12、13**）。

9

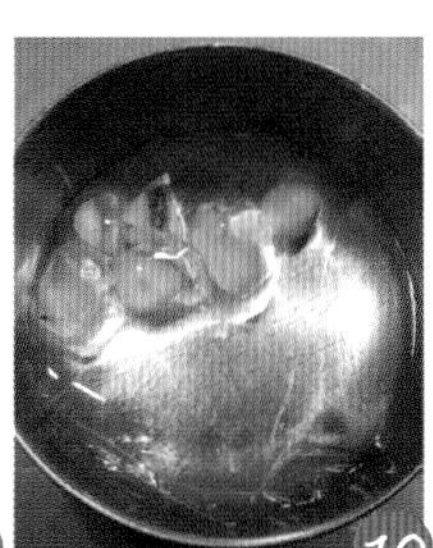
10

11

12

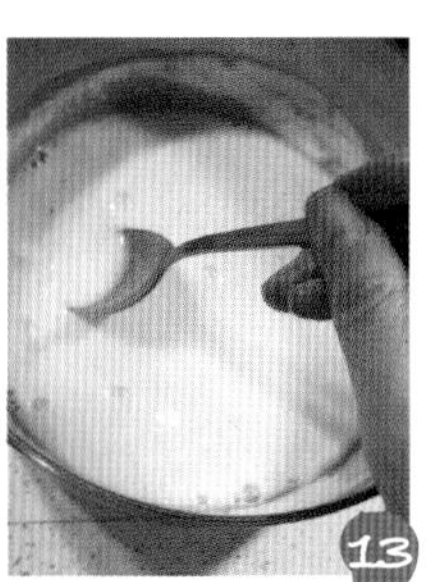
13

小叮嚀

吉利丁片一片是23cm×7cm，重約2.5～3g，相當於1t吉利丁粉。

■**烤模抹油灑粉**

塗抹烤模的油脂一定要使用沒有融化的奶油，不能用植物油或融化的奶油。用手指捏取一小塊奶油，然後仔細的在烤模上均勻塗抹。再灑上一層低筋麵粉，一邊旋轉烤模一邊輕輕拍打，使得烤模平均沾上一層薄薄的低筋麵粉，再將多餘的粉倒掉，經過這樣的程序，完成品就可以順利脫模（**圖1、2**）。

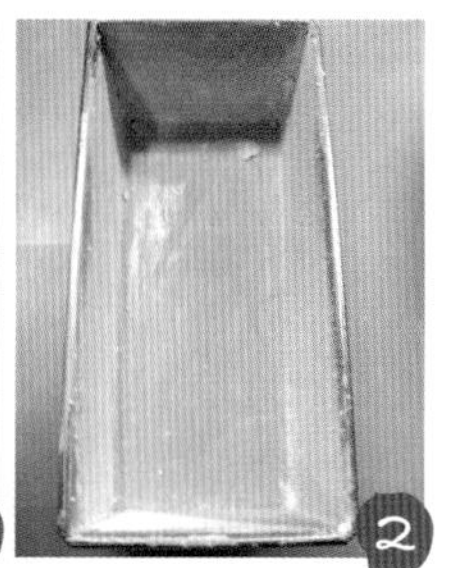

■**方型烤模鋪烤焙白報紙**

將烤焙白報紙照著烤模大小裁切出來，四周的大小必須完全包覆住烤模。將底部範圍折出壓痕，再將四角剪開45度。烤模中塗抹少許油方便固定烤焙白報紙。然後將裁剪好的烤焙白報紙放入，剪開的四角交錯重疊即可（**圖3～9**）。

■**圓形烤盒鋪烤焙白報紙**

將烤模置於烤焙白報紙上，將烤模底部形狀標記在烤焙白報紙上，然後依照記號剪裁。另剪裁出同烤模高度的長條，長度必須足夠圍繞烤模周圍一圈。烤模中塗抹一層適量奶油，然後將裁剪好的烤紙放入。（**圖10～16**）

■**戚風蛋糕烤模不可以抹油或灑粉**

戚風蛋糕一出爐就必須倒扣，因為倒扣之後內部水分可以蒸發，蛋糕才不會回縮，戚風才會蓬鬆柔軟。如果使用防沾模會造成蛋糕沒有支撐力抓附在烤模上，蛋糕會回縮也無法倒扣，因此戚風蛋糕都是利用沾黏在模具上，使得倒扣時有支撐力可以撐住蛋糕體。

■烤盤鋪烤焙紙

烘烤平板蛋糕要事先鋪烤焙白報紙，將烤焙白報紙照著烤盤大小裁切出來，四周的大小必須完全包覆住烤盤。將底部範圍折出壓痕，烤模中塗抹少許油或噴點水方便固定烤焙白報紙。然後將裁剪好的烤焙白報紙放入，四角交錯重疊即可（圖17～22）。

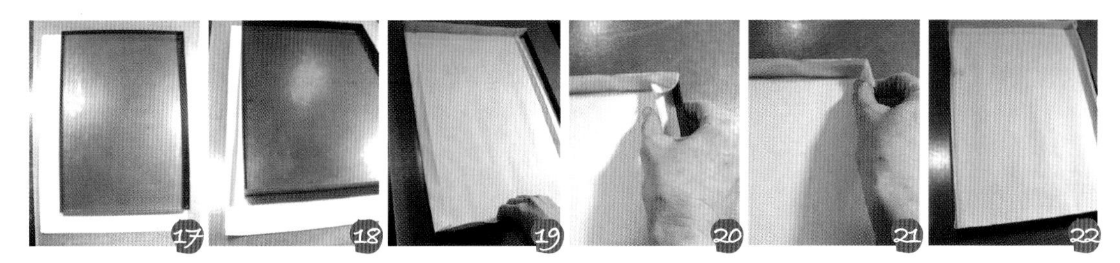

■烤箱預熱到正確的溫度

烤箱務必預熱到正確的溫度，若溫度沒有到達，熱就無法迅速傳遞到蛋糕內部，將會導致外焦內不熟的結果。如果家用烤箱沒有預熱指示燈，一般要達到170℃必須至少預熱10分鐘， 要達到200℃必須至少預熱15分鐘。因為每一台烤箱都會有溫差，所以書上的溫度時間是以Carol家中的烤箱為基準。剛開始對家中烤箱溫度不熟悉前，一定要仔細記錄每一次烘烤的溫度時間。抓出自己烤箱的正確溫度很重要，如果用書上的溫度都很難上色，那就是必須調高溫度10℃再試試，亦即烤箱的溫差就是10度。烘烤過程中如果成品表面已經上色，但是時間又還沒有到達，可以迅速打開烤箱在表面覆蓋一張鋁箔紙來避免表面烤焦。烘烤餅乾的時候也要適時的把烤盤轉向，以利烘烤上色平均。以這樣的方式來修正，不管是怎麼樣的烤箱都可以烤出漂亮的成品。

二、各種蛋糕的製作方式

■磅蛋糕糖油拌合標準做法

1 無鹽奶油回復室溫，切成小塊（圖23）。
2 用打蛋器打散攪拌成乳霜狀，這裡需要多一點耐心，如果一開始攪打奶油會整團沾黏在打蛋器上，就用小刀將奶油刮下來再繼續攪拌。多重複幾次操作的阻力就會變小，奶油也慢慢變的柔軟光滑（圖24～26）。
3 然後加入細砂糖順同一方向攪打，攪打過程中會發現奶油體積變的蓬鬆且顏色呈現的較原來更淡，拿起打蛋器奶油尾端會呈現角狀（圖27～29）。

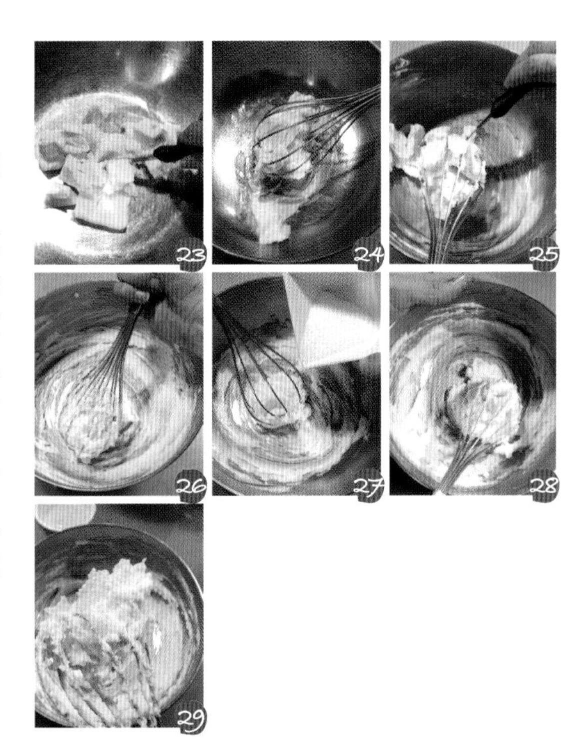

■蛋白霜打發標準做法

蛋白的發泡能力非常強，經由打蛋器快速攪拌將空氣打入蛋白中，使得蛋白霜中佈滿無數細小充滿空氣的孔隙。配方中的細砂糖分2～3次加入，這樣才能夠讓糖充分溶解在蛋白中，攪打出細緻又有光澤的蛋白霜。

製作過程中請使用底部為圓弧形的容器，以免有死角攪打不平均。蛋白是鹼性的物質，加一點檸檬汁可以中和蛋白中的鹼性，調整蛋白的韌性，使得打發的蛋白泡沫更穩定。沒有檸檬汁用白醋也可以代替。有些食譜會加酸性的塔塔粉也是同樣的道理。

雞蛋最好用冰的，雖然要花多一點時間，但是打出來的蛋白霜泡沫較穩定也比較不容易消泡。打發後打蛋器舀起蛋白霜測試尾端挺立的時候，要多舀一點蛋白霜才會比較準。舀的量少較不容易看出蛋白霜是否真的已經打到挺立。有時候舀的少感覺已經好了，但是多舀一點就發現其實尾巴還是彎曲的。糖份高的配方要使用室溫的蛋白比較容易打挺。糖越少的配方蛋白消泡的速度越快，要馬上與其他材料混合。

打過頭的蛋白霜會變成棉花狀失去彈性，呈現分離狀態，這樣做出來的成品會失敗。打蛋白霜的時候中間不要停頓，一直保持高速狀態才能打出漂亮堅挺的蛋白霜。中間若有多次停頓或是使用低速，打出來的泡沫會沒有光澤也容易消泡。只要多熟悉幾次做法程序，蛋白霜的打發一點都不困難，做出來的蛋糕就會非常蓬鬆柔軟。

準備工作

1 雞蛋從冰箱取出，細砂糖及檸檬汁秤量好。
2 將雞蛋的蛋白及蛋黃小心分開，蛋白絕不可以沾到蛋黃、水分及油脂。分雞蛋的時候都先分在一個小碗中，確定沒有沾到蛋黃才放入鋼盆，不然只要一顆沾到蛋黃，全部的蛋白就打不起來了（**圖1、2**）。

一、手拿式電動打蛋器操作

A.蛋白霜濕性發泡打發

1 讓鋼盆傾斜一邊，蛋白才會流到一側，攪打的時候才會均勻（**圖3**）。
2 蛋白用打蛋器先打出泡沫，然後加入檸檬汁及1/2量細砂糖，使用高速攪打（**圖4～6**）。
3 用一隻手扶著鋼盆慢慢旋轉，另一隻手拿打蛋器以固定不動的方式來攪打（**圖7**）。
4 泡沫開始變細緻時就將剩下的細砂糖加入（**圖8、9**）。
5 速度保持高速，將蛋白打到拿起打蛋器尾巴呈現彎曲的狀態即可（**圖10**）。

B.蛋白霜乾性發泡打發

1 讓鋼盆傾斜一邊，蛋白才會流到一側，攪打的時候才會均勻（**圖11**）。
2 蛋白用打蛋器先打出泡沫，然後加入檸檬汁及1/2量細砂糖，使用高速攪打（**圖12～14**）。
3 用一隻手扶著鋼盆慢慢旋轉，另一隻手拿打蛋器以固定不動的方式來攪打（**圖15**）。
4 泡沫開始變細緻時就將剩下的細砂糖加入（**圖16**）。
5 速度保持為高速，將蛋白打到拿起打蛋器尾巴呈現挺立的狀態即可（**圖17、18**）。

二、家用攪拌機操作

1 將雞蛋的蛋黃蛋白分開（蛋白不可以沾到蛋黃、水分及油脂）（**圖19**）。
2 先用中速打出一些泡泡。

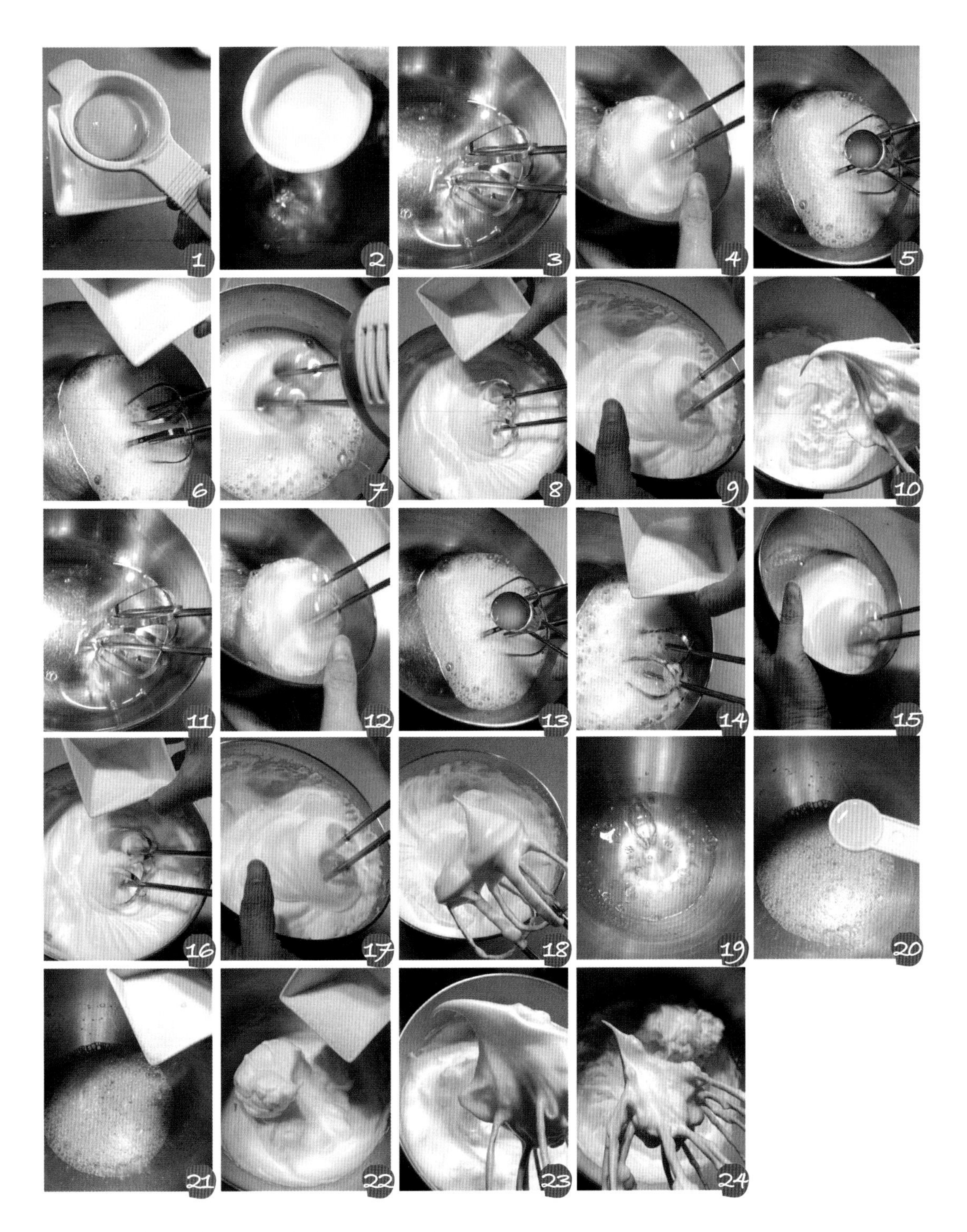

3　然後停下來加入檸檬汁及1/2量細砂糖（**圖20、21**）。

4　用速度8（高速）攪打到泡沫開始變細緻並且膨脹。

5　再把剩下的細砂糖加入，用速度8（高速）打到尾巴呈現彎曲的狀態就是濕性發泡打發（**圖22、23**）。

6　繼續高速打發到非常有光澤，且尾端呈現挺立的狀態就是乾性發泡（**圖24**）。

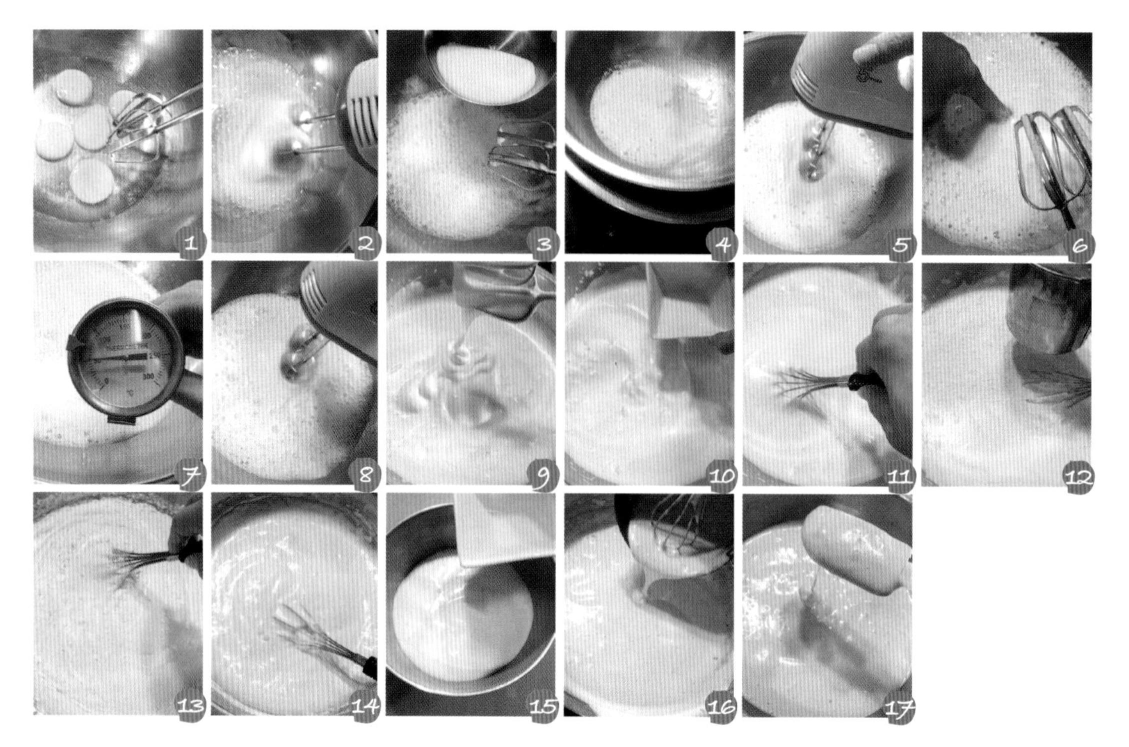

■全蛋打發標準做法

打發全蛋要使用室溫的雞蛋，隔水加溫是為了降低雞蛋的表面張力，使得打發更容易。但是要注意溫度不可以升高太多，否則將使得蛋糕組織變的粗糙。

1 將份量中的雞蛋放入工作鋼盆中（**圖1**）。

2 用打蛋器將雞蛋打散（**圖2**）。

3 將配方中的細砂糖全部加入蛋液中混合均勻（**圖3**）。

4 另外準備一個比工作鋼盆稍大一些的鋼盆，裝水煮滾。

5 將工作鋼盆放入，利用隔水加熱的方式將蛋液加溫（**圖4**）。

6 打蛋器以高速將蛋液打到起泡並且蓬鬆的程度（**圖5**）。

7 用手指不時試一下蛋液的溫度，若感覺到接近人體體温的程度，便將鋼盆從熱水上移開（或是利用溫度計測量，加熱到38℃就可以）（**圖6、7**）。

8 移開熱水後繼續用高速將全蛋打發（**圖8**）。

9 打到蛋糊蓬鬆，並且拿起打蛋器滴落下來的蛋糊能夠產生非常清楚的摺疊痕跡，即表示已經打發完成（此做法很重要，如果沒有將全蛋打發到這個程度，與粉類攪拌的時候很容易就消泡，烤不出蓬鬆的海綿蛋糕）（**圖9**）。

10 將配方中的牛奶均勻灑在蛋糊上，用打蛋器輕輕攪拌均勻（**圖10、11**）。

11 將低筋麵粉分兩次以濾網過篩進蛋糊中（篩入粉類的時候不要揚的太高，以避免打發的全蛋消泡）（**圖12**）。

12 將打蛋器以旋轉的方式攪拌，並且將鋼盆邊緣沾到的麵粉刮起來混合均勻　（動作輕但是要確實）（**圖13、14**）。

13 將麵糊倒出部分在小盆子中，然後倒入配方中的油脂（**圖15**）。

14 利用打蛋器以旋轉的方式將麵糊與油脂攪拌均勻。

15 再將攪拌好的麵糊倒入其餘麵糊中用打蛋器或橡皮刮刀攪拌均勻即可（**圖16、17**）。

■卡士達蛋奶醬做法

1 配方中的低筋麵粉加玉米粉混合均勻過篩（圖18、19）。
2 配方中1/3份量的牛奶加入已過篩的粉類中攪拌均勻（圖20、21）。
3 配方中2/3份量的牛奶用小火煮沸（若配方中有使用香草莢，此時加入與牛奶一同煮沸）。
4 配方中的蛋黃及細砂糖用打蛋器攪拌均勻（圖22）。
5 再將做法2中攪拌均勻的牛奶粉漿加入混合好的蛋黃中攪拌均勻（圖23）。
6 煮沸好的牛奶則慢慢加進蛋黃麵糊中，一邊加一邊攪拌（圖24）。
7 攪拌均勻後將麵糊用濾網過濾（圖25）。
8 然後放上瓦斯爐用小火加熱，一邊煮一邊攪拌到變濃稠，螺紋狀出現就離火（類似美乃滋的程度）（圖26）。
9 煮好後將配方中的無鹽奶油加入攪拌均勻（圖27）。
10 稍微放涼再將配方中的酒加入攪拌均勻即可（圖28）。
11 表面趁熱封上保鮮膜避免乾燥，完全涼了放冰箱備用（圖29）。

■動物性鮮奶油打發

動物性鮮奶油要選擇乳脂肪含量在35%以上的才容易打發，若天氣氣溫高，工作鋼盆底部要墊冰塊，才容易操作。常常使用到的有以下幾種：

1.六分發：鮮奶油少量殘留在打蛋器上，打蛋器尾端舉起會呈現直線滴落的程度。這是適合與其他醬料混合的硬度。

2.七分發：鮮奶油較多量殘留在打蛋器上，打蛋器尾端舉起會呈現慢慢滴落的程度。這是製作慕斯蛋糕最適合的軟硬度，非常方便與其他材料混合均勻。

3.八～九分發：鮮奶油大量殘留在打蛋器上，打蛋器尾端舉起會呈現角狀的程度。最適合塗抹蛋糕表面裝飾或蛋糕捲夾餡使用。若超過此程度就會造成油脂分離，鮮奶油會失去光澤，組織也會變的粗糙而口感不好。

開封後的鮮奶油要盡快使用，開口處保持乾淨，使用多少倒多少，馬上放回冰箱中冷藏保存。動物性鮮奶油不可以冷凍，會造成油水分離而無法打發。

◎不同口味變化

1.**原味鮮奶油**：將配方中的糖加入動物性鮮奶油中，使用低速慢慢打至尾端挺立的程度，然後放入冰箱冷藏（**圖1～4**）。

2.**香堤鮮奶油**：將配方中的糖及白蘭地加入動物性鮮奶油中，使用低速慢慢打至尾端挺立的程度，然後放入冰箱冷藏（**圖5～7**）。

3.**巧克力鮮奶油**：

a.將配方中的巧克力用刀切碎（**圖8、9**）。

b.使用隔水加熱的方式將巧克力碎片融化（加熱溫度不可超過50℃），配方中的動物性鮮奶油則加熱至50℃左右（**圖10、11**）。

c.將煮至40~50℃的動物性鮮奶油加入到融化的巧克力醬中混合均勻（**圖12**）。

d.拿出冰箱中事先打好的原味鮮奶油，馬上將巧克力醬趁熱倒入快速攪拌均勻即可（如果沒有趁熱將巧克力醬倒入，巧克力會凝固而沒有辦法攪拌均勻）（**圖13**）。

e.攪拌完成的巧克力鮮奶油放入冰箱冷藏備用（**圖14**）。

■義大利奶油蛋白霜做法

義大利奶油蛋白霜吃起來比傳統純奶油做的奶油霜不膩口，吃進嘴裡入口即化，有一種輕飄飄的感覺。其中加入的糖漿必須煮到115℃，再加入到打發的蛋白霜中。滾燙的糖漿進入到蛋白霜細密的孔隙中，使得蛋白霜更穩定堅固不容易消泡。做好的義大利奶油蛋白霜要放冰箱冷藏保存，短期內不用可以放冷凍保存比較久，要用的時候再從冷凍庫中取出放冷藏室一夜回軟即可使用。

材料

A　蛋白75g（室溫）　細砂糖20g　檸檬汁1t

B　清水50g　細砂糖160g

C　無鹽奶油250g（放置到室溫程度）（**圖15**）

準備工作

1　將雞蛋的蛋黃蛋白分開，取75g蛋白（蛋白不可以沾到蛋黃、水分及油脂）（**圖16**）。

2　回復室溫的無鹽奶油切成小塊（**圖17**）。

做法

1　將細砂糖倒入室溫蛋白中混合均勻（**圖18**）。

2　蛋白先用打蛋器以中速打出一些泡沫，然後加入檸檬汁，打成尾端呈現彎曲狀態的蛋白霜（濕性發泡）（**圖19**）。

3　另一邊將B項材料中的清水加到細砂糖中。

4　一開始不要攪拌，用小火將糖煮到融化（**圖20、21**）。

5　然後將溫度計放入，繼續用小火將糖漿熬煮到115℃的程度（**圖22、23**）。

6　等到糖漿煮到需要的溫度，就以線狀的方式一邊倒入蛋白霜中，一邊使用高速攪打，將蛋白霜打到拿起打蛋器尾巴呈現挺立有光澤的狀態即可（太快倒入糖漿會導致蛋白霜凝結不均勻）（**圖24、25**）。

7　放置一下等蛋白霜冷卻到微溫（約35℃）的程度，即可將回復至室溫的無鹽奶油加入再攪拌均勻即完成（如果蛋白霜太燙，會將無鹽奶油融化成為液狀而導致成品失敗）（**圖26～28**）。

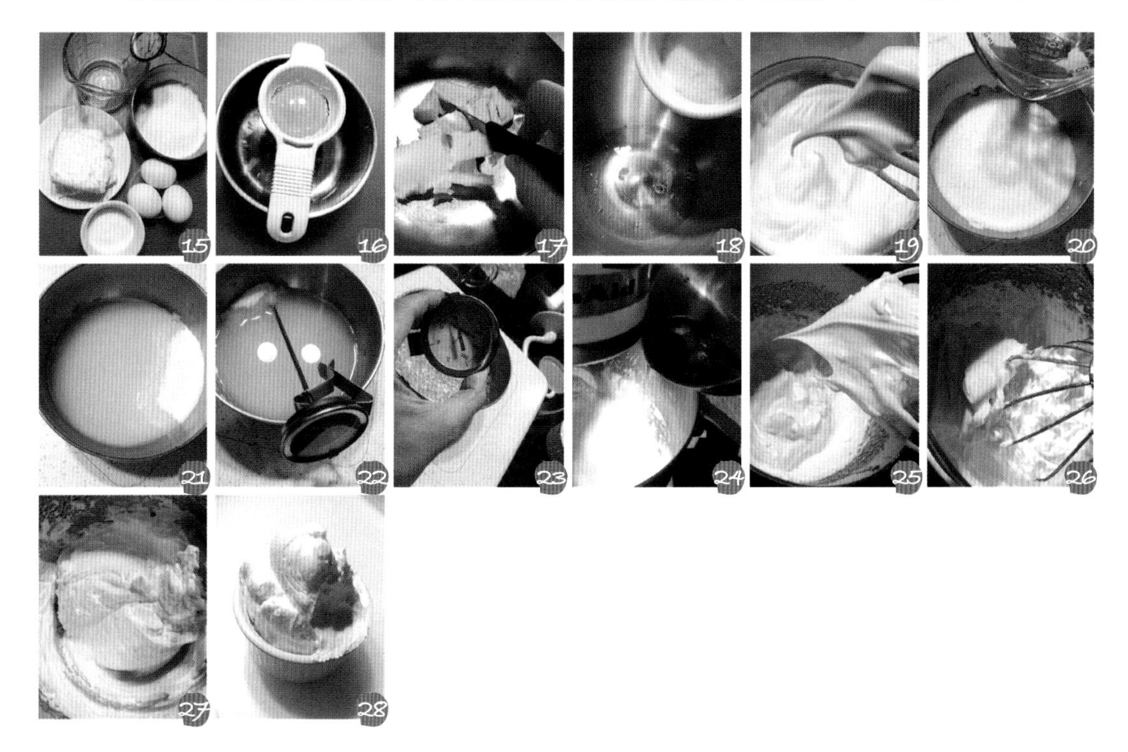

◎**不同口味變化**

做好的義大利奶油蛋白霜可以適量添加果醬或是抹茶粉、巧克力粉，便產生不同顏色及味道，可以代替鮮奶油來裝飾蛋糕或當蛋糕捲夾餡使用。

1 香柚果醬加義大利奶油蛋白霜（**圖1**）。
2 藍莓果醬加義大利奶油蛋白霜（**圖2**）。
3 抹茶粉加義大利奶油蛋白霜（**圖3**）。
4 無糖可可粉加義大利奶油蛋白霜（**圖4**）。

備註：如果沒有溫度計，有兩個簡單的方法測試溫度是否達到115℃。

1 用細鐵絲凹成一個小圈圈（類似孩子吹泡泡的用具），然後當糖漿煮到大滾的時候，用鐵絲圈沾一下糖漿，然後對著吹看看，如果可以吹的出泡泡，表示溫度已經差不多到達115℃。
2 準備一杯冷水，看到糖漿已經煮到開始有大泡泡的程度，就用湯匙舀少許糖漿，然後將糖漿滴入冷水中，如果滴入的糖漿馬上凝結成球狀，也就表示溫度差不多到達115℃；如果滴入的糖漿溶在水中，就表示溫度還沒有到達，必須繼續熬煮。

三、製作戚風蛋糕的基本技巧

■戚風蛋糕出爐倒扣方式

戚風蛋糕出爐一定要倒扣，蛋糕體才不會回縮，組織才會鬆軟。底部必須架高放涼才不會產生水氣使得蛋糕表面反潮。

1 使用倒扣叉直接插入蛋糕中央架高放涼（**圖5、6**）。
2 在模子的兩邊放同樣高度的容器將蛋糕架高放涼（**圖7**）。
3 直接將蛋糕倒扣在鐵網架上（**圖8**）。
4 中空戚風蛋糕出爐直接將蛋糕倒扣在酒瓶上放涼（**圖9**）。

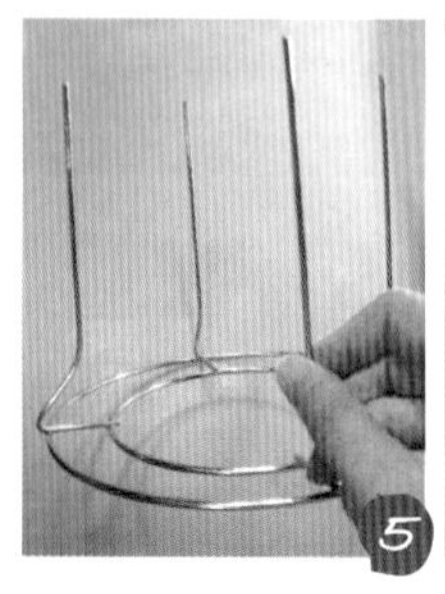

■戚風蛋糕放涼脫模方式

1. 完全涼透後用扁平小刀沿著邊緣刮一圈脫模，中央部位及底部也用小刀貼著刮一圈脫模即可（**圖10～12**）。
2. 蛋糕脫模後，用手將蛋糕表面的碎屑盡量拍除，這樣才不會影響蛋糕表面美觀。也可以避免抹奶油時造成鮮奶油中混合蛋糕碎屑影響塗抹（**圖13**）。

■將蛋糕體均勻橫切片的簡易方式

1. 一隻手壓著蛋糕表面，另一隻手用長的鋸齒刀將表面不整齊的地方橫切掉（**圖14**）。
2. 在蛋糕體要橫切的位置間隔整齊插上牙籤（**圖15、16**）。
3. 依照牙籤輔助做記號的位置為基準來橫切，就可以切的比較整齊（**圖17、18**）。

■簡易蛋糕轉盤

如果不是常常做鮮奶油裝飾，就不需要買專業的蛋糕轉盤。利用家裡現有的器具也可以代替，效果不錯。準備一個大盤子及一個底部為圓弧形的不鏽鋼盆，再將不鏽鋼盆放在大盤子下方就可以轉動了。抹鮮奶油的時候就方便多了（**圖19～22**）。

四、擠花袋的應用

■擠花袋使用方式

1 選取適合的擠花嘴及擠花袋（**圖1**）。

2 若使用拋棄式塑膠擠花袋，先依照擠花嘴大小，在前端剪一個開口（剪開的開口一定要比擠花嘴最大的開口小）（**圖2**）。

3 將擠花嘴放入擠花袋中（**圖3**）。

4 先將前端部位旋轉幾圈，使用夾子夾緊，可以避免裝麵糊的時候漏出來（**圖4**）。

5 將擠花袋放進一個比較深的大杯子中，袋子周圍折下來套住杯口（**圖5**）。

6 將麵糊裝入擠花袋中約2/3部位，裝完用手將麵糊往前推（**圖6**）。

7 擠的時候鬆開夾子把麵糊往前推，2手握緊即可操作（**圖7**）。

■簡易擠花捲筒

1 將烤焙白報紙裁剪成12cm×20cm的長方形（**圖8**）。

2 沿著虛線位置剪成兩半（**圖9**）。

3 由短向捲成一個三角椎（**圖10～12**）。

4 尾端部分折進捲筒中固定（**圖13、14**）。

5 將糖霜或融化的巧克力裝入就可以當做畫筆使用（**圖15**）。

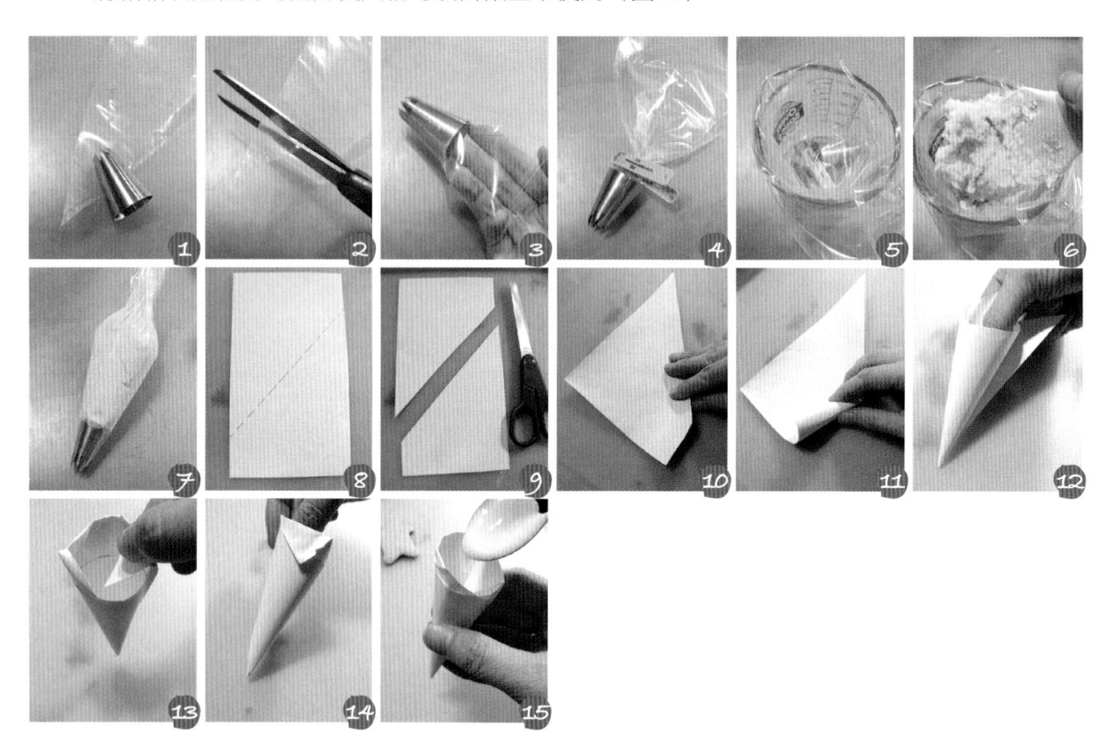

五、巧克力的製作

■巧克力塊融化方式

這裡示範使用的是不需要調溫的簡單巧克力磚，使用隔水加熱方式就可以融化。但是要注意加熱溫度不可以超過50℃，以免巧克力油脂分離且會失去光澤。

1 巧克力磚切出需要的份量（**圖16**）。

2 用刀仔細切碎放入小盆中（**圖17**）。

3 另外煮一盆水，水溫保持約50℃。

4 將小盆子放入已經煮熱的水中（**圖18、19**）。

5 一邊加溫一邊攪拌，使用隔水加溫方式融化（**圖20、21**）。

6 待大部分巧克力融化，便馬上離開底部停止加溫（**圖22**）。

■巧克力簡單造型

這裡示範使用的是不需要調溫的簡單巧克力磚，使用隔水加熱方式就可以融化。但是要注意加熱溫度不可以超過50℃，以免巧克力油脂分離且會失去光澤。

1 依照巧克力塊融化方式將黑白巧克力磚融化成為巧克力醬（**圖23**）。

2 準備一張賽璐璐片，利用手或簡單的抹刀就可以變化出一些簡單的巧克力裝飾片。畫好之後，將賽璐璐片放置到冰箱冷藏2～3分鐘，等變硬便可以輕易的從賽璐璐片上取下。做好的巧克力裝飾片都可以做為蛋糕裝飾使用。沒有使用完的巧克力裝飾片請放保鮮盒中置冰箱冷藏保存。

◎不同樣式變化

1. 用刮刀直接沾取巧克力醬，在賽璐璐片上來回畫出格狀圖案，放置到冰箱冷藏3～5分鐘硬化（**圖1、2**）。
2. 將巧克力醬用刮刀塗抹在賽璐璐片上，再用鋸齒塑膠片刮出直線圖案，然後將賽璐璐片彎曲放置到冰箱冷藏，待硬化後再剝下來即成為彎曲巧克力條（**圖3～5**）。
3. 巧克力醬滴落在賽璐璐片上，直接用抹刀抹一下，然後放置到冰箱冷藏3～5分鐘硬化（**圖6、7**）。
4. 雙色巧克力醬滴落在賽璐璐片上，用抹刀抹一下成為羽狀，然後放置到冰箱冷藏3～5分鐘硬化（**圖8～10**）。
5. 巧克力醬滴落在賽璐璐片上，直接用手畫出三叉形狀或是喜歡的圖案，然後放置到冰箱冷藏3～5分鐘硬化（**圖11、12**）。
6. 巧克力醬滴落在賽璐璐片上，直接用手畫圈圈或是螺旋紋，然後放置到冰箱冷藏3～5分鐘硬化（**圖13～16**）。

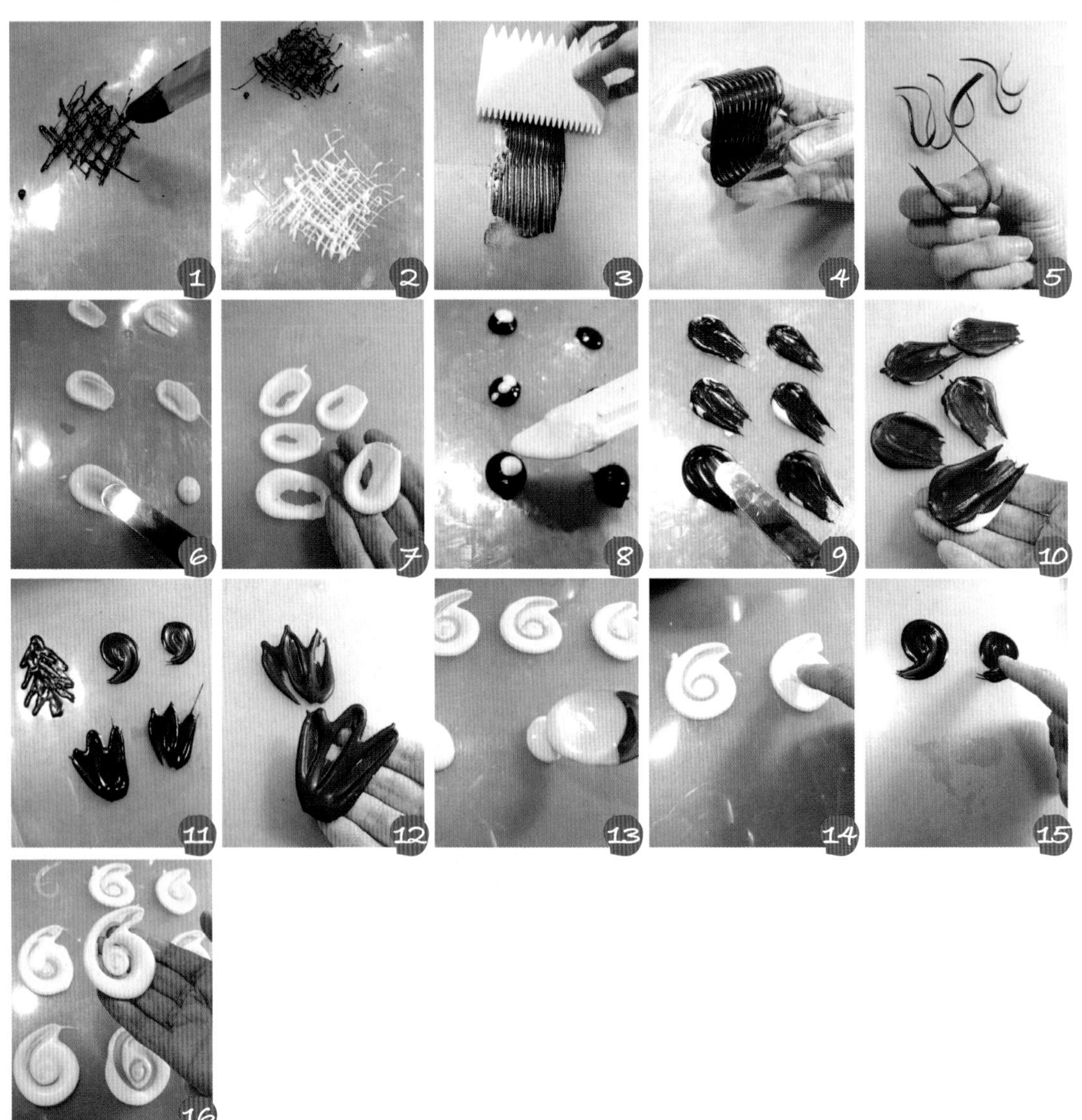

磅蛋糕。

麵糊類蛋糕最著名的就是傳統英式磅蛋糕，
因為材料中奶油、麵粉、糖、雞蛋各一磅而得名。
此類蛋糕油脂含量較豐富，一般會使用固體奶油來製作。
固體奶油經由攪拌時拌入大量空氣，
使得麵糊在烘烤時產生膨脹作用。
若使用的液體植物油或奶油的份量低於60%以下，
需要添加少許泡打粉來幫助蛋糕膨脹。

香柚馬芬蛋糕

份量

- 7個（直徑7cm紙模）

材料

- 雞蛋2個
- 細砂糖15g
- 橄欖油30g
- 鬆餅粉100g
- 牛奶3T
- 柚子果醬3T

一大包鬆餅粉剛買的時候每天都忙著烤鬆餅，一個星期後熱度消失，這一大包的鬆餅粉就被冷凍起來。千萬不要小看鬆餅粉，添加一些家裡現有的材料攪拌一下，馬上變身鬆軟好吃的馬芬。這樣簡單的點心是烘焙的入門，新手來做幾乎是零失敗率。下午偷個閒，挑一本好書，享受美好的下午茶時光。

準備工作

1 所有材料秤量好（**圖1**）。
2 鬆餅粉用濾網過篩（**圖2**）。
3 烤箱打開預熱至170℃。

做法

1 雞蛋加細砂糖先用打蛋器攪拌均勻（**圖3、4**）。
2 然後將橄欖油加入攪拌均勻（**圖5**）。
3 再將鬆餅粉分兩次加入攪拌均勻（**圖6、7**）。
4 最後將牛奶及柚子果醬放入攪拌均勻成為無粉粒的麵糊（**圖8～10**）。
5 將紙模套入馬芬盤或布丁杯中，麵糊平均倒入紙模中（**圖11**）。
6 放入已經預熱到170℃的烤箱中烘烤25分鐘（用竹籤插入中心沒有沾黏就可以出爐，若有沾黏再烤1～2分鐘）（**圖12**）。

香蕉蛋糕

份量

- 1個（8cm×17cm×6cm長方形烤模）

材料

- 雞蛋2個
- 細砂糖50g
- 橄欖油40g
- 牛奶2t
- 香蕉90g
- 檸檬汁1/2t
- 鬆餅粉110g

甜香的香蕉最適合做蛋糕，將鬆餅粉稍微加些材料就可以變化出不同的甜點，橄欖油做出來的磅蛋糕即使冰過，也能保持柔軟。烘烤的時候，滿屋子都充滿香蕉香氣，不管熱的吃或冷的吃都美味。

準備工作

1 所有材料秤量好（**圖1**）。
2 鬆餅粉用濾網過篩（**圖2**）。
3 烤模塗抹上一層不融化的奶油，再灑上薄薄一層低筋麵粉，將多餘的低筋麵粉倒出（**圖3**）。
4 香蕉用叉子壓成泥狀，加入檸檬汁混合均勻，避免變黑（**圖4、5**）。
5 烤箱打開預熱至170℃。

做法

1 雞蛋加細砂糖先用打蛋器攪拌均勻（**圖6**）。
2 然後將橄欖油加入攪拌均勻（**圖7**）。
3 再將牛奶與香蕉泥放入攪拌均勻（**圖8**）。
4 最後將鬆餅粉分兩次加入攪拌均勻成為無粉粒的麵糊（**圖9～11**）。
5 倒入長形烤模中，用橡皮刮刀將表面抹平整（**圖12、13**）。
6 放入已經預熱到170℃的烤箱中烘烤30～35分鐘（用竹籤插入中心沒有沾黏就可以出爐，若有沾黏再烤3～5分鐘）（**圖14**）。
7 蛋糕出爐後，立即脫模置放於鐵網架上冷卻（**圖15**）。

黑棗核桃蛋糕

份量

- 1個（8cm×17cm×6cm長方形烤模）

材料

- 雞蛋2個
- 細砂糖40g
- 橄欖油40g
- 去籽黑棗100g
- 鬆餅粉110g
- 牛奶2T
- 核桃30g
- 整顆核桃適量6～7個（表面裝飾用）

小時候住家附近的麵包店中就有這一款蛋糕，黑棗香伴著酥脆的核桃，這是媽媽最喜歡的口味。這款蛋糕可以充分利用黑棗本身的甜味，高纖又低糖，很適合給媽媽品嚐。

準備工作

1. 所有材料秤量好（**圖1**）。
2. 鬆餅粉用濾網過篩（**圖2**）。
3. 烤模鋪上一層烤焙紙，或是塗抹上一層不融化的奶油，再灑上薄薄一層低筋麵粉，將多餘的低筋麵粉倒出。
4. 黑棗用刀切碎成泥狀，核桃30g放入已經預熱至150℃的烤箱中烘烤7～8分鐘，取出放涼切小丁狀（**圖3**）。
5. 烤箱打開預熱至170℃。

做法

1. 雞蛋加細砂糖先用打蛋器攪拌均勻（**圖4**）。
2. 然後將橄欖油加入攪拌均勻（**圖5**）。
3. 將黑棗泥加入攪拌均勻（**圖6**）。
4. 再將鬆餅粉及牛奶分兩次交錯加入攪拌均勻成為無粉粒的麵糊（**圖7**）。
5. 最後將核桃丁加入，用橡皮刮刀混合均勻（**圖8～10**）。
6. 倒入長方形烤模中，用橡皮刮刀將表面抹平整（**圖11**）。
7. 麵糊表面排列上整顆的核桃（**圖12**）。
8. 放入已經預熱到170℃的烤箱中烘烤30～35分鐘（用竹籤插入中心沒有沾黏就可以出爐，若有沾黏再烤3～5分鐘）。
9. 蛋糕出爐後，立即脫模置放於鐵網架上冷卻（**圖13**）。

香橙馬芬

份量

- 3個（直徑7cm紙杯）

材料

- 無鹽奶油40g
- 細砂糖35g
- 雞蛋1個
- 低筋麵粉50g
- 泡打粉1/4t
- 牛奶1T
- 白蘭地1/2t
- 蜜漬橙皮20g

小小的杯子蛋糕很討人喜歡，一整天窩在廚房中想材料及份量，在烤箱前忙得不亦樂乎，看到滿意的成品出爐心情就很愉快，因為兒子又有口福了，還可以帶一些到學校請同學一塊分享。其中添加的果乾及堅果都可以隨意替換，變化就會更多了。

準備工作

1. 所有材料秤量好；無鹽奶油放置室溫回軟，手指可以壓出印子的程度（**圖1**）。
2. 低筋麵粉加泡打粉用濾網過篩。
3. 烤箱預熱至170℃。

做法

1. 無鹽奶油切小塊，用打蛋器攪打成乳霜狀。
2. 將細砂糖加入攪打至泛白，拿起打蛋器尾端呈現角狀且蓬鬆的狀態（**圖2**）。
3. 雞蛋打散分4～5次加入，每一次都要確實攪拌均勻才加下一次（**圖3**）。
4. 再將過篩的粉類及牛奶、白蘭地交替分兩次加入攪拌均勻（**圖4、5**）。
5. 然後將蜜漬橙皮加入攪拌均勻（**圖6**）。
6. 用湯匙將攪拌均勻的麵糊舀入紙杯中約六至七分滿。
7. 最後在麵糊上方鋪放少許蜜漬橙皮（**圖7**）。
8. 放進已經預熱至170℃的烤箱中烘烤22～25分鐘（竹籤插入中心沒有沾黏即可）。
9. 蛋糕出爐後，馬上放到鐵網架上放涼即可（**圖8**）。

小叮嚀

蜜漬橙皮可以使用韓國柚子醬或果乾代替。

咖啡核桃馬芬

份量

- 3個（直徑7cm紙杯）

材料

- 牛奶25cc
- 即溶咖啡粉3/4T
- 無鹽奶油40g
- 細砂糖40g
- 雞蛋1個
- 低筋麵粉50g
- 泡打粉1/4t
- 核桃20g

陰雨綿綿的天氣，氣溫帶著點薄薄的涼意，整理小花園剛好。我的小小天地中有著一片綠意盎然的香草園，薄荷、迷迭香、薰衣草、甜菊，隨時都可以摘取，為我的料理點心添加一抹清香。

我喜歡宅在家，家就是我的安全堡壘，可以給我安定的力量。我在窗前靜靜看著雨滴滑落，管它世界多匆忙，我偷得浮生半日閒。心中出現美麗彩虹。

小巧的馬芬中放入甜脆的核桃果仁，咖啡香在口內瀰漫，融合的如此協調。咖啡加核桃是最佳的組合，就像我與好友D個性雖然天南地北，但是我們彼此互補，永遠是最好的夥伴。馬芬做法簡單，變化又多，到好友家拜訪別忘了帶上滿滿的心意，親手做的點心可為您傳遞美麗的友誼。

準備工作

1. 所有材料秤量好；無鹽奶油放置室溫回軟，手指可以壓出印子的程度就好（**圖1**）。
2. 低筋麵粉加泡打粉用濾網過篩。
3. 核桃放入烤箱中用150℃烤7～8分鐘至香脆，放涼切碎。
4. 烤箱預熱至170℃。

做法

1. 將牛奶加熱，即溶咖啡粉倒入混合均勻放涼。
2. 無鹽奶油切小塊用打蛋器攪打成乳霜狀。
3. 將細砂糖加入攪打至泛白，拿起打蛋器尾端呈現角狀且蓬鬆的狀態（**圖2**）。
4. 雞蛋打散分4～5次加入，每一次都要確實攪拌均勻才加下一次（**圖3**）。
5. 再將過篩的粉類及咖啡牛奶交替分兩次加入攪拌均勻（**圖4、5**）。
6. 然後將3/4的碎核桃加入攪拌均勻（**圖6**）。
7. 用湯匙將攪拌均勻的麵糊舀入紙杯中約六至七分滿（**圖7**）。
8. 最後平均在麵糊上方鋪放剩下的1/4碎核桃。
9. 放進已經預熱至170℃的烤箱中烘烤18～20分鐘（竹籤插入中心沒有沾黏即可）（**圖8**）。
10. 蛋糕出爐後，馬上放到鐵網架上放涼即可。

巧克力香蕉蛋糕

份量

· 1個（8吋中空花形烤模）

材料

A.巧克力香蕉蛋糕

· 無鹽奶油110g
· 黑糖80g
· 雞蛋2個
· 低筋麵粉140g
· 小蘇打粉1/2t
· 無糖可可粉40g
· 優格30g
· 香蕉泥200g
· 核桃60g
· 巧克力塊60g

B.表面糖霜淋醬

· 牛奶1T
· 糖粉100g

為了找一些DIY的材料，和老公兩個人頂著豔陽天到後火車站附近走走。太原路上好多有趣的店，有橡膠專賣店、各式各樣的瓶瓶罐罐零售店、五金百貨與玩具批發。天水路上則有化工材料行，可以買一些原料回家自己調和保養品。走到華陰街還有一些飾品材料行、皮件、百貨服飾，真的可以挖到不少寶貝。

老公說我平常好像一隻懶貓，但是一逛街精神就好了。平時走遠一點就喊累，唯獨這種時候體力特別好。雖然太陽很大，我在小巷弄中卻樂此不疲。回家前還特別到龍山寺對面的小南鄭記吃一碗我最愛的台南碗粿和虱目魚羹，雖然曬的紅通通，但是好滿足。

偶爾到這些地方晃晃，看看日據時代的老建築，坐在街邊吃盤剉冰，在這些舊街道中穿梭，特別感覺得到逛街的樂趣。

朋友送了我一串自己家種的香蕉，拿了部分來做這個蛋糕，香蕉和巧克力好搭，我用黑糖來降低甜度，也比精緻的細砂糖更能夠多吸收到一些礦物質。整個蛋糕很鬆軟，濃郁的巧克力中透著淡淡的香蕉香，口感剛剛好。

準備工作

1 所有材料秤量好（**圖1**）。
2 無鹽奶油放置室溫回軟（奶油不要回溫到太軟的狀態，只要手指壓按有痕跡的程度就好）（**圖2**）。
3 低筋麵粉加小蘇打粉及無糖可可粉混合均勻並且過篩（**圖3**）。
4 香蕉去皮用叉子壓成泥狀（**圖4**）。
5 核桃放入烤箱中用150℃烤7～8分鐘至香脆，放涼切碎；巧克力塊切碎（**圖5**）。
6 烤模塗抹上一層無鹽奶油（**圖6**）。
7 烤箱預熱至170℃。

做法

1 無鹽奶油用打蛋器攪打成乳霜狀（**圖7**）。
2 將黑糖加入攪打均勻（**圖8、9**）。
3 雞蛋分數次慢慢加入，每一次都要確實攪拌均勻才加下一次（**圖10**）。

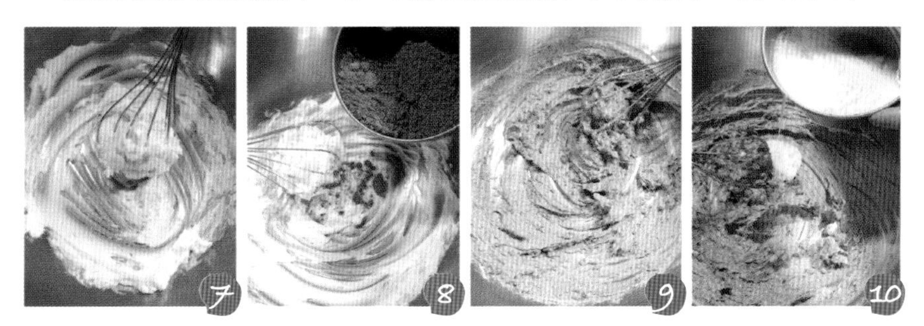

4 再將過篩的粉類及優格分兩次交錯加入攪拌均勻（**圖11～13**）。
5 然後將香蕉泥加入攪拌均勻（**圖14**）。
6 最後將核桃碎、巧克力碎加入攪拌均勻（**圖15～17**）。
7 麵糊倒入烤模中，用橡皮刮刀整平（**圖18**）。
8 放進已經預熱至170℃的烤箱中烘烤35～40分鐘（竹籤插入沒有沾黏即可）（**圖19**）。
9 出爐後馬上倒出放到鐵網架上放涼即可（**圖20**）。
10 將牛奶加入糖粉中混合均勻（**圖21～23**）。
11 淋在放涼的蛋糕表面自然滴落即可（**圖24、25**）。

小叮嚀

1 沒有小蘇打粉，可以用泡打粉代替。
2 表面糖霜依照個人喜好裝飾，不喜歡直接省略。
3 花形烤盤可以用其他方形烤盒代替。

巧克力布朗尼

份量

- 1個（15m×15cm方形烤模）

材料

A.麵糊

- 黑糖30g
- 蛋黃2個
- 苦甜巧克力塊70g
- 無鹽奶油60g
- 君度橙酒1t
- 低筋麵粉30g
- 無糖可可粉15g
- 核桃40g
- 蜜漬橙皮20g

B.蛋白霜

- 蛋白2個
- 檸檬汁1/2t
- 細砂糖15g

濃得不得了的巧克力實在很誘人。心情不好時，吃點巧克力，就可以把小小的憂鬱趕光光。

我是個標準的急性子，抗壓力極低，對任何小小的改變都會產生嚴重的不安全感。常常把事情都推向死胡同。貓咪食欲變差，我就懷疑牠們是不是生病了？出了門就擔心瓦斯好像忘記關。只要第二天有個什麼事，晚上睡覺前就一定不斷在腦海中反覆處理事情的順序，如果不先把事情計畫好，就無法安心。每一件事情到了我手裡就變的緊張。

反觀老公跟我完全不同，天大的事情也困擾不了他，他那超樂觀的心境，還真是讓我忌妒。每一次我心裡的不安因子開始冒出來，他總有辦法讓我覺得那些都是小事，天塌下來也有高個子扛。他最常掛在嘴邊的一句話就是：「不會那麼嚴重啦！」憂鬱小姐VS.樂觀先生，再灰暗的天空也會有陽光出現。

好濃好濃的巧克力很難不讓人喜歡，原始的布朗尼是屬於比較紮實的口感，使用分蛋法來做，可以使蛋糕多了份鬆軟綿密的感覺。

準備工作

1. 所有材料確實秤量好（**圖1**）。
2. 低筋麵粉加無糖可可粉混合均勻用濾網過篩（**圖2**）。
3. 雞蛋從冰箱取出將蛋黃蛋白分開，蛋白不可以沾到蛋黃、水分及油脂（**圖3**）。
4. 將核桃放入烤箱中用150℃烤7～8分鐘烤香放涼，切成碎粒（**圖4**）。
5. 將巧克力塊切碎加無鹽奶油放入大碗中隔水加熱融化（水溫不要超過50℃）（**圖5**）。
6. 烤模包覆一層鋁箔紙（或是刷上一層不融化的奶油再灑一層低筋麵粉）（**圖6**）。
7. 烤箱預熱到180℃。

做法

1. 黑糖加蛋黃攪拌均勻（**圖7**）。
2. 將融化的巧克力奶油與君度橙酒加入混合均勻（**圖8**）。
3. 過篩的粉類分兩次加入攪拌均勻（**圖9**）。

4 再將3/4的核桃及3/4的蜜漬橙皮加入混合均匀（**圖10、11**）。
5 蛋白先用打蛋器打出一些泡沫，然後加入檸檬汁及細砂糖（分兩次加入）打成尾端挺立的蛋白霜（**圖12**）。
6 挖1/3份量的蛋白霜混入蛋黃麵糊中，用橡皮刮刀沿著盆邊以翻轉及劃圈圈的方式攪拌均勻（**圖13**）。
7 然後再將拌勻的麵糊倒入剩下的蛋白霜中混合均勻（**圖14、15**）。
8 攪拌完成的麵糊倒入烤模中（**圖16**）。
9 剩下的核桃及蜜漬橙皮平均灑在麵糊上（**圖17、18**）。
10 放進已經預熱至180℃的烤箱中烘烤30分鐘（時間與麵糊厚度有關，烘烤至時間到時，用竹籤插入沒有沾黏即可）（**圖19**）。
11 出爐放在鐵網架上散熱。
12 吃的時候適當切成自己喜歡的大小食用（**圖20**）。

小叮嚀

1 君度橙酒可以用白蘭地或蘭姆酒代替。
2 若使用牛奶巧克力，黑糖的量可以減少一半。
3 蜜漬橙皮可以用柚子果醬代替，或是直接省略。

大理石磅蛋糕

份量

- 1個（8cm×17cm×6cm烤模）

材料

A.蛋黃麵糊

- 無鹽奶油100g
- 細砂糖20g
- 蛋黃2個
- 低筋麵粉100g
- 無糖可可粉10g

B.蛋白霜

- 蛋白2個
- 檸檬汁1/2t
- 細砂糖40g

一看到大理石奶油磅蛋糕，我的思緒就回到兒時。小時候媽媽常常做磅蛋糕，我總是倚在廚房門邊，看著媽媽像變魔術一樣攪和著濃稠的麵糊，心急的等著蛋糕出爐。媽媽是用一個非常簡單的鐵製烤箱跨放在瓦斯爐上，外觀絲毫不起眼的烤爐就像魔法箱一般，在媽媽的巧手下烤出一個接一個好吃的蛋糕。

如果放學回家聞到奶油香味，我就會高興的跳腳。最喜歡大理石蛋糕中間黑白交錯的美麗紋路，覺得媽媽是世界上最厲害的人。國中的時候還曾經偷偷趁媽媽不在家帶同學回家烤蛋糕，結果想當然烤出來的蛋糕硬的跟石頭一樣。怕被罵還藏在床底下，直到媽媽打掃才翻出來。在那物資不充足的年代，大理石磅蛋糕就是最美味的點心，也帶給我許多美好的記憶。

磅蛋糕不加泡打粉，將蛋白霜打發再與麵糊混合，也可以做出鬆軟的口感。奶油一定要適當回溫再與糖一起打發，蛋糕的口感才不會乾澀。

準備工作

1 無鹽奶油放置室溫回軟，手指可以壓出印子的程度就好（**圖1**）。
2 低筋麵粉用濾網過篩（**圖2**）。
3 雞蛋從冰箱取出將蛋黃蛋白分開，蛋白不可以沾到蛋黃、水分及油脂（**圖3**）。
4 烤模事先鋪上一張烤焙紙（**圖4**）。
5 烤箱預熱至160℃。

做法

1 回溫的無鹽奶油切小塊，用打蛋器先打至乳霜狀態（**圖5、6**）。
2 將細砂糖加入打發至泛白呈現蓬鬆的狀態，打蛋器拿起尾端呈現角狀（**圖7～9**）。
3 蛋黃打散分4～5次加入奶油中，每一次都要確實攪拌均勻才繼續加蛋液（蛋加的太快會導致油水分離，使得烤出來的成品口感過乾）（**圖10～12**）。
4 將過篩的粉類分兩次加入，以切拌的方式攪拌至沒有粉粒的狀態（**圖13、14**）。

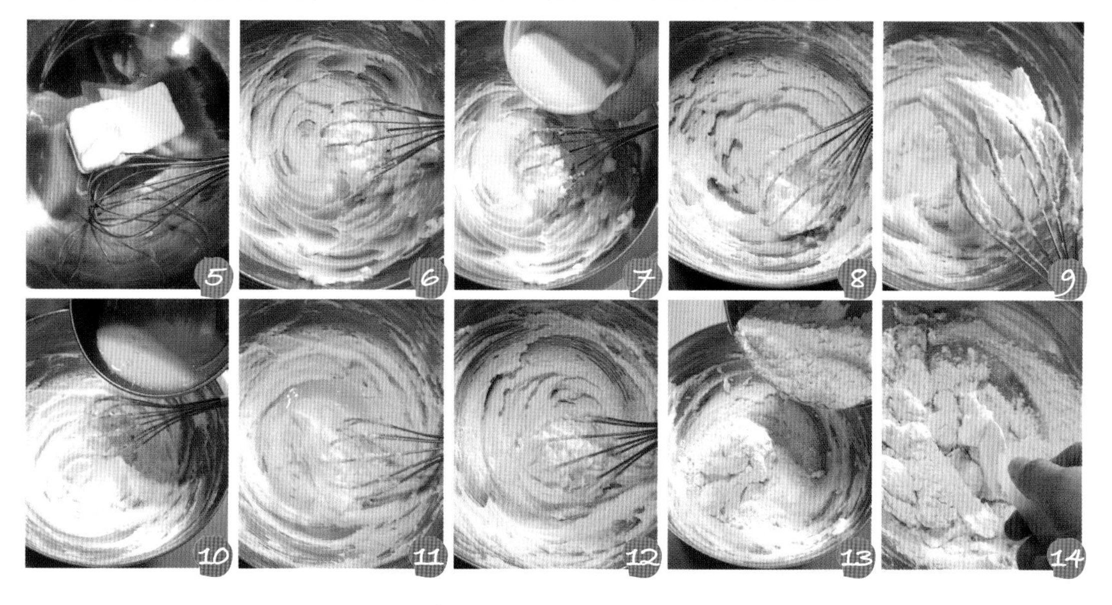

小叮嚀

烤模如果不鋪烤焙紙，請事先刷上一層無鹽奶油，灑上一層低筋麵粉避免沾黏。

5 再繼續用橡皮刮刀從底部以翻攪上來的方式，將麵糊攪拌到呈現光澤的狀態（**圖15、16**）。
6 蛋白先用打蛋器打出一些泡沫，然後加入檸檬汁及細砂糖（分兩次加入）打成尾端挺立的蛋白霜（**圖17**）。
7 挖1/3份量的蛋白霜混入蛋黃麵糊中，用橡皮刮刀沿著盆邊，以翻轉及劃圈圈的方式攪拌均勻（**圖18**）。
8 然後再將拌勻的麵糊倒入剩下的蛋白霜中混合均勻（**圖19、20**）。
9 麵糊的一半舀出到另一個乾淨盆中，將無糖可可粉過篩加入攪拌均勻（**圖21、22**）。
10 原味麵糊與巧克力麵糊交錯放入烤模中（**圖23**）。
11 用抹刀或湯匙由底部舀起劃圈圈，使得麵糊呈現交錯的黑白花紋（**圖24**）。
12 利用刮刀把麵糊往兩端刮，使得中間部位呈現凹陷狀態（這個動作可使蛋糕烤出來中間凸起有自然裂痕）（**圖25、26**）。
13 放進已經預熱至160℃的烤箱中烘烤50分鐘（烘烤至時間到時，用竹籤插入沒有沾黏即可）。
14 蛋糕出爐後，將蛋糕倒出放到鐵網架上放涼，表面輕輕罩上一層保鮮膜避免乾燥（**圖27**）。
15 完全涼透把紙撕開，放塑膠袋密封室溫下可以保存兩天（**圖28**）。
16 若冰過請密封稍微微波加溫再吃口感較好。

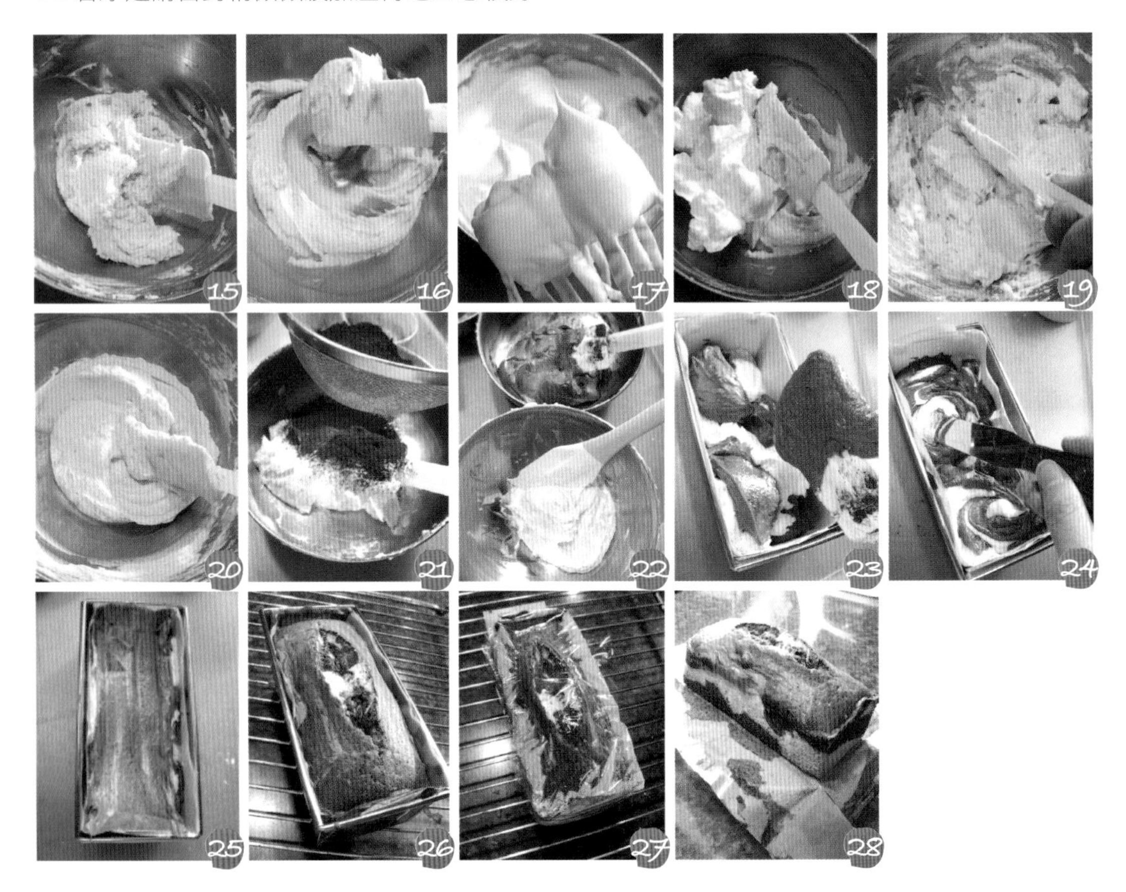

李子杏仁蛋糕

份量

- 1個（8吋圓形不分離蛋糕模）

材料

A.糖漬李子

- 加州李子4顆（李子盡量選擇硬一點的）
- 無鹽奶油15g
- 細砂糖20g

B.杏仁蛋糕體

a.杏仁麵糊

- 蛋黃2個
- 細砂糖20g
- 無鹽奶油40g
- 杏仁粉50g
- 低筋麵粉80g

b.蛋白霜

- 蛋白2個
- 檸檬汁1/2t
- 細砂糖40g

買到了稍嫌太酸的加州李，決定要將它和杏仁融合，成為一個美好的甜點，新鮮水果拿來做甜點最適合了。做這個倒置蛋糕的時候，整個心情是充滿期待的。一早上的忙碌就為了看到蛋糕出爐那綻放如花的姿態。酸澀的李子在奶油及糖的滋潤下變的甜酸好吃，加上爽口濃郁的杏仁蛋糕，這是餐後完美的結尾。

我刻意將杏仁蛋糕做的比較薄一點，這樣就有水果塔的感覺。每一口都可以吃到殷紅的糖漬李子，空氣中彷彿有了戀愛的感覺。

準備工作

1. 所有材料確實秤量好（**圖1、2**）。
2. 用湯匙將杏仁粉結塊部位壓散（**圖3**）。
3. 低筋麵粉用濾網過篩再與壓散的杏仁粉混合均勻（**圖4～6**）。
4. 將雞蛋的蛋黃蛋白小心分開，蛋白不可以沾到蛋黃、水分及油脂。

做法

（A.製作糖漬李子）

1. 李子洗淨切成兩半去籽，然後每一半再切成5片（**圖7**）。
2. 無鹽奶油放入炒鍋中融化，然後將細砂糖平均灑入奶油中（**圖8、9**）。
3. 不要攪拌細砂糖，稍微晃動鍋子，用小火讓糖融化（攪拌會使細砂糖結成塊狀）（**圖10**）。

4 糖融化後，將切片的李子放入，開中火拌炒約2～3分鐘即可（**圖11、12**）。
5 炒好的李子倒入盤中，放涼備用（**圖13**）。
6 烤模刷上一層沒有融化的無鹽奶油（份量外），再灑上一些細砂糖，一邊旋轉烤模一邊輕輕拍打使得烤模平均沾上一層薄薄的細砂糖，最後將多餘的細砂糖倒出（**圖14、15**）。
7 將放涼的糖漬李子皮朝外由外側往內整齊排入，成為玫瑰花的形狀（**圖16、17**）。

（B.製作杏仁蛋糕體）

8 蛋黃加細砂糖用打蛋器攪拌均勻至微微泛白的程度（**圖18**）。
9 將融化的無鹽奶油加入攪拌均勻（**圖19**）。
10 蛋白先用打蛋器打出一些泡沫，然後加入檸檬汁及細砂糖（分兩次加入）打成尾端挺立的蛋白霜（**圖20**）。
11 挖1/3份量的蛋白霜混入蛋黃麵糊中，用橡皮刮刀沿著盆邊以翻轉及劃圈圈的方式攪拌均勻（**圖21**）。
12 然後再將拌勻的麵糊倒入其餘蛋白霜中混合均勻（**圖22、23**）。
13 最後將拌均勻的杏仁及低筋麵粉分兩次加入，以切拌的方式攪拌均勻（**圖24、25**）。
14 將混合均勻的麵糊倒入排成花形的李子上，麵糊用橡皮刮刀抹平（**圖26**）。
15 放入已經預熱到160℃的烤箱中烘烤20分鐘，至表面呈現金黃色（竹籤插入沒有沾黏即可，時間要視蛋糕的厚度稍微做調整）。
16 蛋糕出爐後，連烤模放置到鐵網架上放涼，然後倒扣到大盤子上（**圖27**）。
17 最後將蛋糕表面刷上一層果膠或是杏桃果醬即可（**圖28、29**）。

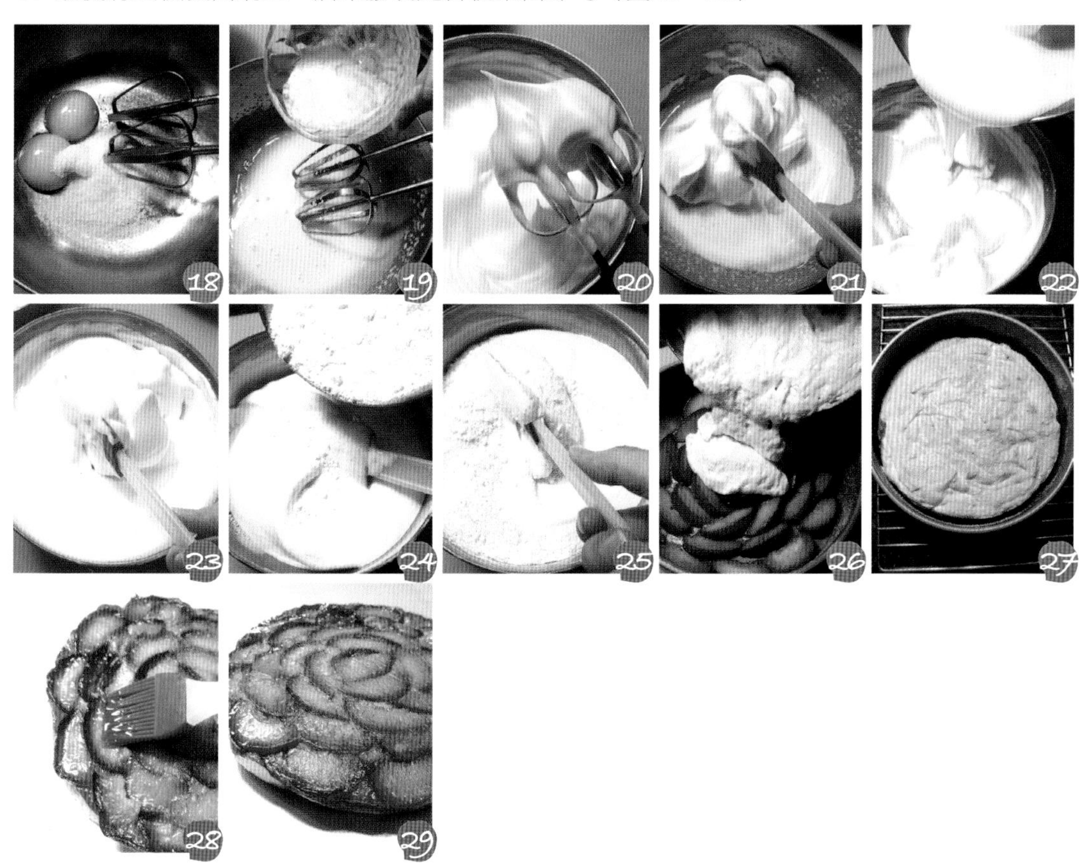

古典巧克力蛋糕

份量

· 1個（8吋戚風平板模）

材料

A.麵糊

· 鈕扣苦甜巧克力200g（可可含量65％）
· 無鹽奶油100g
· 動物性鮮奶油100cc
· 蛋黃6個
· 細砂糖15g
· 杏仁粉50g
· 低筋麵粉60g
· 無糖可可粉50g

B.蛋白霜

· 蛋白6個
· 檸檬汁1t
· 細砂糖100g

好濃好濃的巧克力蛋糕，品嚐的時候就像在吃生巧克力，入口即化。做這款蛋糕如果選擇可可含量高的巧克力會更適合。烘烤的時間不要太長，避免內部組織過於乾燥，整體口感才會好。

準備工作

1. 所有材料秤量好；雞蛋使用冰的（**圖1**）。
2. 無鹽奶油放置室溫軟化。
3. 烤模（分離式烤模底板可先襯一層鋁箔）塗抹一層沒有融化的無鹽奶油（份量外），再灑上一些低筋麵粉，一邊旋轉烤模一邊輕輕拍打，使得烤模平均沾上一層薄薄的低筋麵粉，最後將多餘的低筋麵粉倒出（**圖2～4**）。
4. 低筋麵粉加無糖可可粉混合均勻用濾網過篩（**圖5**）。
5. 將雞蛋的蛋黃蛋白分開（蛋白不可以沾到蛋黃、水分及油脂）（**圖6**）。
6. 找一個比工作的鋼盆稍微大一些的鋼盆裝上水煮熱。
7. 烤箱打開預熱至180℃。

做法

1. 將鈕扣苦甜巧克力及無鹽奶油倒入鮮奶油中，放入已經煮熱的鋼盆中隔水加溫融化（水溫不要超過50℃）（**圖7～9**）。
2. 蛋黃加細砂糖用攪拌器混合均勻（**圖10**）。

3 將蛋黃液加入到融化的巧克力奶油中，再加入杏仁粉攪拌均勻（**圖11、12**）。
4 蛋白先用打蛋器打出一些泡沫，然後加入檸檬汁及細砂糖（分兩次加入）打成尾端彎曲的濕性蛋白霜（**圖13**）。
5 挖1/3份量的蛋白霜混入蛋黃麵糊中，用橡皮刮刀沿著盆邊以翻轉及劃圈圈的方式攪拌均勻（**圖14、15**）。
6 然後再將拌勻的麵糊倒入剩下的蛋白霜中混合均勻（**圖16、17**）。
7 最後將已經過篩的粉類分兩次加入混合均勻（**圖18、19**）。
8 將麵糊倒入8吋烤模中，進爐前在桌上敲幾下敲出較大的氣泡，放入已經預熱到180℃的烤箱中烘烤10分鐘，然後將溫度調整為160℃再繼續烘烤20分鐘即可出爐（**圖20～22**）。
9 蛋糕出爐後不要脫模，等冷卻後，表面封上保鮮膜放置冰箱冷藏過夜。
10 完全冰透後用扁平小刀沿著邊緣刮一圈脫模，底部也用小刀貼著刮一圈脫模（**圖23、24**）。
11 要吃之前可以篩上一層糖粉（**圖25**）。
12 切的時候刀稍微溫熱一下可以切的比較漂亮。

檸檬奶油磅蛋糕

份量

· 份量：1個
（8cm×17cm×6cm長方形烤盒）

材料

· 雞蛋2個
· 細砂糖100g
· 低筋麵粉100g
· 檸檬1顆
· 無鹽奶油100g

這是一款使用全蛋打發方式製作的磅蛋糕，材料中的雞蛋、麵粉、奶油及糖都是100g，做出來的成品口感非常細緻，帶著濃濃奶油味及淡淡檸檬香。簡單的材料卻創造出單純雋永的味道，是我非常喜歡的甜點。

準備工作

1 所有材料量秤好，雞蛋必須是室溫的溫度（**圖1**）。
2 低筋麵粉用篩網過篩（**圖2**）。
3 將檸檬的外皮磨出皮屑（**圖3**）。
4 無鹽奶油用微波爐加熱7～8秒至融化（**圖4**）。
5 烤模塗抹上一層不融化的奶油（份量外），再灑上薄薄一層低筋麵粉（份量外），將多餘的低筋麵粉倒出（**圖5～7**）。
6 找一個比工作的鋼盆稍微大一些的鋼盆裝上水煮至50℃。
7 烤箱預熱至170℃。

做法

1 用打蛋器將雞蛋與細砂糖打散，並攪拌均勻（**圖8、9**）。
2 將鋼盆放上已經煮至50℃的鍋子上方，用隔水加熱的方式加熱（**圖10、11**）。

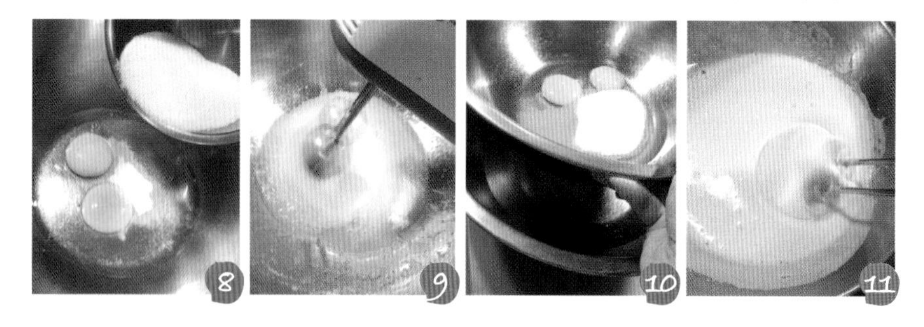

小 叮 嚀

1 使用雞蛋時，最好是完全放置回溫會更好打發，如果是冰箱取出的蛋一定要放置24小時以上再使用。
2 隔水加熱溫度過高或是攪打的太久，都會導致蛋糕組織粗糙口感變差。

3 打蛋器以高速將蛋液打到起泡至蓬鬆的程度。
4 用手指不時試一下蛋液的溫度，若感覺到溫熱的程度，就將鋼盆從沸水上移開。
5 移開後繼續用高速將全蛋打發。
6 打到蛋糊蓬鬆，拿起打蛋器滴落下來的蛋糊有非常清楚的摺疊痕跡就表示打好了（**圖12**）。
7 將低筋麵粉分3次以濾網過篩進蛋糊中（篩入粉的時候不要揚的太高）（**圖13**）。
8 使用打蛋器以旋轉的方式攪拌，並將沾到鋼盆邊緣的粉刮起來混合均勻（動作輕但要確實）（**圖14～16**）。
9 將檸檬皮屑加入混合均勻（**圖17**）。
10 最後將一部分的麵糊倒入融化的無鹽奶油中，用打蛋器攪拌均勻（**圖18**）。
11 再將攪拌均勻的奶油倒回其餘麵糊中，用打蛋器攪拌均勻（**圖19、20**）。
12 完成的麵糊從稍微高一點的位置倒入烤盒中，在桌上敲幾下敲出大氣泡（**圖21、22**）。
13 放入已經預熱到170℃的烤箱中，烘烤40分鐘，至竹籤插入中心沒有沾黏即可（**圖23**）。
14 蛋糕出爐後，馬上倒扣在鐵網架上，包覆一層保鮮膜放涼即可（**圖24**）。

乳酪蛋糕。

乳酪蛋糕材料是以奶油乳酪及馬斯卡朋乳酪為主。
此兩種乳酪都是由全脂牛奶提煉，
脂肪含量高，屬於天然未經熟成的新鮮起司。
質地鬆軟，奶味香醇，是最適合做甜點的乳酪。
奶油乳酪依照添加份量多寡又可以分為輕乳酪及重乳酪。
馬斯卡朋乳酪是義大利經典甜點「提拉米蘇」的主要原料。

果乾乳酪條

份量

- 1個（15cm×15cm方形烤模）

材料

A.餅乾塔皮
- 無鹽奶油35g
- 起司餅乾70g

B乳酪內餡
- 全蛋液25g
- 奶油乳酪120g
- 細砂糖30g
- 原味優格50g
- 低筋麵粉15g
- 白蘭地1t

C.表面裝飾
- 蔓越莓乾、杏仁、核桃、腰果、南瓜子各15g

每一口滿滿都是乳酪的濃郁及堅果的香脆甜，口感紮實卻細密，奶香味濃重，但是做法卻簡單容易上手。不需要麻煩的打發蛋白霜，只要注意攪拌的時候確實將每一樣材料混合均勻就可以。

冬天是我最喜歡吃乳酪蛋糕的季節，加了優格的乳酪蛋糕味道更醇厚，還稍微帶點清爽的酸，這是幸福的滋味。

準備工作

1 所有材料秤量好（**圖1～3**）。
2 奶油乳酪放置室溫下回軟（或用微波爐稍微加熱10秒軟化）切成小塊（**圖4**）。
3 將杏仁、核桃、腰果、南瓜子放入已經預熱到150℃的烤箱中烘烤6～7分鐘取出放涼。
4 烤箱打開預熱至160℃。

做法

（A.製作餅乾塔皮）

1 將無鹽奶油隔水加熱或微波爐加熱8～10秒融化（**圖5**）。
2 起司餅乾裝在厚的塑膠袋中，用擀麵棍擀壓，壓的越碎越好（**圖6**）。
3 將融化的無鹽奶油加入餅乾碎中仔細混合均勻（**圖7、8**）。
4 烤模包覆一層鋁箔紙。
5 混合好的餅乾碎倒入烤模中，利用一個平底的容器將餅乾碎壓實（一定要確實壓緊，脫模才不會鬆散掉）（**圖9～11**）。
6 放入已經預熱至120℃的烤箱中烘烤10分鐘取出放涼（還不可以脫模）。

小叮嚀

起司餅乾可以用奇福餅乾或消化餅乾代替。

（**B.製作乳酪內餡**）

7 將奶油乳酪用打蛋器攪打成乳霜狀（**圖12**）。
8 再將細砂糖加入混合均勻（**圖13**）。
9 然後將雞蛋液分4～5次加入攪拌均勻（**圖14**）。
10 再將原味優格加入攪拌均勻（**圖15**）。
11 將低筋麵粉用濾網篩入攪拌均勻（**圖16**）。
12 最後將白蘭地加入攪拌均勻（**圖17、18**）。

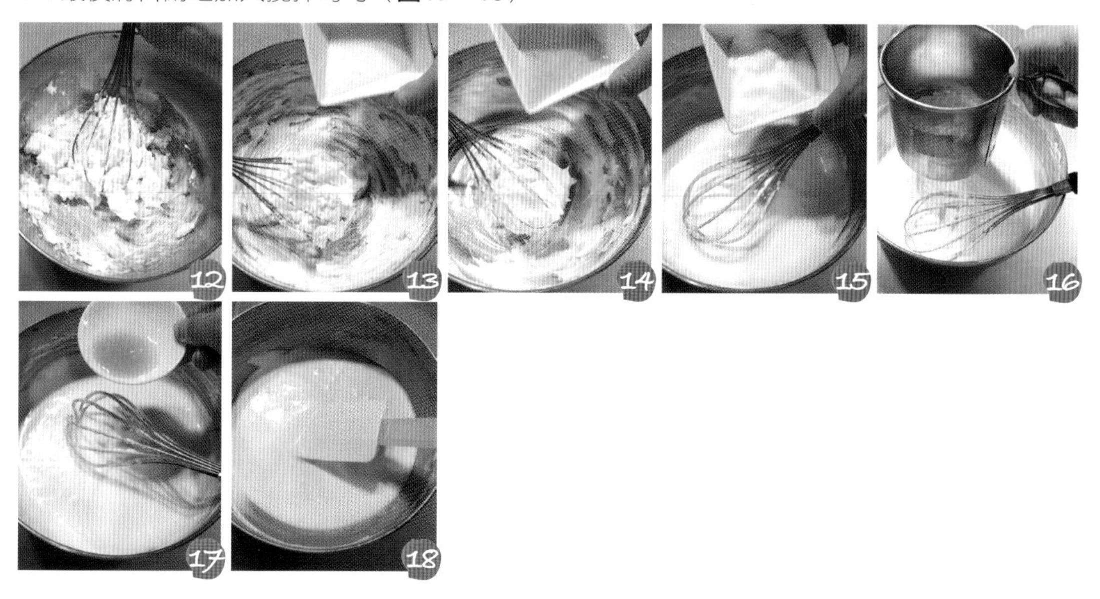

（**C.裝飾**）

13 在烤好放涼的餅乾底上方平均鋪上蔓越莓乾，將混合完成的乳酪麵糊倒入（**圖19、20**）。
14 把堅果整齊交錯排列在麵糊表面（**圖21**）。
15 放入已經預熱至160℃的烤箱中烘烤35分鐘取出（**圖22**）。
16 等蛋糕完全涼透後，放入冰箱冷藏，完全冰透後再脫模切成條狀（**圖23**）。

優格乳酪蛋糕

份量

· 1個（6吋慕斯模，底部用保鮮膜封好）

材料

A.餅乾底

· 奇福餅乾70g（或消化餅乾）
· 無鹽奶油35g

B.優格乳酪

a.

· 動物性鮮奶油100cc
· 細砂糖20g

b.

· 奶油乳酪100g
· 細砂糖25g
· 原味優酪乳100cc
· 檸檬汁2T（約半顆新鮮檸檬）
· 吉利丁片7g
· 牛奶50cc

如果家裡沒有大烤箱，也希望嘗試看看手製點心的樂趣。那這一個不需要用烤箱烘烤的優格乳酪蛋糕就可以在家做做看。沒有慕斯模也沒關係，找一些透明的玻璃杯或瓷杯、瓷碗就可以當模子盛裝，不用脫模直接用湯匙挖著吃。

準備一個好心情，按照順序將所有材料混合好。這款帶有優格微酸口感的軟凍乳酪蛋糕很適合炎炎夏天品嚐。

1

準備工作

1 所有材料秤量好（**圖1**）。

2 奶油乳酪放置室溫下回軟（或用微波爐稍微加熱10秒軟化）切成小塊。

做法

（A.製作餅乾底）

1 將餅乾裝在塑膠袋中，用擀麵棍敲打及擀壓成碎狀（**圖2**）。
2 把融化的無鹽奶油加入，用手攪拌均勻（**圖3**）。
3 將攪拌好的餅乾底放入模中，用手壓實（**圖4**）。
4 先放冰箱冷藏備用（**圖5**）。

（B.製作優格乳酪）

5 材料a動物性鮮奶油及細砂糖放在鋼盆中（**圖6**）。用打蛋器用低速打至六分發（尾端稍微挺立的程度），先放冰箱冷藏備用（**圖7**）。
6 奶油乳酪加細砂糖用打蛋器混合均勻，打成乳霜狀（**圖8**）。
7 將優酪乳及檸檬汁加入攪拌均勻。
8 吉利丁片泡冰塊水5分鐘軟化（泡的時候不要重疊放置，且要完全壓入水裡）（**圖9**）。
9 將牛奶加熱至沸騰。
10 再將已經泡軟的吉利丁片撈起水分擠乾，加入牛奶中攪拌均勻後放涼（**圖10**）。
11 放涼後再加入優格乳酪中混合均勻（**圖11**）。
12 最後將預先打發的動物性鮮奶油加入混合均勻（**圖12**）。
13 攪拌好的優格乳酪糊倒入模中，放入冰箱冷藏6個小時至凝固即可（**圖13、14**）。
14 冷藏好用一把薄的小刀貼著模子邊緣劃一圈即可脫模（**圖15、16**）。

輕乳酪蛋糕

份量

· 1個（6吋不分離圓模）

材料

A.乳酪麵糊
· 牛奶70cc
· 動物性鮮奶油30cc
· 奶油乳酪100g
· 細砂糖10g
· 檸檬汁2t
· 蛋黃2個
· 低筋麵粉30g
· 玉米粉5g

B.蛋白霜
· 冰蛋白2個
· 檸檬汁1/2t
· 細砂糖30g

C.表片裝飾
· 鏡面果膠1/2T
· 冷開水1/2t

大概很少人會不喜歡輕乳酪蛋糕吧！少了重乳酪的甜膩，清清淡淡可以多吃一塊。綿綿密密像雲朵的口感，入口即化。一開始先用高溫烘烤到表面上色，再調整成低溫慢慢蒸烤，蛋白霜不要打太發才不會膨脹的太快使得表面裂開。如果發現膨脹得太快，可以在烤盤丟幾顆冰塊或打開烤箱門降溫。多多注意溫度的控制就可以烤出一個漂亮的蛋糕面。冰過之後會更好吃喔！

準備工作

1 所有材料秤量好；雞蛋使用冰的（**圖1**）。
2 將雞蛋的蛋黃蛋白分開（蛋白不可以沾到蛋黃、水分及油脂）（**圖2**）。
3 低筋麵粉加玉米粉混合均勻用濾網過篩（**圖3**）。
4 奶油乳酪回復室溫切成小丁狀（**圖4**）。
5 將烤模刷上一層薄薄的奶油（不刷一層奶油會影響脫模）（**圖5**）。
6 烤焙紙剪出同底部大的圓形及烤模周圍一圈，然後將剪好的烤焙紙鋪入烤模中（**圖6**）。
7 烤箱打開預熱至180℃。

做法

1. 牛奶及動物性鮮奶油放入工作盆中，將奶油乳酪加入（**圖7**）。
2. 然後放到瓦斯爐上用小火加熱到奶油乳酪融化就離火（一邊煮一邊用打蛋器不停攪拌）（**圖8**）。
3. 趁熱加入細砂糖及檸檬汁攪拌均勻（**圖9、10**）。
4. 然後將蛋黃一個一個加入攪拌均勻（**圖11**）。
5. 最後將過篩的粉類加入攪拌均勻（**圖12**）。
6. 蛋白先用打蛋器打出一些泡沫，然後加入檸檬汁及細砂糖（分兩次加入）打成尾端彎曲的蛋白霜（濕性發泡）（**圖13**）。
7. 挖1/3份量的蛋白霜混入乳酪麵糊中，用橡皮刮刀沿著盆邊以翻轉及劃圈圈的方式攪拌均勻（**圖14、15**）。

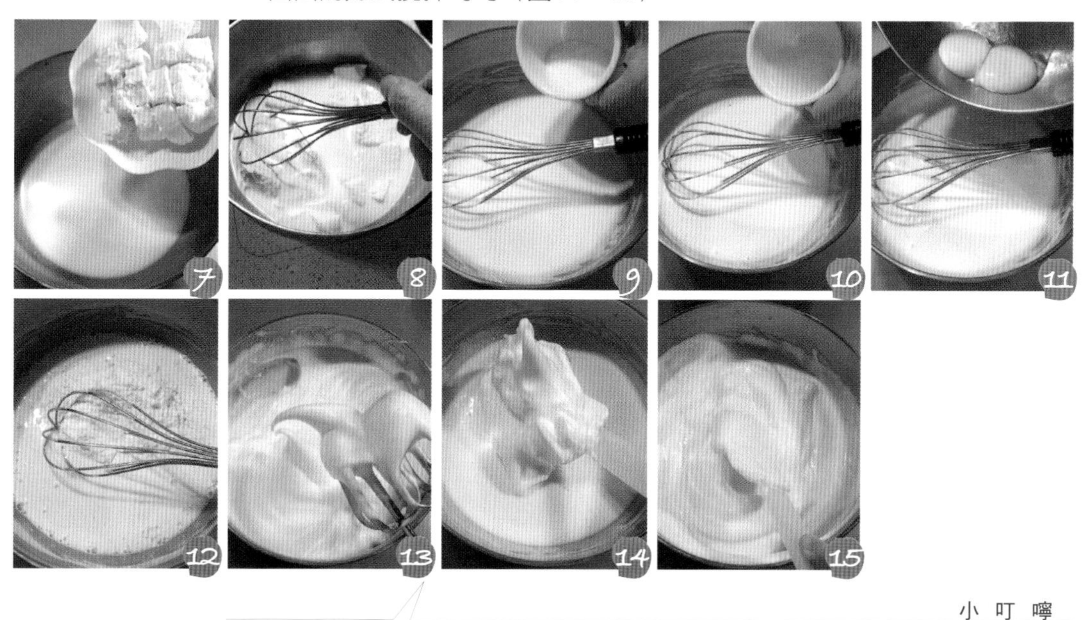

小叮嚀

動物性鮮奶油可用牛奶代替。

8 然後再將拌勻的麵糊倒入剩下的蛋白霜中混合均勻（**圖16～18**）。
9 將攪拌好的麵糊倒入6吋烤模中，在桌上敲幾下使得麵糊自然平整（**圖19、20**）。
10 將烤模放置到深烤盤中，烤盤內倒入1cm高的熱水（約80℃）（**圖21**）。
11 放入已經預熱到180℃的烤箱中烘烤15分鐘，到表面上色之後就將烤箱溫度調整到110℃繼續烤40分鐘（**圖22**）。
12 蛋糕出爐後，先倒扣在一個大盤子上，再用另一個盤子盛裝過來（**圖23、24**）。
13 然後撕去外圈烤焙紙放涼（**圖25**）。
14 鏡面果膠加上冷開水混合均勻（**圖26**）。
15 在蛋糕表面均勻塗刷上一層鏡面果膠放冰箱冷藏（**圖27～29**）。

小叮嚀

1 乳酪麵糊要先煮好，然後馬上緊接著打蛋白霜，打好再跟乳酪麵糊混合，這樣混合均勻的溫度剛好（約40～45℃）。整個流程一定要掌握，如果乳酪麵糊冷掉了才跟蛋白霜混合，蛋糕烤出來會沉澱，口感變差。
2 烤到表面上色就將溫度調成低溫，可以稍微把烤箱門打開一個縫1～2分鐘，讓溫度稍微下降再將烤箱門關起來，這樣表面才比較不容易烤裂。會烤裂大都是因為溫度一下子上升太多或是蛋白霜打的太挺導致膨脹過快。
3 烘烤時間到，稍微搖晃一下烤箱，感覺蛋糕沒有晃動的樣子就可以出爐。
4 沒有鏡面果膠可以直接用杏桃果醬或橘子果醬代替。

白桃乳酪蛋糕

份量

・1個（8吋不分離烤模）

材料

A.鋪底蛋糕

・低筋麵粉15g
・玉米粉5g
・雞蛋1個
・細砂糖30g
（分成10g與20g）
・檸檬汁1/4t
・糖粉適量

B.白桃乳酪蛋糕

a.麵糊

・奶油乳酪250g
・無鹽奶油30g
・細砂糖70g
・蛋黃3個
・香吉士1顆
・香吉士果汁2T
・動物性鮮奶油70cc
・低筋麵粉50g
・白桃200g

b.蛋白霜

・蛋白3個
・檸檬汁1/2t
・細砂糖60g

在陽台上澆花時，意外發現一隻褐色的樹蛙，腳趾上有著大大的吸盤，模樣可愛極了。不知道這嬌客是如何來到我這小小的花園中。我跟牠對看了一會兒，牠瞪著咕嚕咕嚕的大眼睛神色慌張，緊緊的攀附在欄杆上。

這讓我想起小的時候，老家的院子裡就有很多橙腹樹蛙，青翠的綠配上橘色的腹部，顏色好美。特別是牠們腳趾上的吸盤，讓我深深著迷。從小我就喜歡樹蛙，常常在下雨過後的庭院中找尋牠們的身影，把牠們放在手心中感受那股冰涼的觸感。還曾經用小盒子裝著帶到房間，被媽媽發現氣的不得了，童年的我其實還滿調皮的。

曾幾何時，這些小傢伙的蹤跡越來越少，也代表了這個環境的改變。所以今天看到這意外的小客人，真是夠讓我開心的。原本要拿相機拍下來，但又不想驚擾了牠，希望牠能夠在我的小花園中生活的很好。

新鮮的白桃遇上了奶油乳酪，交織出一種華麗的好滋味。不起眼的外表有著豐富的內在，每一口都可以吃到桃子的香甜。

準備工作

1. 所有材料秤量好；奶油乳酪及無鹽奶油放置室溫回軟，用刀切成小塊；雞蛋必須是冰的（**圖1、2**）。
2. 將1顆香吉士的外皮磨出皮屑，並擠出果汁（**圖3、4**）。
3. 白桃去皮，將果肉切成0.5cm立方的小丁取200g，加1t檸檬汁拌勻（防止變色），然後放在濾網上滴去多餘的水分備用（**圖5、6**）。
4. 低筋麵粉用濾網過篩（**圖7**）。
5. 將雞蛋的蛋黃蛋白分開（蛋白不可以沾到蛋黃、水分及油脂）（**圖8**）。
6. 烤箱打開預熱至190℃。

小叮嚀

香吉士可以用檸檬代替。

做法

（A.製作鋪底蛋糕）

1. 烤箱打開預熱至170℃，烤焙紙剪出一個與烤模底部同大的圓形。
2. 低筋麵粉加玉米粉混合均勻用濾網過篩。
3. 蛋黃加10g的砂糖用打蛋器充分混合均勻，稍微打至泛白的程度（**圖9**）。
4. 蛋白先用打蛋器打出一些泡沫，然後加入檸檬汁及細砂糖（分兩次加入）打成尾端挺立的蛋白霜（乾性發泡）（**圖10**）。
5. 挖1/3份量的蛋白霜混入蛋黃麵糊中，用橡皮刮刀以沿著盆邊以翻轉及劃圈圈的方式攪拌均勻（**圖11**）。
6. 然後再將拌勻的麵糊倒入剩下的蛋白霜中混合均勻。
7. 最後將已經過篩的粉類分兩次加入麵糊中，用橡皮刮刀由下而上翻起的方式快速混合均勻（**圖12**）。
8. 用孔徑1cm的擠花嘴，將麵糊裝入（**圖13**）。

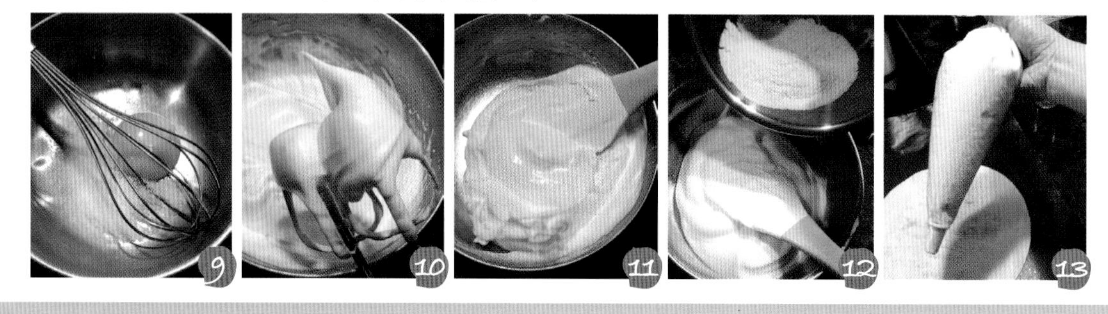

9 在剪好的圓形烤焙紙上擠出蚊香狀的圓形（**圖14**）。
10 擠好的麵糊表面用濾網篩上一層糖粉，避免出爐時會沾黏（**圖15**）。
11 放入已經預熱到170℃的烤箱中烘烤10分鐘，至表面呈現微微的金黃色即可（**圖16**）。
12 蛋糕出爐後，連同烤盤移到鐵網架上放涼，然後將蛋糕與烤焙紙慢慢撕開備用。

（B.製作白桃乳酪蛋糕）

13 奶油乳酪及無鹽奶油放置到大盆中，用打蛋器混合均勻攪打到乳霜狀（**圖17**）。
14 將細砂糖加入混合均勻（**圖18**）。
15 依序加入蛋黃、香吉士皮屑、香吉士汁及動物性鮮奶油，用打蛋器混合均勻（**圖19**）。
16 再將過篩的低筋麵粉加入混合均勻（**圖20**）。
17 最後將白桃丁加入混合均勻（**圖21**）。
18 蛋白先用打蛋器打出一些泡沫，然後加入檸檬汁及細砂糖（分兩次加入）打成尾端挺立的蛋白霜（**圖22**）。
19 挖1T蛋白霜混入蛋黃麵糊中，用橡皮刮刀沿著盆邊以翻轉及劃圈圈的方式攪拌均勻（**圖23**）。
20 然後再將拌勻的麵糊倒入剩下的蛋白霜中混合均勻（**圖24**）。
21 烤模中放上之前先烤好的圓形蛋糕底，周圍鋪上一圈烤焙紙（烤焙紙鋪在最底下）（**圖25**）。
22 將麵糊倒入烤模中（**圖26**）。
23 烘烤前在桌上敲幾下敲出較大的氣泡，烤盤上注入熱水（約80℃）（**圖27**）。
24 放入已經預熱到190℃的烤箱中烘烤15分鐘，表面上色之後就將烤箱溫度調整到150℃繼續烤40分鐘（用竹籤插入中心沒有沾黏就可取出，若有沾黏再烤5～8分鐘）（**圖28**）。
25 蛋糕出爐後，先倒扣在一個大盤子上，再用另一個盤子盛裝出來。
26 然後撕去外圈烤焙紙，完全涼透放冰箱冷藏。

馬斯卡朋乳酪慕斯

份量

· 1個（8吋分離式蛋糕模）

材料

A.手指餅乾

a.麵糊

· 蛋黃2個
· 細砂糖10g
· 低筋麵粉40g
· 玉米粉10g
· 無鹽奶油10g

b.蛋白霜

· 冰蛋白2個
· 檸檬汁1/4t
· 細砂糖30g

B.馬斯卡朋慕斯內餡

· 蛋黃8個
· 細砂糖80g
· 香草精2t
· 吉利丁13g
· 馬斯卡朋乳酪500g
· 動物性鮮奶油400cc
· 細砂糖40g

逛街也是要有好體力的，原本只是要買些小東西，興致一來就從中山地下書街一直走到台北地下街，累了就坐在旁邊椅子上休息一下，吃個杜老爺冰淇淋甜筒看看過往的行人；餓了再從北站七號出口晃上來到華陰街小巷中的市場吃份鵝肉。一個下午也走的氣喘噓噓，雙腳發麻。天氣熱，在地下街是很不錯的逛街方式，少了紫外線的攻擊，也少了讓人灰頭土臉的髒空氣。

雖然已經開學了，街上的人還是不少。大家都匆匆忙忙，混在人群中的我，多少也感受到這股緊湊的步調。接近下班時間，捷運的人潮在車站中互相穿梭交織，想起沒有多久前的自己也是其中一員。每天下班前都希望不用加班，可以來得及回家準備晚餐、倒垃圾，準時下班成為一種奢侈。下班時間一到，心口都是一陣掙扎，看著準備加班的同事，臉紅尷尬的說再見，回家的腳步變的特別沉重。

以前常常想如果不上班，我要一個人逛長長的中山北路、要戴著大草帽去海邊看海、要去九份再看一次芒草……，好多好多的願望支撐著疲憊不已的心！但是真的停下來的自己好像也沒特別去哪裡。也許現在這樣平淡無奇的生活方式就是我盼望的，我會好好掌握住現在手中的這份真實。

馬斯卡朋乳酪口感清爽，比奶油乳酪多了些清新的味道。雖然是9月，秋老虎的威力還是很驚人，品嚐一口冰涼的乳酪慕斯可以解解熱。這慕斯我另外還喜歡冰在冷凍庫凍起來，吃起來就像雪糕般迷人！

準備工作

（A.手指餅乾）

1. 所有材料秤量好（**圖1**）。
2. 將雞蛋的蛋黃蛋白分開（蛋白不可以沾到蛋黃）（**圖2**）。
3. 低筋麵粉用濾網過篩（**圖3**）。
4. 無鹽奶油用微波爐稍微微波8～10秒至融化（**圖4**）。
5. 烤模鋪上一層烤焙紙，烤焙紙上折出手指餅乾長度的折痕（長度約比蛋糕模稍微高出1cm）（**圖5**）。
6. 8吋分離式蛋糕模鋪上一層鋁箔紙（**圖6**）。
7. 烤箱打開預熱至180℃。

（B.馬斯卡朋慕斯內餡）

1. 將雞蛋的蛋黃蛋白分開，取蛋黃備用。
2. 吉利丁片泡冰塊水5分鐘軟化（泡的時候不要重疊放置且需完全壓入水裡）。

做法

（A.製作手指餅乾）

1. 蛋黃加入10g的砂糖用打蛋器充分混合均勻，稍微打至泛白的程度（**圖7**）。
2. 蛋白先用打蛋器打出一些泡沫，然後加入檸檬汁及細砂糖（分兩次加入）打成尾端挺立的蛋白霜（**圖8**）。
3. 挖1/3份量的蛋白霜混入蛋黃麵糊中，用橡皮刮刀沿著盆邊以翻轉及劃圈圈的方式攪拌均勻（**圖9**）。
4. 然後再將拌勻的麵糊倒入剩下的蛋白霜中混合均勻（**圖10**）。
5. 將已經過篩的粉類分兩次加入麵糊中，用橡皮刮刀快速混合均勻（**圖11**）。
6. 最後將融化的無鹽奶油均勻淋在麵糊上，用橡皮刮刀攪拌均勻（**圖12**）。
7. 混合完成的麵糊裝入擠花袋中，照著先前折好的折痕用1cm的擠花嘴在防沾烤布上擠出20個一條一條的長形（**圖13、14**）。
8. 剩下的麵糊再擠出一個比模底直徑約小2cm的圓型（類似蚊香形狀）（**圖15**）。

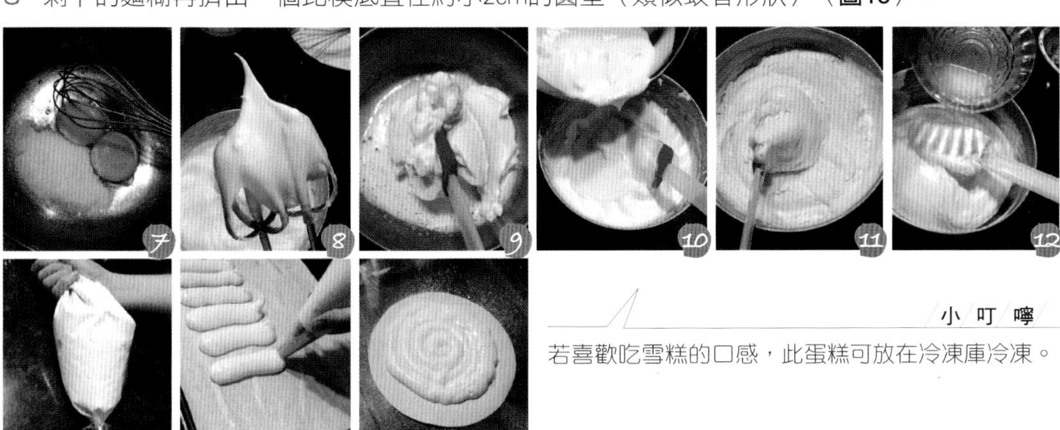

小叮嚀

若喜歡吃雪糕的口感，此蛋糕可放在冷凍庫冷凍。

9 擠好的麵糊用濾網篩上一層糖粉，可以避免出爐時表面濕黏（**圖16**）。
10 依序放入已經預熱到180℃的烤箱中烘烤12～15分鐘，至表面呈現金黃色即可（**圖17**）。
11 蛋糕出爐後，移出烤盤，放到鐵網架上放涼，將底部烤焙紙撕去。
12 將手指餅乾均勻鋪在蛋糕模的邊緣（**圖18**）。

（B.製作馬斯卡朋慕斯內餡）

13 蛋黃加砂糖加香草精放入工作盆中攪拌均勻（**圖19**）。
14 然後放在一個較小盛水的盆上，將小盆子放在瓦斯爐上小火加熱，利用冒上來的水蒸氣以隔鍋加熱的方式攪打成濃稠的泡沫狀（**圖20**）。
15 將軟化的吉利丁加入蛋糊中攪拌均勻（**圖21**）。
16 再將馬斯卡朋乳酪加入攪拌均勻放涼（**圖22**）。
17 動物性鮮奶油加40g細砂糖用打蛋器低速打至七分發（稍微還有一點流動的程度）。若天氣太熱，底部墊一個裝入冰塊的盆子較好打發（**圖23**）。
18 將打好的動物性鮮奶油與放涼的馬斯卡朋乳酪蛋糊用橡皮刮刀攪拌均勻（**圖24、25**）。
19 將攪拌好的慕斯餡1/2的量倒入排好手指餅乾的蛋糕模中（**圖26**）。
20 放上圓形蛋糕，稍微用手壓一下才不會有空隙（**圖27**）。
21 再將剩下的慕斯餡全部倒入，表面抹平整（**圖28、29**）。
22 放入冰箱冷藏過夜凝固至完全冰透即可。
23 烤焙紙剪成1cm寬的長條，間隔整齊輕輕放在凝固好的慕斯上（**圖30**）。
24 用濾網篩上一層巧克力粉，再將烤焙紙小心拿起，即呈現美麗的條紋（**圖31～33**）。

檸檬乳酪蛋糕

份量

- 1個（8吋分離式圓模）

材料

A.餅乾底
- 無鹽奶油35g
- 起司餅乾70g（或奇福餅乾）
- 細砂糖1.5T

B.乳酪蛋糕

a.麵糊
- 奶油乳酪450g
- 細砂糖20g
- 蛋黃4個
- 動物性鮮奶油50cc
- 低筋麵粉40g
- 檸檬1顆（中型大小）
- 檸檬汁2T
- 君度橙酒1T
- 無鹽奶油40g

b.蛋白霜
- 冰蛋白4個
- 檸檬汁1t
- 細砂糖60g

買了1公斤的奶油乳酪，就接連著做一些好吃的乳酪蛋糕。重乳酪的份量烤出來卻有著輕乳酪的口感，不用任何裝飾，簡單又有質感。烤盤加滿熱水，讓乳酪蛋糕在充滿水蒸氣的烤箱中半蒸半烤，這樣烤出來的蛋糕更濕潤綿密，還有著絲綢般細緻的質地。加了大量清爽的檸檬也使得這一款乳酪蛋糕吃起來不會甜膩，好順口。

準備工作

1 所有材料秤量好（**圖1、2**）。
2 奶油乳酪回復到室溫的溫度，或用微波爐稍微加熱軟化切成小塊（**圖3**）。
3 雞蛋從冰箱取出，將蛋黃蛋白小心分開（蛋白不可以沾到蛋黃、水分及油脂；建議分雞蛋的時候都先分在一個小碗中，確定沒有沾到蛋黃才放入鋼盆中，不然只要一顆沾到蛋黃，全部的蛋白就打不起來了）（**圖4**）。
4 低筋麵粉用濾網過篩（**圖5**）。
5 將無鹽奶油隔水加熱或是利用微波爐稍微加熱融化。
6 將1顆檸檬的外皮磨出1整顆皮屑，再擠出2T檸檬汁備用。
7 烤箱預熱至200℃。

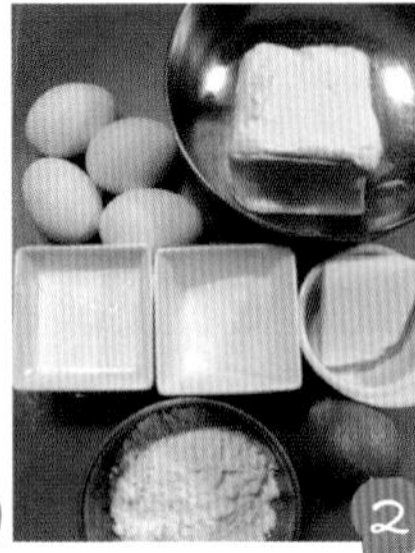

做法

（A.製作餅乾底）

1 將無鹽奶油隔水加熱融化。
2 起司餅乾裝在厚的塑膠袋中，用擀麵棍擀壓，壓的越碎越好，再加入細砂糖混合均勻（**圖6、7**）。
3 將融化的無鹽奶油加入餅乾碎中仔細混合均勻（**圖8、9**）。
4 將混合好的餅乾碎倒入派盤中，利用一個平底的容器將餅乾碎壓實（一定要確實壓緊，脫模才不會鬆散掉）（**圖10、11**）。
5 放入已經預熱至120℃的烤箱中烘烤10分鐘後取出放涼（不要脫模）。

（B.製作乳酪蛋糕）

6 將奶油乳酪加細砂糖用打蛋器打成乳霜狀（**圖12**）。
7 依序將蛋黃、動物性鮮奶油、低筋麵粉、檸檬皮屑、檸檬汁、君度橙酒及無鹽奶油加入奶油乳酪中攪拌均勻（每一次都要攪拌均勻才加下一樣）（**圖13～17**）。
8 蛋白先用打蛋器打出一些泡沫，然後加入檸檬汁及細砂糖（分兩次加入）打成尾端挺立的蛋白霜（**圖18**）。
9 挖1/3份量的蛋白霜混入蛋黃麵糊中，用橡皮刮刀沿著盆邊以翻轉及劃圈圈的方式攪拌均勻（**圖19**）。
10 然後再將拌勻的麵糊倒入剩下的蛋白霜中混合均勻（**圖20～22**）。
11 模子先放到一個小一點的深盤中，再放入大烤盤中（避免大烤盤中熱水滲入烤模）（**圖23**）。
12 將攪拌均勻的乳酪麵糊倒入烤模中（**圖24、25**）。
13 再將大烤盤中盡量倒滿熱水（約80℃）（**圖26**）。
14 放入已經預熱至200℃的烤箱中烘烤10分鐘，然後將爐溫調到160℃繼續烘烤50分鐘。
15 蛋糕烤好後取出（還不要脫模），等完全涼透後，放入冰箱冷藏3～4小時（**圖27**）。
16 完全冰透後用一把扁平小刀沿著模具邊緣劃一圈即可脫模（**圖28**）。
17 切的時候用一把稍微寬長的薄刀，在瓦斯爐上加熱後再切才會切的整齊（每切一刀都要將刀擦乾淨再加熱才切）。

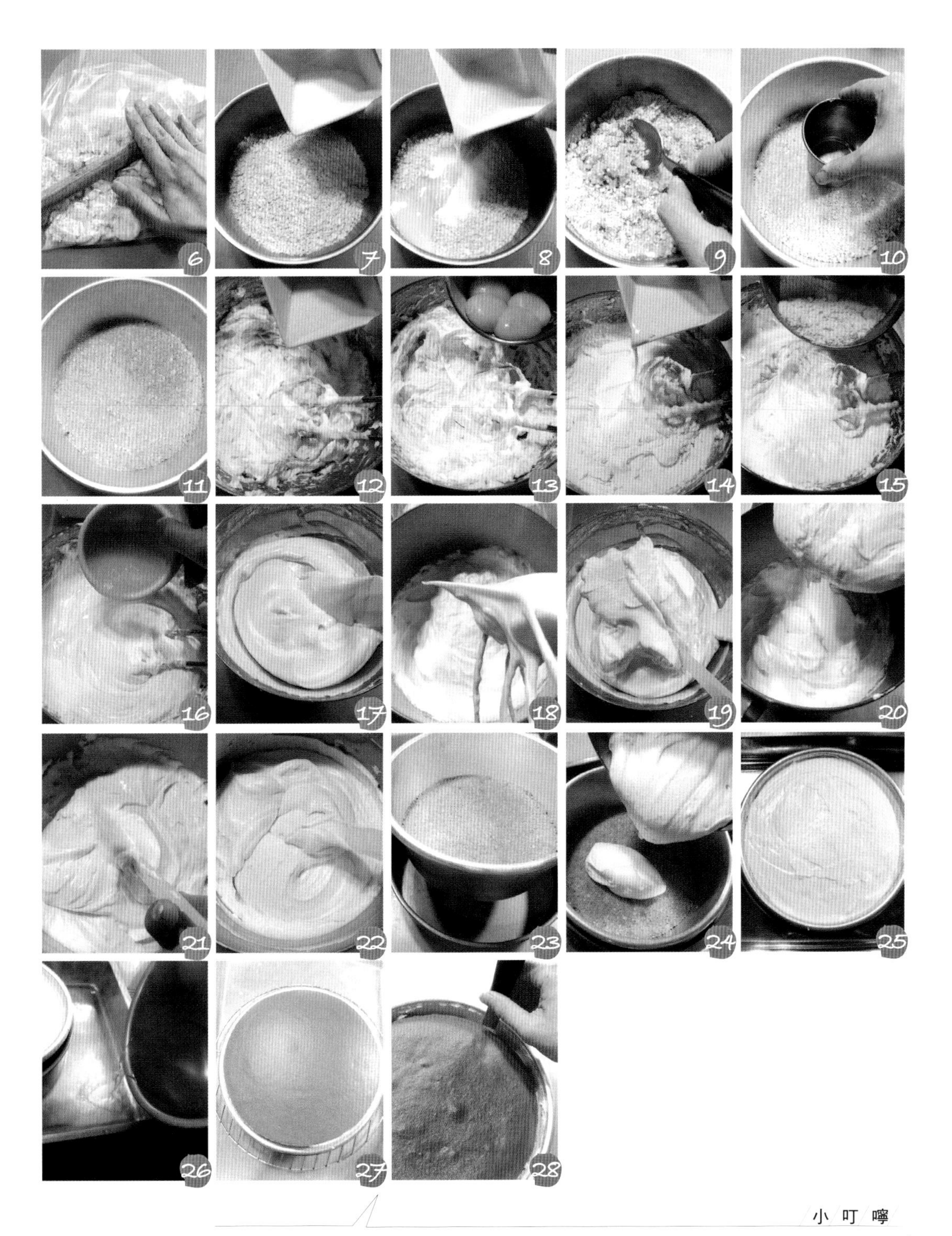

小叮嚀

1 君度橙酒可以使用蘭姆酒或白蘭地，不喜歡則直接省略。

2 分離模外面也可以包上兩層鋁箔紙再直接放入烤盤中，但是一定要確定鋁箔紙沒有破，才能防止熱水滲入。

3 烤盤中的熱水盡量倒滿，至少要到達烤模1cm高度，避免中途加水而開烤箱使得冷空氣進入讓蛋糕塌陷。

經典提拉米蘇

份量

- 1個（20cm×20cm的方形盆，模子大小可依現有的任何碗盆都可）

材料

A.鮮奶油
- 動物性鮮奶油150cc
- 細砂糖15g

B.咖啡酒糖漿
- 現煮濃縮咖啡80cc
- 細砂糖20g
- 卡魯哇香甜咖啡酒25cc
- 白蘭地1T
- 蘭姆酒1T

C.馬斯卡朋乳酪餡

a.咖啡酒蛋黃醬
- 蛋黃3個
- 細砂糖15g
- 卡魯哇香甜咖啡酒50cc

b.蛋白霜
- 蛋白2個
- 檸檬汁1/2t
- 細砂糖40g

c.馬斯卡朋乳酪餡組合
- 馬斯卡朋乳酪250g

D.提拉米蘇組合
- 手指餅乾約24條（做法請參考第104頁）
- 無糖可可粉適量

細緻的馬斯卡朋乳酪餡加上濃濃的咖啡味，是我最愛的一款提拉米蘇，帶著醉人的酒香屬於大人的口味。提拉米蘇之所以迷人，就是在材料組合中的層次感，每一樣材料都在其中發揮最好的效果。吃進口中充滿無限驚喜。微苦的可可粉伴隨著綿密的乳酪，交替出苦、甜、香的滋味。

微涼的秋日，我在廚房與提拉米蘇有一場甜蜜的約會。

準備工作

1 所有材料秤量好（**圖1～3**）。

2 將雞蛋的蛋黃蛋白分開（蛋白不可以沾到蛋黃、水分及油脂）（**圖4**）。

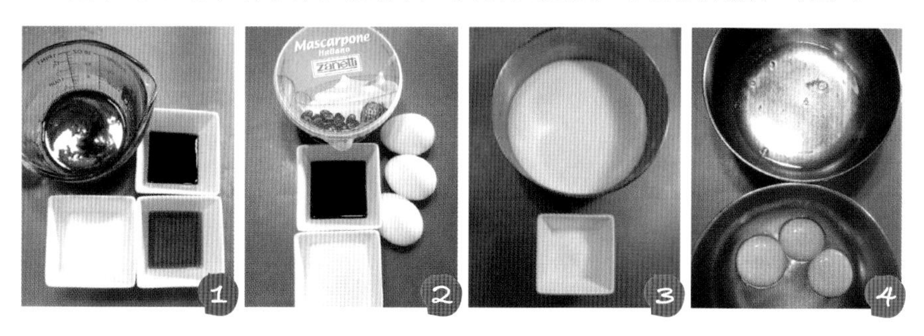

做法

（A.製作鮮奶油）

1 動物性鮮奶油必須是冰的。

2 將細砂糖加入到動物性鮮奶油中使用打蛋器以低速打到八分發（不流動的程度）（**圖5、6**）。

3 打好先放冰箱冷藏備用（**圖7**）。

（B.製作咖啡酒糖漿）

4 依序將所有材料加入到濃縮咖啡中混合均勻即可（**圖8、9**）。

5 放涼備用。

小叮嚀

1 材料B的咖啡部分可以用2T即溶咖啡粉加入到70cc的熱水中混合均勻即可。

2 此配方因為無添加吉利丁做為凝固劑，乳酪餡質地是非常柔軟的，無法脫模必須使用盆子或杯子盛裝。

3 使用酒類參考：(1)卡魯哇香甜咖啡酒（Kahlua）；(2)白蘭地（Brandy）；(3)蘭姆酒（Rum）。

（C.製作馬斯卡朋乳酪餡）

5 蛋黃加砂糖加卡魯哇香甜咖啡酒放入盆中（**圖10**）。

6 然後將鋼盆放在一個較小並且已盛水的盆上，將小盆子放上瓦斯爐上加熱，利用冒上來的水蒸氣以隔鍋加熱的方式攪打成濃稠的泡沫狀就離火（約需10分鐘）（**圖11～13**）。

7 蛋白用打蛋器先打出泡沫，然後加入檸檬汁及1/2量細砂糖用高速攪打（**圖14**）。

8 用一隻手扶著鋼盆慢慢旋轉，另一隻手拿打蛋器以固定不動的方式來攪打。

9 蛋白打到尾端彎曲的狀態時，就將剩下的細砂糖加入，速度保持為高速（**圖15**）。

10 將蛋白打到拿起打蛋器尾巴呈現挺立的狀態即可（**圖16**）。

11 將回復室溫的馬斯卡朋乳酪放入大鋼盆中（**圖17**）。

12 用打蛋器將馬斯卡朋乳酪攪打成乳霜狀（**圖18**）。

13 依序將做法6的咖啡酒蛋黃醬，事先打好的動物性鮮奶油及蛋白霜加入混合均勻即成為馬斯卡朋乳酪餡（**圖19～22**）。

（D.提拉米蘇組合）

14 手指餅乾緊密排放在烤模中（**圖23**）。

15 將事先調好的咖啡酒糖漿塗抹在手指餅乾上（可以多刷一點，讓手指餅乾充分吸收糖漿）（**圖24**）。

16 將馬斯卡朋乳酪餡鋪上抹平（**圖25**）。

17 再將手指餅乾沾上咖啡酒糖漿緊密鋪在乳酪餡上（**圖26、27**）。

18 最後再將馬斯卡朋乳酪餡鋪上抹平（**圖28**）。

19 表面封上保鮮膜放入冰箱冷藏至少4～6小時冰透。

20 吃之前灑上無糖可可粉即可（**圖29、30**）。

21 隨自己喜好切成塊狀或直接挖起品嚐。

22 也可以用小杯子裝，依照順序將手指餅乾及乳酪餡一層一層鋪上即可（**圖31～33**）。

23 表面封上保鮮膜放入冰箱冷藏至少4～6小時冰透。

24 吃之前灑上無糖可可粉即可（**圖34**）。

25 直接用湯匙挖起品嚐。

芒果乳酪蛋糕

份量

- 1個（8吋慕斯模）

材料

A.餅乾底
- 奇福餅乾100g（或消化餅乾）
- 無鹽奶油50g
- 細砂糖10g

B.芒果乳酪

a.果泥部分
- 芒果肉300g

b.乳酪餡部分
- 奶油乳酪200g
- 動物性鮮奶油120cc
- 牛奶2T
- 細砂糖60g
- 吉利丁片10g
- 酸奶油50g
- 君度橙酒30g
- 檸檬汁2T（約半顆檸檬）

C.表面芒果果凍
- 芒果2顆
- 清水50cc
- 細砂糖20g
- 檸檬汁1T
- 吉利丁片5g
- 君度橙酒1T

這是一款可以不需要烤箱做法的簡易乳酪蛋糕，芒果甜中帶酸的滋味與新鮮乳酪搭配起來，讓人直吞口水。夏天的芒果最讓人心喜，黃橙橙的果肉充滿誘人的香氣，每年的芒果季節一定要好好把握吃個過癮。

做法

（A.製作餅乾底）

1 所有材料秤量好（**圖1**）。
2 將餅乾裝在厚的塑膠袋中，用擀麵棍敲打，壓的越碎越好（**圖2**）。
3 將無鹽奶油隔水加熱融化（**圖3**）。
4 細砂糖加入餅乾碎中混合均匀（**圖4、5**）。
5 將融化的無鹽奶油加入餅乾碎中仔細混合均匀（**圖6**）。
6 慕斯模底部包覆一層鋁箔紙，混合好的餅乾碎倒入慕斯中（**圖7**）。
7 利用一個平底的容器將餅乾碎壓實（一定要確實壓緊，脱模才不會鬆散掉）（**圖8、9**）。
8 放入已經預熱至120℃的烤箱中烘烤10分鐘取出放涼（不要脱模），若沒有烤箱可以將此步驟省略，放冰箱冷藏（**圖10**）。

（B.製作芒果乳酪）

9 所有材料量秤好，奶油乳酪回復室溫（**圖11**）。

10 將材料a的芒果去皮取300g，其中200g用果汁機打成泥狀，另外100g切成小丁狀（**圖12、13**）。

11 材料b的吉利丁片泡冰塊水5分鐘軟化（泡的時候不要重疊放置且完全壓入水裡）（**圖14**）。

12 回覆室溫的奶油乳酪切成丁狀，放入工作盆中（**圖15**）。

13 奶油乳酪放入工作盆中，用打蛋器攪打成乳霜狀（**圖16**）。

14 然後加入動物性鮮奶油、牛奶及細砂糖混合均勻（**圖17、18**）。

15 放上瓦斯爐上小火煮至奶油乳酪完全融化（**圖19**）。

16 再將已經泡軟的吉利丁片撈起，水分擠乾（**圖20**）。

17 加入牛奶乳酪中攪拌均勻（**圖21、22**）。

18 稍微放涼再依序將酸奶油、君度橙酒、檸檬汁及芒果泥加入混合均勻（**圖23～26**）。

19 完全涼透後，將乳酪餡倒入慕斯模中（**圖27**）。
20 將芒果丁均勻灑上（**圖28**）。
21 放入冰箱冷藏5～6個小時至凝固（**圖29**）。

做法

（C.製作芒果果凍）

22 所有材料秤量好（**圖30**）。
23 吉利丁泡冰塊水約5分鐘軟化（泡的時候不要重疊放置且完全壓入水裡）（**圖31**）。
24 芒果去皮去籽，取150g用果汁機打成泥狀（**圖32**）。
25 將芒果泥、清水、細砂糖與檸檬汁加熱至沸騰（**圖33、34**）。
26 放入軟化的吉利丁攪拌均勻（**圖35**）。
27 涼後將君度橙酒加入混合均勻放涼（**圖36**）。
28 芒果去皮，將兩邊果肉切下，切成約0.2cm的薄片（**圖37**）。
29 冷藏凝固的乳酪蛋糕由冰箱取出。
30 芒果片均勻的由慕斯模外圍往中心鋪放成為花狀（**圖38、39**）。
31 將冷卻的果凍液倒在果肉上，放入冰箱冷藏4～5小時至凝固即可（**圖40、41**）。
32 使用一把小刀，沿著冷藏好的慕斯模邊緣劃一圈，即可脫模（**圖42、43**）。

清爽戚風蛋糕。

蛋白加上足量的糖，藉由打蛋器快速攪打，將空氣打入蛋白中至乾性發泡，
使得蛋白霜中佈滿無數細小充滿空氣的孔隙。
利用這樣的方式做出來的蛋糕就會非常蓬鬆柔軟。
不需添加任何膨大劑就可以使得蛋糕完美膨脹起來。
蛋糕中的油脂大多使用液體植物油，所以口感清爽，
即使冷藏也依然保持鬆軟組織。
烘烤方式為低溫長時間，出爐必須倒扣放涼。
使用模具不能使用防沾材質，也必須是分離式才方便脫模。

平底鍋蛋糕

份量

- 1個
  （6吋鮮奶油香蕉蛋糕）

材料

A.麵糊
- 蛋黃2個
- 細砂糖10g
- 橄欖油15g
  （或任何植物油）
- 低筋麵粉40g
- 牛奶1T

B.蛋白霜
- 蛋白2個
- 檸檬汁1/4t
- 細砂糖25g

C.組合
- 蛋糕片3片
  （由材料A、B製成）
- 動物性鮮奶油200cc
- 細砂糖20g
- 香蕉2根
- 巧克力塊50g

很多朋友家裡沒有大烤箱，但偶爾也希望能夠做一些甜點滿足一下家人。只要有平底鍋或鐵板燒爐也可以做出簡單的鮮奶油蛋糕，效果不輸烤箱做出來的口感。

製作過程中最需留意的是火候的控制，千萬不要急著翻面，使用小火耐心地讓麵糊烤至金黃，成品就會蓬鬆漂亮。只要再夾上自己喜歡的水果片及鮮奶油，一個可口又不失美觀的蛋糕就完成了。

準備工作

1. 所有材料量秤好（雞蛋使用冰的）（**圖1**）。
2. 雞蛋將蛋黃蛋白分開（蛋白不可以沾到蛋黃、水分及油脂）（**圖2**）。
3. 低筋麵粉用濾網過篩（**圖3**）。

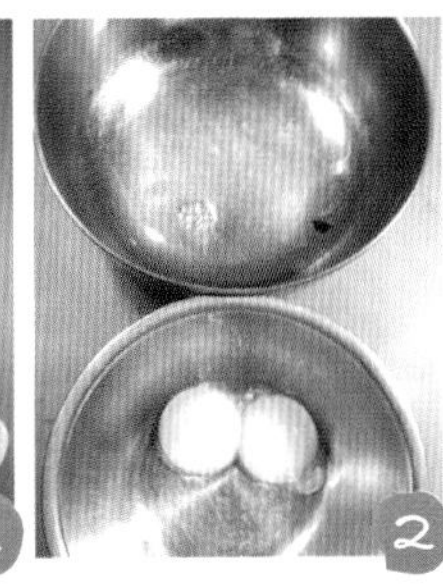

做法

（A.製作麵糊）

1 將蛋黃加細砂糖用打蛋器攪拌均勻（**圖4**）。
2 然後將橄欖油加入攪拌均勻（**圖5**）。
3 再將過篩好的低筋麵粉及牛奶，分兩次交錯混入，攪拌均勻成為無粉粒的麵糊（**圖6～8**）。

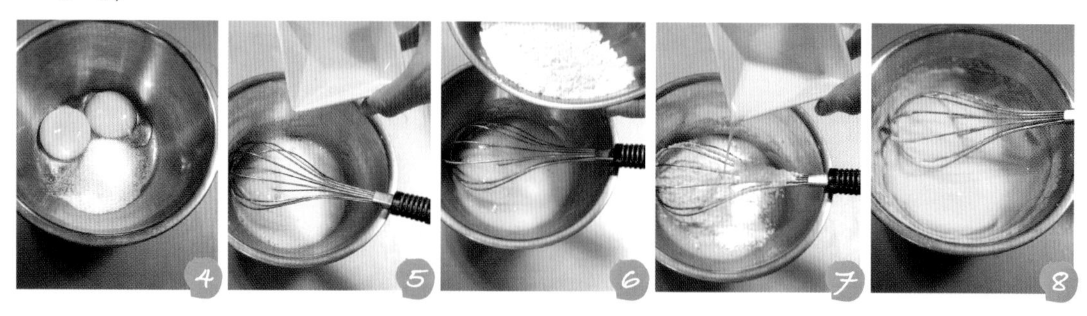

（B.製作蛋白霜）

4 蛋白先用打蛋器打出一些泡沫，然後加入檸檬汁及細砂糖（分兩次加入），打成尾端挺立的蛋白霜（**圖9**）。
5 挖1/3份量的蛋白霜混入做法3的蛋黃麵糊中，用橡皮刮刀，沿著盆邊翻轉及劃圈圈的方式攪拌均勻（**圖10、11**）。
6 再將拌勻的麵糊，倒入其餘的蛋白霜中，混合均勻（**圖12～14**）。
7 在平底鍋或鐵板燒表面擦拭一層薄薄的油脂（**圖15**）。
8 將平底鍋放在瓦斯爐微火加熱，或鐵板燒打開預熱（用手稍微靠近鍋底，感覺的到熱氣就可以）（**圖16**）。
9 預熱完成後，將混合完成的麵糊1/3份量用大杓子舀起，放在鍋中，利用湯匙背面劃圈圈的方式，將麵糊攤成直徑約15cm的片狀（**圖17**）。
10 全程使用微火烘烤約6～8分鐘，然後用鍋鏟從邊緣翻一下看看底部是否烤至金黃（**圖18**）。

小叮嚀

香蕉可以用任何自己喜歡的水果代替。

11 底部如果已經不沾黏呈現金黃色就可以翻面（**圖19**）。
12 將第二面也烘烤4～5分鐘至金黃色即可（每烤一片都要將鍋子中殘留的屑屑清掉，並擦拭一層薄薄的油脂）。
13 烤好將蛋糕片放到鐵網架上放涼（**圖20**）。
14 依序將剩下的麵糊分兩次烘烤完成（**圖21**）。

（C.組合）

15 將動物性鮮奶油加細砂糖用打蛋器以低速打至九分發（尾端挺立的程度），然後放入冰箱冷藏30分鐘以上備用。
16 香蕉切成約0.4cm片狀；巧克力塊切碎，隔水加熱融化（**圖22**）。
17 蛋糕片上抹上一層薄薄打發的鮮奶油（**圖23**）。
18 然後平均鋪上香蕉片（**圖24**）。
19 再抹上一層薄薄打發的鮮奶油（**圖25**）。
20 蓋上另一片蛋糕，用手稍微壓緊實（**圖26**）。
21 使用同樣方式做完兩個夾層。
22 表面也抹上一層打發的鮮奶油，整齊鋪上香蕉片（**圖27**）。
23 最後淋上些許融化的巧克力醬裝飾即可（**圖28～30**）。
24 放冰箱冷藏至少30分鐘以上再切。

咖啡戚風蛋糕

份量

- 1個（8吋分離式戚風蛋糕中空模）

材料

A.麵糊

- 蛋黃5個
- 細砂糖20g
- 橄欖油30g（或任何植物油）
- 牛奶40g
- 即溶咖啡粉1.5T
- 卡魯哇香甜咖啡酒20cc
- 低筋麵粉100g

B.蛋白霜

- 蛋白5個
- 檸檬汁1t
- 細砂糖60g

想吃蛋糕的時候，最喜歡烤一個鬆軟的戚風蛋糕，由於常做，所以材料、份量都已經記得牢牢的，只要稍微變化一下材料就有不同的風味。蛋白霜好好打發，就能烤出美麗蓬鬆的蛋糕。濃濃的咖啡香，好迷人。

準備工作

1. 所有材料秤量好；雞蛋使用冰的（**圖1**）。
2. 將雞蛋的蛋黃蛋白分開（蛋白不可以沾到蛋黃、水分及油脂）（**圖2**）。
3. 低筋麵粉用濾網過篩（**圖3**）。
4. 牛奶加熱至80℃左右，將即溶咖啡粉加入混合均勻放涼（**圖4、5**）。
5. 烤箱打開預熱至160℃。

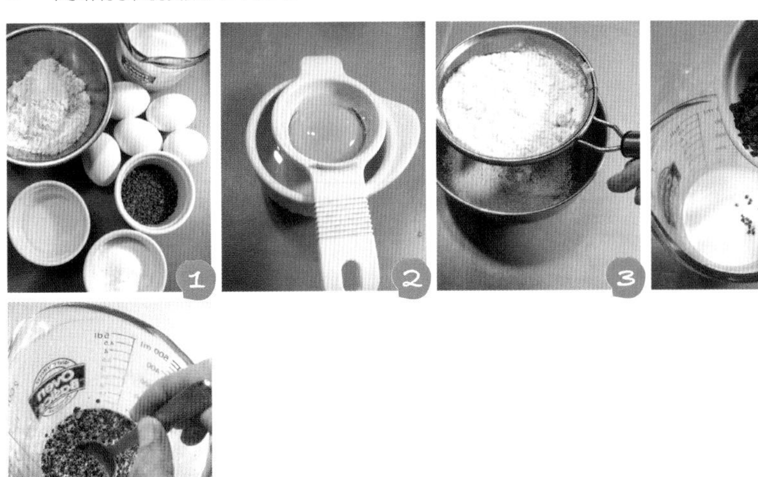

做法

1. 將蛋黃加細砂糖用打蛋器攪拌均勻（**圖6**）。
2. 然後將橄欖油加入攪拌均勻（**圖7**）。
3. 再將過篩好的粉類、咖啡牛奶及卡魯哇香甜咖啡酒分兩次交錯混入，攪拌均勻成為無粉粒的麵糊（**圖8～11**）。

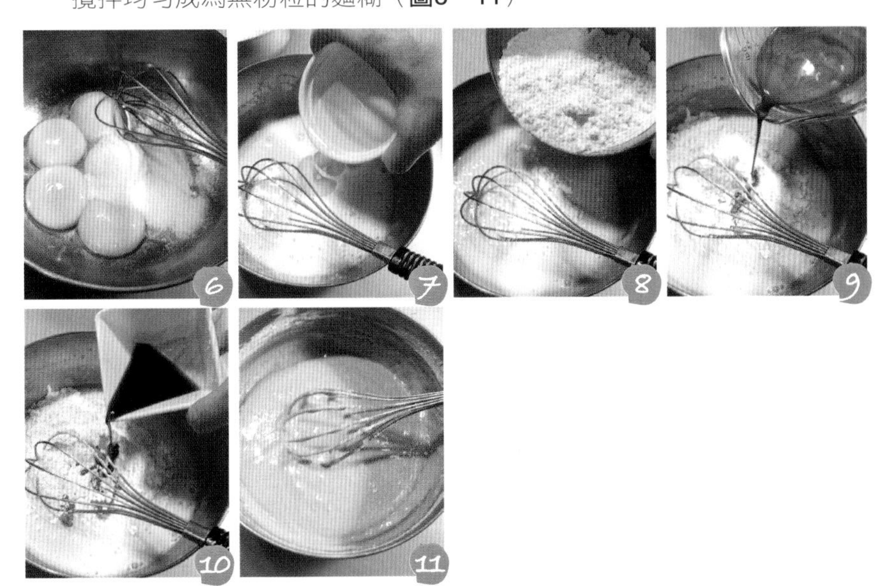

4 蛋白先用打蛋器打出一些泡沫，然後加入檸檬汁及細砂糖（分兩次加入）打成尾端挺立的蛋白霜（**圖12**）。

5 挖1/3份量的蛋白霜混入做法3的蛋黃麵糊中，用橡皮刮刀沿著盆邊以翻轉及劃圈圈的方式攪拌均勻（**圖13、14**）。

6 然後再將拌勻的麵糊倒入剩下的蛋白霜中混合均勻（**圖15～17**）。

7 將攪拌好的麵糊倒入8吋戚風模中（**圖18**）。

8 將麵糊表面用橡皮刮刀抹平整（**圖19、20**）。

9 烘烤前在桌上敲幾下敲出較大的氣泡，並放入已經預熱到160℃的烤箱中烘烤50分鐘 （用竹籤插入中心沒有沾黏就可取出，若有沾黏再烤3～5分鐘）（**圖21**）。

10 蛋糕出爐後，馬上倒扣在酒瓶上散熱（**圖22**）。

11 完全涼透後，用扁平小刀沿著邊緣刮一圈脫模，中央部位及底部也用小刀貼著刮一圈脫模（**圖23～24**）。

12 蛋糕脫模後，用手將蛋糕表面的碎屑拍除乾淨會更美觀。

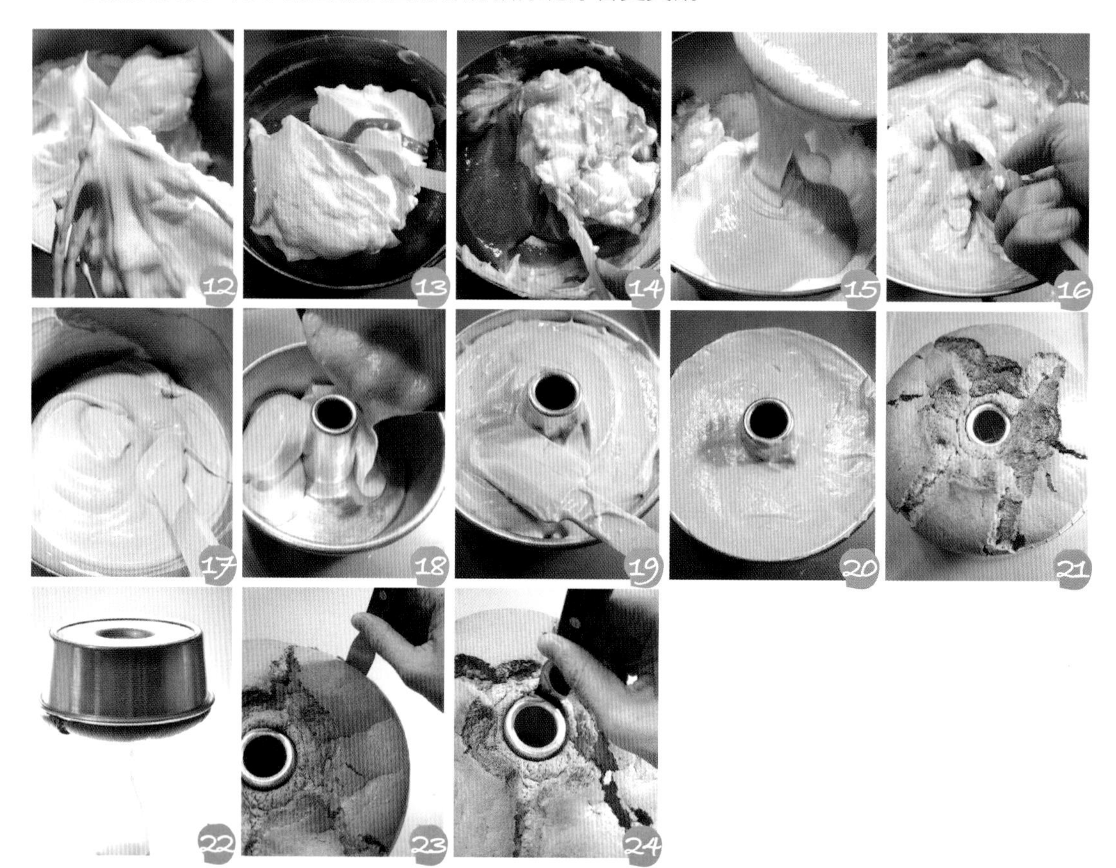

香蕉全麥戚風蛋糕

份量

・1個（8吋中空模）

材料

A.麵糊

・蛋黃5個
・細砂糖10g
・橄欖油40g
（或任何植物油）
・香蕉160g
・檸檬汁1/4t
・低筋麵粉60g
・全麥麵粉30g
・牛奶1T
・蔓越莓果乾30g

B.蛋白霜

・蛋白5個
・檸檬汁1t
・細砂糖50g

這一個星期我都浸在香蕉的甜香中，早餐、下午點心都是濃濃香蕉味。老公說這一星期是香蕉週，我們好好享用了香蕉的甜美。

有些朋友不習慣磅蛋糕紮實的口感，所以做一個鬆軟濕潤的戚風蛋糕供大家參考。添加了全麥麵粉增加纖維也增加口感，糖量也降低，盡量利用香蕉本身的自然甜，低糖高纖的香蕉蛋糕當早餐很適合。

準備工作

1. 所有材料量秤好（雞蛋使用冰的）（**圖1**）。
2. 雞蛋將蛋黃蛋白分開（蛋白不可以沾到蛋黃、水分及油脂）（**圖2**）。
3. 熟軟的香蕉去皮，取160g加上1/4t檸檬汁，用叉子壓成泥狀（**圖3、4**）。
4. 低筋麵粉用濾網過篩（**圖5**）。
5. 蔓越莓果乾灑上1/2t低筋麵粉（份量外）混合均勻，多餘的麵粉倒掉（**圖6**）。
6. 烤箱打開預熱至160℃。

1

2

3

4

5

6

做法

1. 將蛋黃加細砂糖用打蛋器攪拌均勻（**圖7**）。
2. 然後將橄欖油加入攪拌均勻（**圖8**）。
3. 將香蕉泥加入攪拌均勻（**圖9**）。
4. 再將過篩好的低筋麵粉、全麥麵粉及牛奶混入攪拌均勻，成為無粉粒的麵糊（**圖10～13**）。

7

8

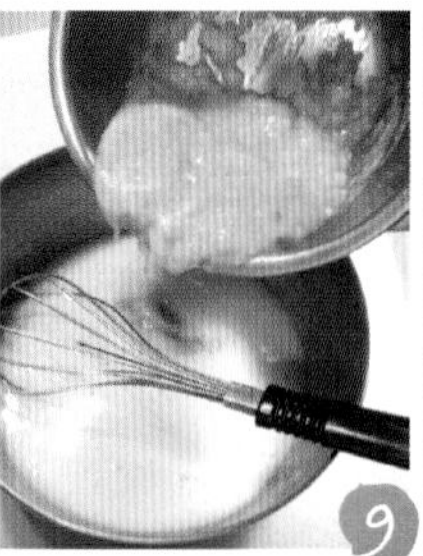
9

10

11

12

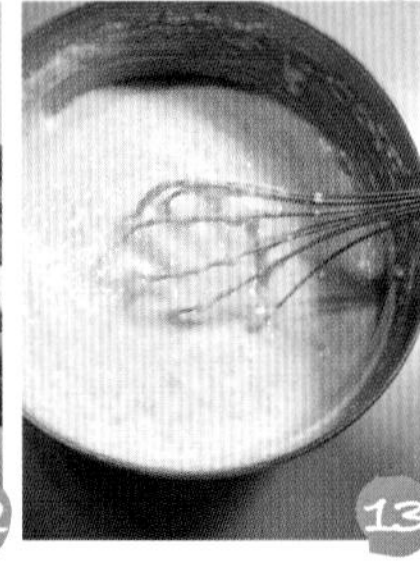
13

5 蛋白先用打蛋器打出一些泡沫，然後加入檸檬汁及細砂糖（分兩次加入）打成尾端挺立的蛋白霜（**圖14**）。
6 挖1/3份量的蛋白霜混入做法4的蛋黃麵糊中，用橡皮刮刀沿著盆邊翻轉及劃圈圈的方式攪拌均勻（**圖15、16**）。
7 再將拌勻的麵糊倒入其餘的蛋白霜中，混合均勻（**圖17～19**）。
8 最後將沾上低筋麵粉的蔓越莓果乾加入麵糊中，用橡皮刮刀大圈圈攪拌幾下混合均勻（**圖20、21**）。
9 將攪拌好的麵糊倒入8吋戚風模中（**圖22**）。
10 將麵糊表面用橡皮刮刀抹平整（**圖23、24**）。
11 烘烤前在桌上敲幾下敲出較大的氣泡，放入已經預熱到160℃的烤箱中烘烤50分鐘（用竹籤插入中心沒有沾黏就可取出，若有沾黏再烤3～5分鐘）（**圖25**）。
12 蛋糕出爐後，馬上倒扣在酒瓶上散熱（**圖26**）。
13 完全涼透後用扁平小刀沿著邊緣刮一圈脫模，中央部位及底部也用小刀貼著刮一圈脫模（**圖27**）。
14 蛋糕脫模後，用手將蛋糕表面的碎屑拍除乾淨會更美觀。

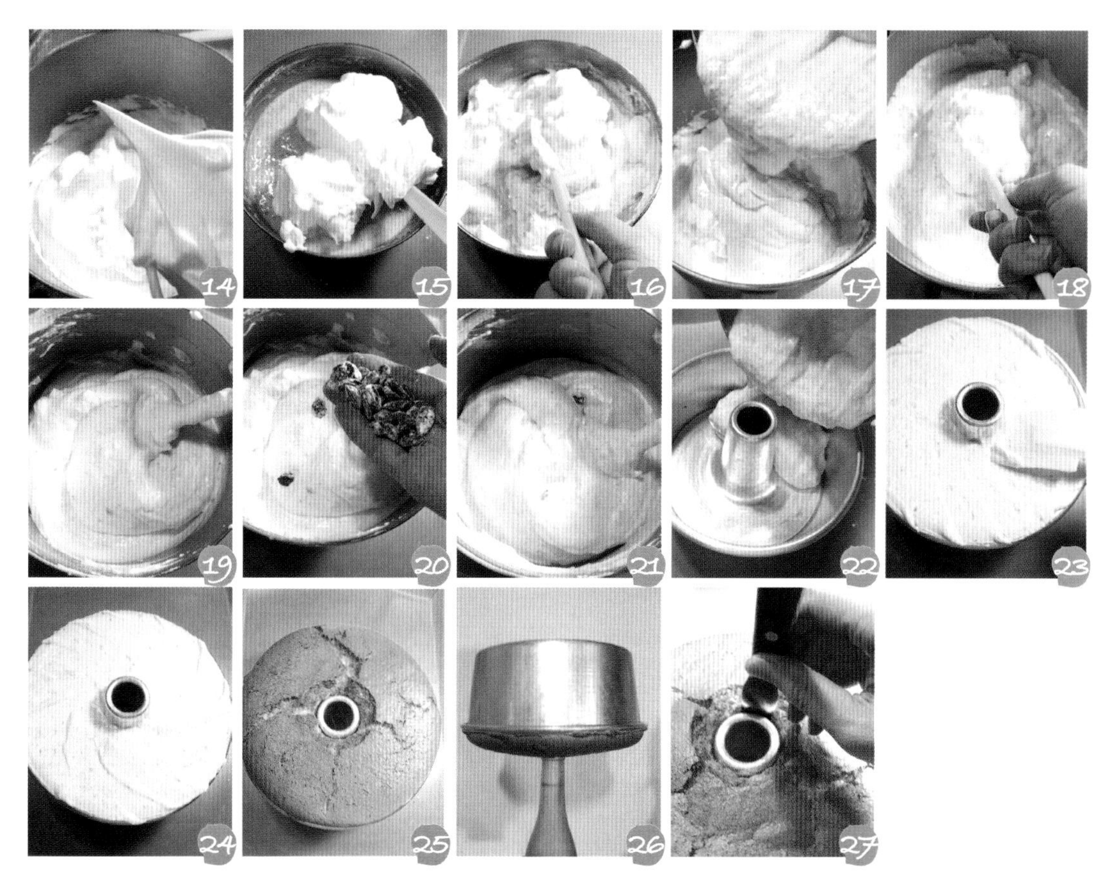

小叮嚀

1 全麥麵粉可以用低筋麵粉或在來米粉取代。
2 蔓越莓果乾可以用自己喜歡的果乾或堅果代替。若要加入堅果，請先放入烤箱用160℃烤8～10分鐘烤香放涼，再切成碎粒。
3 加入果乾拌一點低筋麵粉可以避免沉底。

南瓜戚風蛋糕

份量

- 1個（8吋分離式戚風蛋糕中空模）

材料

A.麵糊
- 蛋黃5個
- 細砂糖20g
- 橄欖油30g（或任何植物油）
- 南瓜泥90g
- 牛奶2T
- 低筋麵粉90g

B.蛋白霜
- 蛋白5個
- 檸檬汁1t
- 砂糖60g

感謝母親帶我來到這個世界，春夏秋冬就這麼一年一年過去，時間的流逝讓我擁有了珍貴的回憶，也體會了生命的美好，雖然又老了一歲，但是同樣增長了智慧歷練。現在的我已經學會對歲月的腳步釋懷，就將時間遺留在天涯海角，平凡幸福的人生放在這小小空間收藏。生日快樂，給自己。

加了南瓜泥的戚風蛋糕，顏色美得讓人心喜，清淡鬆軟，口感濕潤。不用任何裝飾就散發出一股內斂的風華。多了南瓜自然的清甜與纖維，這散發金黃陽光的蛋糕適合任何人。

準備工作

1. 南瓜蒸熟放涼去皮，取90g壓成泥狀（**圖1**）。
2. 所有材料秤量好；雞蛋必須是冰的（**圖2**）。

3. 將雞蛋的蛋黃蛋白分開（蛋白不可以沾到蛋黃、水分及油脂）。
4. 低筋麵粉用濾網過篩。
5. 烤箱打開預熱至160℃。

做法

1. 將蛋黃加細砂糖先用打蛋器攪拌均勻（**圖3**）。
2. 然後將橄欖油加入攪拌均勻（**圖4**）。
3. 再將南瓜泥加入攪拌均勻（**圖5**）。
4. 最後將過篩好的粉類與牛奶分兩次交錯混入，攪拌均勻成為無粉粒的麵糊（不要攪拌過久使得麵粉產生筋性，導致烘烤時會回縮）（**圖6、7**）。
5. 蛋白先用打蛋器打出一些泡沫，然後加入檸檬汁及細砂糖（分兩次加入）打成尾端稍微彎曲的蛋白霜（介於濕性發泡與乾性發泡間）（**圖8**）。
6. 挖1/3份量的蛋白霜混入做法4的蛋黃麵糊中，用橡皮刮刀沿著盆邊以翻轉及劃圈圈的方式攪拌均勻（**圖9**）。
7. 然後再將拌勻的麵糊倒入蛋白霜中混合均勻（**圖10～12**）。
8. 將攪拌好的麵糊倒入8吋戚風模中（**圖13**）。
9. 將麵糊表面用橡皮刮刀抹平整（**圖14**）。
10. 烘烤前，在桌上敲幾下敲出較大的氣泡。放入已經預熱到160℃的烤箱中烘烤50分鐘（用竹籤插入中心沒有沾黏就可取出，若有沾黏再烤3～5分鐘）。
11. 蛋糕出爐後，馬上倒扣在酒瓶上散熱。
12. 完全涼透後用扁平小刀沿著邊緣刮一圈脫模，中央部位及底部也用小刀貼著刮一圈脫模（**圖15**）。
13. 蛋糕脫模後，用手將蛋糕表面的碎屑拍除乾淨會更美觀（**圖16**）。

大理石戚風蛋糕

無油黑糖

份量

- 1個（8吋分離式戚風蛋糕中空模）

材料

A.麵糊
- 蛋黃6個
- 低筋麵粉110g
- 細砂糖15g
- 牛奶5T

B.蛋白霜
- 蛋白6個
- 檸檬汁1t
- 細砂糖60g

C.黑糖漿
- 黑糖3T
- 冷水1T

幾年前側門牙做了牙套，當時牙醫師很好意的幫我把角度不好的門牙做了一番調整，讓我的門面更好看。但是肉眼看不出的角度改變，卻造成牙齒咬合時會不小心咬到下唇的機會。

我萬萬沒想到這樣小小的改變竟然造成了這麼討厭的後遺症。如果當時知道會如此，我寧願門牙角度不佳也沒有關係，但現在後悔也來不及了。只能時刻提醒自己咀嚼的時候要多注意。

這兩天一不小心又咬破嘴唇了，熱湯與酸的辣的全進不了口，老公安慰我可以趁機減肥。自然還是最好的，破壞了原有的規則就是要付出代價。

不加任何油脂做出來的戚風蛋糕口感是鬆軟的，適合不想攝取過多卡路里的人享用。混合麵糊的時候不要攪拌太過均勻，讓黑糖自然形成美麗的大理石紋路。黑糖微苦的香氣有著純樸的風味。

準備工作

1 所有材料秤量好；雞蛋必須是冰的（**圖1**）。
2 將雞蛋的蛋黃蛋白分開（蛋白不可以沾到蛋黃、水分及油脂）（**圖2**）。
3 低筋麵粉用濾網過篩（**圖3**）。
4 將冷水1T放入黑糖3T中混合均勻，用小火煮至黑糖融化放涼備用（**圖4**）。
5 烤箱打開預熱至160℃。

做法

1 將蛋黃加細砂糖用打蛋器攪拌均勻（**圖5**）。
2 再將過篩好的粉類及牛奶分兩次交錯混入，攪拌均勻成為無粉粒的麵糊（**圖6**、**7**）。
3 蛋白先用打蛋器打出一些泡沫，然後加入檸檬汁及細砂糖（分兩次加入）打成尾端挺立的蛋白霜（乾性發泡）（**圖8**）。
4 挖1/3份量的蛋白霜混入做法2的蛋黃麵糊中，用橡皮刮刀沿著盆邊以翻轉及劃圈圈的方式攪拌均勻（**圖9**、**10**）。
5 然後再將拌勻的麵糊倒入剩下的蛋白霜中混合均勻（**圖11**、**12**）。
6 將放涼的黑糖漿倒入麵糊中，用橡皮刮刀大圈圈攪拌幾下（不需要攪拌的太過於均勻，烤出來才有美麗的紋路）（**圖13**、**14**）。
7 將攪拌好的麵糊倒入8吋中空模中。
8 將麵糊表面用橡皮刮刀抹平整（**圖15**）。
9 烘烤前在桌上敲幾下敲出較大的氣泡，放入已經預熱到160℃的烤箱中烘烤50分鐘 （用竹籤插入中心沒有沾黏就可取出，若有沾黏再烤3～5分鐘）（**圖16**）。
10 蛋糕出爐後，馬上倒扣在酒瓶上散熱。
11 完全涼透後用扁平小刀沿著邊緣刮一圈脫模，中央部位及底部也用小刀貼著刮一圈脫模（**圖17**、**18**）。
12 蛋糕脫模後，用手將蛋糕表面的碎屑拍除乾淨會更美觀。

檸檬蜂蜜戚風蛋糕

- 1個（8吋分離式戚風蛋糕中空模）

A.麵糊

- 蛋黃5個
- 蜂蜜30g
- 橄欖油50g（或任何植物油）
- 低筋麵粉120g
- 檸檬汁50cc
- 冷開水2t

B.蛋白霜

- 蛋白6個
- 檸檬汁1t
- 細砂糖60g

帶著清爽的酸與蜂蜜的香，這個戚風蛋糕濕潤且綿密，是家裡少不了的甜點。除了少糖及植物油的特性，口味的變化也非常豐富。檸檬是我平時做點心少不了的材料，但多數時間都是配角，今天成了主角，酸酸的口感讓人好喜歡。蓬鬆的組織輕飄飄好像在雲端，8吋的蛋糕烤好放涼，很快的速度就被家裡一大一小解決了。^^

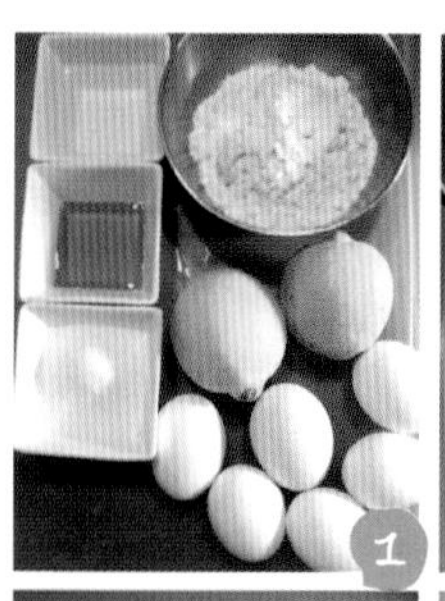

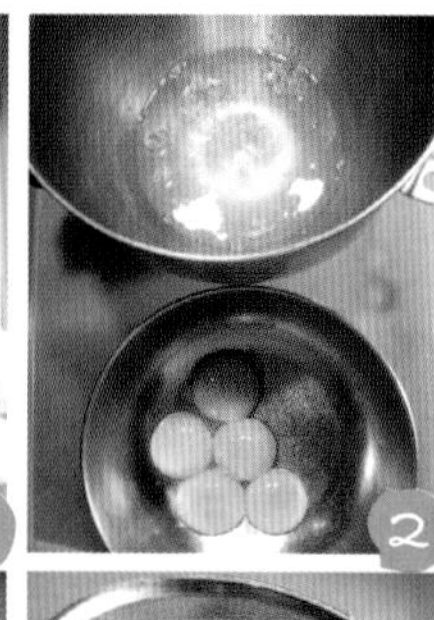

準備工作

1. 所有材料秤量好；雞蛋使用冰的（**圖1**）。
2. 將雞蛋的蛋黃蛋白分開（蛋白不可以沾到蛋黃、水分及油脂）（**圖2**）。
3. 將1顆檸檬的外皮磨出皮屑，並將整顆檸檬的汁液擠出（**圖3**）。
4. 低筋麵粉用濾網過篩（**圖4**）。
5. 烤箱打開預熱至160℃。

小叮嚀

1 若不喜歡太酸，可以將部分的檸檬汁用冷開水取代。
2 若喜歡更酸一點，可以將冷開水全部用檸檬汁取代。
3 此蛋糕因為是強調檸檬的酸，所以酸味會較重。

做法

1 將蛋黃加蜂蜜用打蛋器攪拌均勻（**圖5**）。
2 再將橄欖油加入攪拌均勻，然後將檸檬皮屑加入混合均勻（**圖6、7**）。
3 最後將過篩好的粉類及檸檬汁、冷開水分兩次交錯混入，攪拌均勻成為無粉粒的麵糊（**圖8、9**）。
4 蛋白先用打蛋器打出一些泡沫，然後加入檸檬汁及細砂糖（分2～3次加入）打成尾端挺立的蛋白霜（乾性發泡）（**圖10**）。
5 挖1/3份量的蛋白霜混入做法3的檸檬蛋黃麵糊中，用橡皮刮刀沿著盆邊以翻轉及劃圈圈的方式攪拌均勻（**圖11、12**）。
6 然後將拌勻的麵糊倒入剩下的蛋白霜中混合均勻（**圖13、14**）。
7 再將攪拌均勻的麵糊倒入8吋中空模中（**圖15**）。
8 將麵糊表面用橡皮刮刀抹平整。
9 烘烤前在桌上敲幾下敲出較大的氣泡，放入已經預熱到160℃的烤箱中烘烤50分鐘（用竹籤插入中心沒有沾黏就可取出，若有沾黏再烤3～5分鐘）（**圖16**）。
10 蛋糕出爐後，馬上倒扣在酒瓶上散熱。
11 完全涼透後用扁平小刀沿著邊緣刮一圈脫模，中央部位及底部也用小刀貼著刮一圈脫模即可。
12 蛋糕脫模後，用手將蛋糕表面的碎屑拍除乾淨會更美觀（**圖17**）。

桑果戚風蛋糕

份量

· 1個（8吋中空模）

材料

A.麵糊

· 蛋黃5個
· 細砂糖10g
· 橄欖油40g
· 低筋麵粉60g
· 在來米粉30g
· 牛奶50cc
· 桑葚果粒60g
· 桑葚果泥20g

B.蛋白霜

· 蛋白5個
· 檸檬汁1t
· 細砂糖50g

好朋友May寄來好大一盒新鮮的桑葚，顆顆飽滿又漂亮，真是感動不已！這麼美好的禮物一定要趁新鮮趕緊來做一些好吃的點心。清爽的戚風蛋糕就是很好的選擇。用自己做的桑葚果醬，吃得到整顆的果粒，這一季的桑葚讓空氣中都飄散著甜甜的氣味。

4月5日天氣陰，我的小小廚房有彩虹！

準備工作

1. 所有材料量秤好（雞蛋使用冰的）（**圖1**）。
2. 雞蛋將蛋黃蛋白分開（蛋白不可以沾到蛋黃、水分及油脂）（**圖2**）。
3. 低筋麵粉加在來米粉用濾網過篩（**圖3**）。
4. 桑葚果醬取80g，盡量將果粒與湯汁分開。
5. 烤箱打開預熱至160℃。

做法

1. 將蛋黃加細砂糖用打蛋器攪拌均勻（**圖4**）。
2. 然後將橄欖油加入攪拌均勻（**圖5**）。
3. 再將過篩好的低筋麵粉及牛奶分兩次交錯混入攪拌均勻成為無粉粒的麵糊（**圖6、7**）。
4. 然後將桑葚果粒加入混合均勻（**圖8、9**）。
5. 蛋白先用打蛋器打出一些泡沫，然後加入檸檬汁及細砂糖（分兩次加入），打成尾端挺立的蛋白霜（**圖10**）。

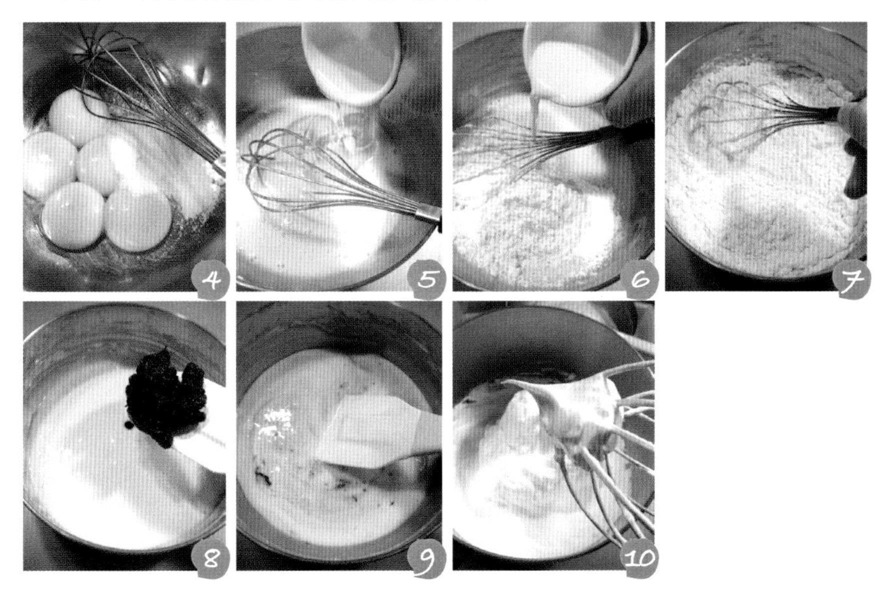

小叮嚀

加在來米粉的目的，是為了保濕，也降低筋性，使得蛋糕組織更鬆軟，沒有或不喜歡可以用低筋麵粉代替。

6 挖1/3份量的蛋白霜混入做法4的桑葚果粒蛋黃麵糊中，用橡皮刮刀沿著盆邊翻轉及劃圈圈的方式攪拌均勻（**圖11、12**）。
7 再將拌勻的麵糊倒入其餘的蛋白霜中，混合均勻（**圖13～15**）。
8 後將桑葚果泥倒入麵糊中，用橡皮刮刀大圈圈攪拌幾下（不需要攪拌均勻，烤出來才有淡淡的紋路）（**圖16～18**）。
9 將攪拌好的麵糊倒入8吋戚風模中（**圖19**）。
10 將麵糊表面用橡皮刮刀抹平整（**圖20、21**）。
11 烘烤前在桌上敲幾下敲出較大的氣泡，放入已經預熱到160℃的烤箱中烘烤50分鐘。（用竹籤插入中心沒有沾黏就可取出，若有沾黏再烤3～5分鐘。）（**圖22**）
12 蛋糕出爐後，馬上倒扣在酒瓶上散熱。
13 完全涼透後用扁平小刀沿著邊緣刮一圈脫模，中央部位及底部也用小刀貼著刮一圈脫模（**圖23、24**）。
14 蛋糕脫模後，用手將蛋糕表面的碎屑拍除乾淨會更美觀。

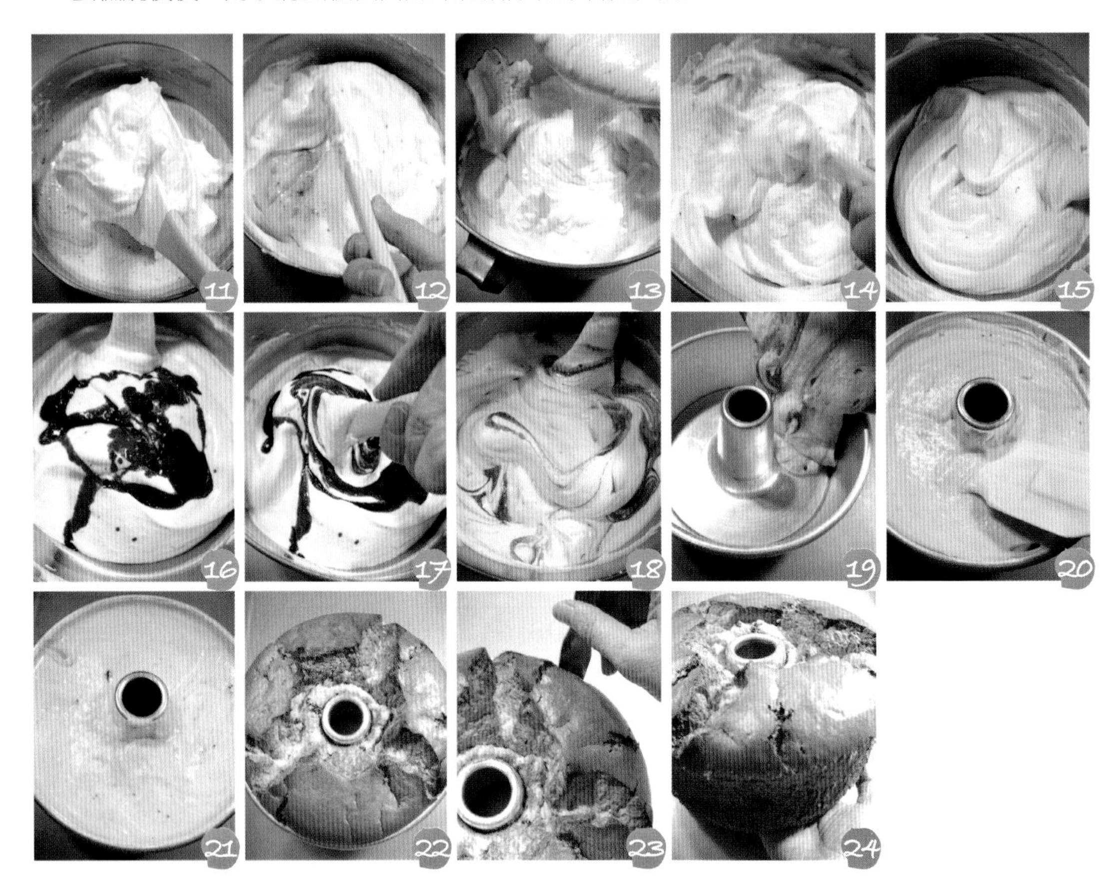

香草牛奶戚風蛋糕

份量

- 1個（8吋分離式戚風蛋糕中空模）

材料

A.麵糊
- 蛋黃5個
- 細砂糖30g
- 橄欖油60g（或任何植物油）
- 低筋麵粉120g
- 牛奶6T
- 香草莢1/3根

B.蛋白霜
- 蛋白6個
- 檸檬汁1t
- 細砂糖60g

前一陣子與老公一同看了《真愛之旅》（Revolutinary Road）這部電影，這也是Kate Winslet和Leonardo DiCaprio繼《鐵達尼號》之後再度聚首的影片。兩人從當年轟轟烈烈的青春情侶變身成為一對中產階級夫妻。

電影中激烈爭吵的畫面讓人印象深刻，兩個曾經深愛對方的人為什麼會變成敵人？爭吵其實不在爭出輸贏，而是藉由這樣溝通的過程了解對方真正的想法，將彼此的觀念表達出來，進而修正相處的方式。

妥協也不是犧牲自己，而是尋找一個平衡點。不同環境背景長大的人要朝夕生活在一起，本來就不是容易的事，很多事情的發展也並不能盡如己意，追求自己理想的同時也必須將現實因素考慮進去。婚姻原本就是夫妻無止盡的學習，將一路上遇到的挫折移除化解，才能通往真正的幸福之路。

香草的芬芳與牛奶的溫潤，組合出單純的基本素烤戚風蛋糕。烤出來的質感組織像絹綢般細緻柔軟。清清淡淡，簡簡單單，平凡中有股低調的幸福。因為有你，結婚紀念日才有了特別的意義。

準備工作

1. 所有材料秤量好；雞蛋必須是冰的（**圖1**）。
2. 香草莢橫剖，用小刀將其中的黑色香草籽刮下來（**圖2**）。
3. 將香草莢及黑色香草籽放入牛奶中混合均勻，用小火煮沸（煮好後將香草莢撈起不要，然後放涼備用）（**圖3**）。
4. 將雞蛋的蛋黃蛋白分開（蛋白不可以沾到蛋黃、水分及油脂）（**圖4**、**5**）。
5. 低筋麵粉用濾網過篩（**圖6**）。
6. 烤箱打開預熱至160℃。

做法

1. 將蛋黃加細砂糖用打蛋器攪拌均勻（圖**7**）。
2. 再將橄欖油加入攪拌均勻（**圖8**）。
3. 再將過篩好的粉類及牛奶分兩次交錯混入，攪拌均勻成為無粉粒的麵糊（**圖9**）。
4. 蛋白先用打蛋器打出一些泡沫，然後加入檸檬汁及細砂糖（分兩次加入）打成尾端挺立的蛋白霜（乾性發泡）（**圖10**）。

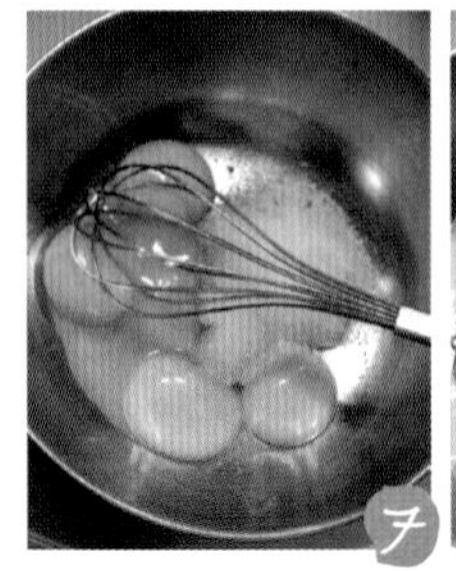

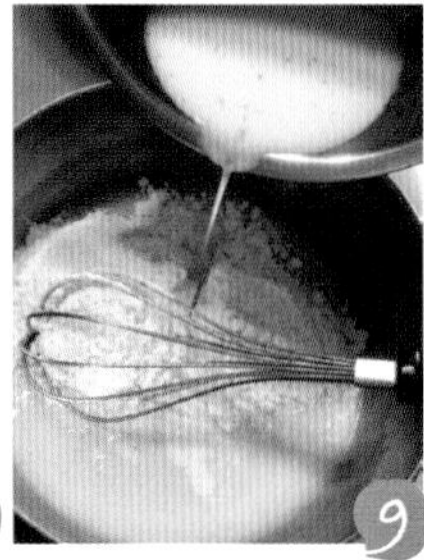
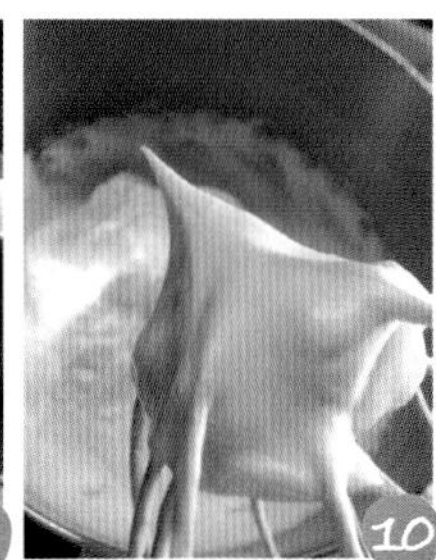

5 挖1/3份量的蛋白霜混入做法3的香草蛋黃麵糊中，用橡皮刮刀沿著盆邊以翻轉及劃圈圈的方式攪拌均勻（**圖11**）。
6 然後再將拌勻的麵糊倒入剩下的蛋白霜中混合均勻（**圖12、13**）。
7 將攪拌均勻的麵糊倒入8吋中空模中（**圖14**）。
8 將麵糊表面用橡皮刮刀抹平整（**圖15、16**）。
9 烘烤前在桌上敲幾下敲出較大的氣泡，放入已經預熱到160℃的烤箱中烘烤50分鐘 （用竹籤插入中心沒有沾黏就可取出，若有沾黏再烤3～5分鐘）。
10 蛋糕出爐後，馬上倒扣在酒瓶上散熱（**圖17**）。
11 （**圖18～20**）。
12 蛋糕脫模後，用手將蛋糕表面的碎屑拍除乾淨會更美觀（**圖21**）。

小叮嚀

如果沒有香草莢，就用香草精1/2t（直接加入到麵糊中），或是香草粉1/2t（與低筋麵粉混合均勻過篩後加入到麵糊中）。

胚芽布丁戚風蛋糕

份量

· 1個（8吋戚風平板模）

材料

A.麵糊
· 牛奶100cc
· 橄欖油60g
· 細砂糖20g
· 低筋麵粉90g
· 蛋黃5個
· 小麥胚芽1.5T
· 米麩1.5T（也可用芝麻粉或小麥胚芽代替）
· 蘭姆酒1t

B.蛋白霜
· 蛋白5個
· 檸檬汁1t
· 細砂糖60g

天氣一冷，我們家的喵喵們更懶了。平常整天就幾乎都在睡的牠們，睡眠時間更長了。現在晚上我有一個小暖爐會來幫忙暖被子。天冷冷有雙雙在，暖烘烘到天亮。早晨睜開眼，看到雙雙偎在身邊好甜蜜。我的寶貝用著不同的方式給我溫暖的愛。

將煮沸的牛奶加入麵粉中使得麵粉先行糊化，這樣做出來的蛋糕組織更保濕柔軟。吃進口中的感覺像綿花般，與傳統拜拜用的布丁蛋糕相似。再加入烤香的小麥胚芽及米麩，出爐香噴噴。

準備工作

1. 所有材料秤量好；雞蛋使用冰的（**圖1**）。
2. 將雞蛋的蛋黃蛋白分開（蛋白不可以沾到蛋黃、水分及油脂）（**圖2**）。
3. 低筋麵粉用濾網過篩（**圖3**）。
4. 小麥胚芽加米麩放至已經預熱到150℃的烤箱中烘烤5～6分鐘取出放涼（**圖4**）。
5. 烤箱打開預熱至160℃。

做法

1. 將牛奶加橄欖油加細砂糖放入盆中煮沸（**圖5、6**）。
2. 將煮沸的牛奶倒入過篩的低筋麵粉中，快速攪拌均勻稍微放涼（**圖7、8**）。
3. 再將蛋黃分兩次加入攪拌均勻（**圖9、10**）。
4. 然後將小麥胚芽、米麩及蘭姆酒加入攪拌均勻（**圖11、12**）。

5 蛋白先用打蛋器打出一些泡沫，然後加入檸檬汁及細砂糖（分兩次加入）打成尾端挺立的蛋白霜（乾性發泡）（**圖13**）。

6 挖1/3份量的蛋白霜混入做法4的蛋黃麵糊中，用橡皮刮刀沿著盆邊以翻轉及劃圈圈的方式攪拌均勻（**圖14、15**）。

7 然後再將拌勻的麵糊倒入剩下的蛋白霜中，混合均勻成為蓬鬆且不流動的麵糊（**圖16～18**）。

8 將攪拌好的麵糊倒入8吋戚風模中（**圖19**）。

9 將麵糊表面用橡皮刮刀抹平整（**圖20**）。

10 烘烤前在桌上敲幾下敲出較大的氣泡，放入已經預熱到160℃的烤箱中烘烤50分鐘（用竹籤插入中心沒有沾黏就可取出，若有沾黏再烤3～5分鐘）（**圖21**）。

11 蛋糕出爐後，用倒扣叉倒扣放涼（**圖22**）。

12 完全涼透後用扁平小刀沿著邊緣刮一圈脫模，底部也用小刀貼著刮一圈脫模。

13 蛋糕脫模後，用手將蛋糕表面的碎屑拍除乾淨會更美觀。

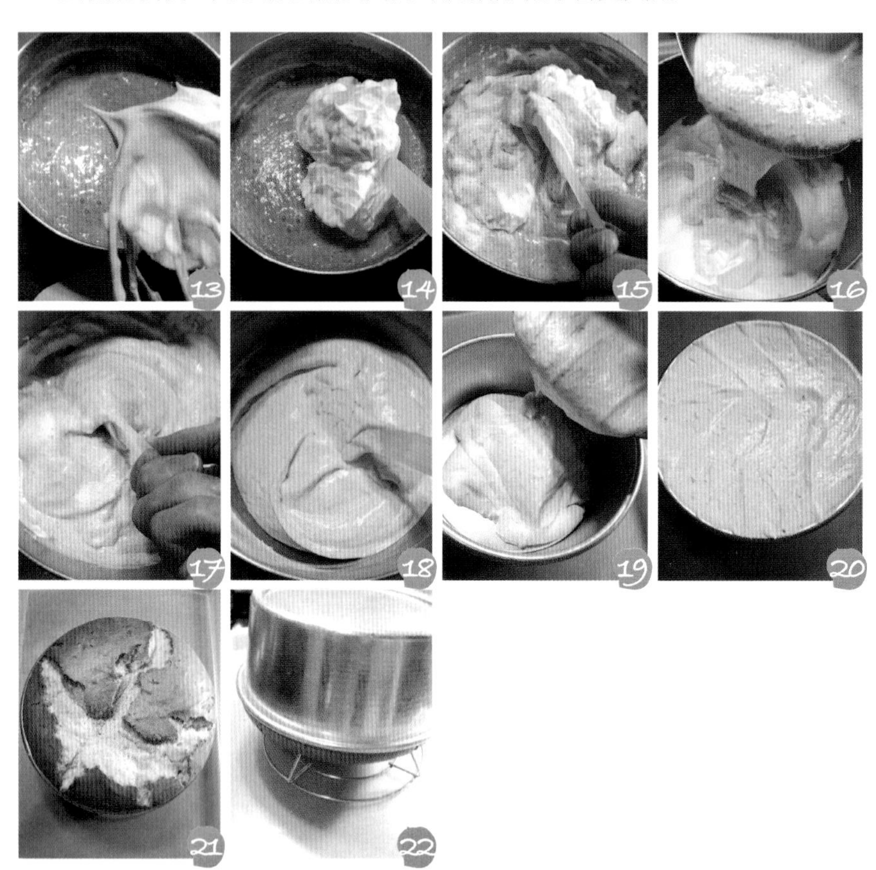

戚風杯子蛋糕
酒漬桂圓

份量

· 約6個（直徑7cm紙杯）

材料

A.酒漬桂圓
- 白蘭地2T
- 桂圓乾30g
- 核桃20g

B.蛋黃麵糊
- 黑糖2T
- 冷水2t
- 蛋黃2個
- 無鹽奶油25g（或液體植物油）
- 低筋麵粉50g
- 動物性鮮奶油20cc（或牛奶）

C.蛋白霜
- 蛋白2個
- 檸檬汁1/2t
- 細砂糖20g

這是屬於大人口味的桂圓蛋糕，組織比較蓬鬆。利用蛋白霜來幫助蛋糕組織自然膨脹，和使用泡打粉等添加劑做出來的口感不同。桂圓乾先用白蘭地浸泡入味，酒香氣十足。

準備工作

1. 所有材料秤量好（**圖1**）。
2. 將白蘭地加入桂圓乾中密封放進冰箱浸泡2～3天完全入味（時間更長一點也沒有影響）（**圖2、3**）。
3. 核桃放至已經預熱到150℃的烤箱中烘烤5～6分鐘取出放涼切小塊；酒漬桂圓撈起切小塊，剩下的酒備用（**圖4**）。
4. 所有材料秤量好；雞蛋使用冰的（**圖5**）。
5. 黑糖2T加冷水熬煮到黑糖融化，放涼備用（**圖6**）。
6. 低筋麵粉用濾網過篩（**圖7**）。
7. 若使用無鹽奶油請放置室溫融化（**圖8**）。
8. 將雞蛋的蛋黃蛋白分開（蛋白不可以沾到蛋黃、水分及油脂）（**圖9**）。
9. 烤箱打開預熱至160℃。

做法

1. 將蛋黃用打蛋器攪拌均勻（**圖10**）。
2. 再依序將融化的奶油、黑糖漿及濾出桂圓剩下的酒加入攪拌均勻（**圖11、12**）。
3. 低筋麵粉及動物性鮮奶油分兩次交錯加入混合均勻（**圖13～15**）。
4. 蛋白先用打蛋器打出一些泡沫，然後加入檸檬汁及細砂糖（分兩次加入）打成尾端挺立的蛋白霜（乾性發泡）（**圖16**）。
5. 挖1/3份量的蛋白霜混入做法3的麵糊中，用橡皮刮刀沿著盆邊以翻轉及劃圈圈的方式攪拌均勻（**圖17**）。
6. 然後再將拌勻的麵糊倒入剩下的蛋白霜中混合均勻（**圖18～20**）。
7. 切成小塊的酒漬桂圓中，灑一些低筋麵粉混合均勻（目的是為了不讓酒漬桂圓沉到蛋糕底部）（**圖21**）。
8. 將2/3核桃及酒漬桂圓加入麵糊中大致混合均勻（**圖22**）。

9 用湯匙將混合均勻的麵糊放入紙杯中約八分滿（**圖23**）。
10 最後在麵糊上方平均鋪放剩下1/3的核桃（**圖24**）。
11 放進已經預熱至160℃的烤箱中烘烤18～20分鐘 （竹籤插入中心沒有沾黏即可）（**圖25**）。
12 蛋糕出爐後，馬上放到鐵網架上放涼即可。

小叮嚀

若不喜歡酒味的人可以將白蘭地改成優酪乳或養樂多代替。

香橙戚風蛋糕

· 1個（8吋分離式圓模）

A.麵糊
· 蛋黃5個
· 細砂糖10g
· 橄欖油40g
· 低筋麵粉60g
· 在來米粉30g
· 柳橙汁50cc
· 蜜漬橙皮60g

B.蛋白霜
· 蛋白5個
· 檸檬汁1t
· 細砂糖50g

將水果與甜點融合，做出來的甜點不甜不膩，水果的芳香與自然甜更可以減少糖的使用量。材料中特別使用了西式點心並不常用到的在來米粉，但是在來米粉吸水保濕的特性讓蛋糕組織更鬆軟可口。將盛產的甜橙做成的果醬加入麵糊中，這個蛋糕有一股清新的味道。若沒有甜橙果醬可以直接使用韓國柚子醬來代替。

準備工作

1. 所有材料量秤好（雞蛋使用冰的）（**圖1**）。
2. 雞蛋將蛋黃蛋白分開（蛋白不可以沾到蛋黃、水分及油脂）（**圖2**）。
3. 低筋麵粉加在來米粉用濾網過篩（**圖3**）。
4. 蜜漬橙皮切成小丁狀。
5. 烤箱打開預熱至160℃。

做法

1. 將蛋黃加細砂糖用打蛋器攪拌均勻（**圖4**）。
2. 然後將橄欖油加入攪拌均勻（**圖5**）。
3. 再將過篩好的粉類及柳橙汁，分兩次交錯混入攪拌均勻，成為無粉粒的麵糊（**圖6～8**）。
4. 最後將蜜漬橙皮加入混合均勻（**圖9、10**）。
5. 蛋白先用打蛋器打出一些泡沫，然後加入檸檬汁及細砂糖（分兩次加入），打成尾端挺立的蛋白霜（**圖11**）。
6. 挖1/3份量的蛋白霜混入做法4的蜜漬橙皮蛋黃麵糊中，用橡皮刮刀沿著盆邊翻轉及劃圈圈的方式攪拌均勻（**圖12、13**）。
7. 再將拌勻的麵糊倒入其餘的蛋白霜中混合均勻（**圖14、15**）。
8. 將攪拌好的麵糊倒入8吋戚風模中（**圖16**）。
9. 將麵糊表面用橡皮刮刀抹平整（**圖17、18**）。
10. 烘烤前在桌上敲幾下敲出 較大的氣泡，放入已經預熱到160℃的烤箱中烘烤50分鐘。（用竹籤插入中心沒有沾黏就可取出，若有沾黏再烤3～5分鐘。）（**圖19**）
11. 蛋糕出爐後，馬上使用倒扣叉倒扣散熱（**圖20**）。
12. 完全涼透後，用扁平小刀沿著邊緣刮一圈脫模（**圖21**）。
13. 蛋糕脫模後，用手將蛋糕表面的碎屑拍除乾淨會更美觀。

超軟巧克力戚風蛋糕

份量

· 1個（8吋戚風蛋糕中空模）

材料

A.麵糊

· 牛奶115cc
· 橄欖油30g（或任何植物油）
· 低筋麵粉60g
· 無糖純可可粉20g
· 全蛋1個
· 蛋黃5個
· 細砂糖20g

B.蛋白霜

· 蛋白5個
· 檸檬汁1t
· 細砂糖60g

寫部落格已經超過一年，在這一段不算短的日子，我從一個朝九晚五的上班族變成全職的家庭主婦，並重拾自己最喜愛的烘焙料理，在廚房中開心的找到自己的世界。我利用部落格將自己的料理全部忠實的記錄下來，也很開心認識了這麼多好朋友，大家也不吝給我熱情的回應。

我很珍惜每一個來訪朋友的一字一句，你們願意花下時間打字在這裡跟我互動，這些都是我寫部落格最珍貴的收穫。謝謝你們，也謝謝默默給我支持潛水的朋友，因為你們，我的所有分享才有了意義。

鬆軟清淡的戚風蛋糕是家裡最受歡迎的甜點，只要蛋白霜打的好，這是最不會失敗的蛋糕，糖的份量剛剛好，不甜不膩有鬆軟，多吃一塊也不會有太多的罪惡感。

準備工作

1. 所有材料量秤好（雞蛋使用冰的）（**圖1**）。
2. 雞蛋5個將蛋黃蛋白分開（蛋白不可以沾到蛋黃、水分及油脂）（**圖2**）。
3. 低筋麵粉加無糖純可可粉混合均勻，用濾網過篩（**圖3**）。
4. 烤箱打開預熱至160℃。

做法

1. 將牛奶、橄欖油及細砂糖倒入工作盆中煮至沸騰（**圖4、5**）。
2. 然後將過篩好的粉類一口氣倒入（**圖6**）。
3. 將過篩的粉類一口氣倒入，用木匙快速攪拌（攪拌過程火不能關，一邊攪拌到粉變成有一點透明不沾鍋才能關火）（**圖7**）。
4. 攪拌到麵粉完全成團且不沾鍋子即離火（**圖8、9**）。
5. 稍微放涼一些，將麵糊部分的雞蛋液分4～5次慢慢加入，每一次加入都要攪拌均勻才加下一次的蛋液（**圖10、11**）。

6 完成的麵糊會呈現倒三角形緩慢流下的程度，若沒有請繼續添加蛋液，直到呈現倒三角形緩慢流下的程度（**圖12、13**）。
7 蛋白霜部分先用打蛋器打出一些泡沫，然後加入檸檬汁及細砂糖（分兩次加入），打成尾端挺立的蛋白霜（**圖14**）。
8 挖1/3份量的蛋白霜混入蛋黃麵糊中，用橡皮刮刀沿著盆邊翻轉及劃圈圈的方式攪拌均勻（**圖15、16**）。
9 再將拌勻的麵糊倒入剩下的蛋白霜中混合均勻（**圖17～19**）。
10 將攪拌好的麵糊倒入8吋戚風模中，將麵糊表面用橡皮刮刀抹平整（**圖20、21**）。
11 烘烤前在桌上敲幾下敲出較大的氣泡，放入已經預熱到160℃的烤箱中烘烤50分鐘。（用竹籤插入中心沒有沾黏就可取出，若有沾黏再烤3～5分鐘。）（**圖22**）
12 蛋糕出爐後，馬上倒扣在酒瓶上散熱。
13 完全涼透後用扁平小刀沿著邊緣刮一圈脫模，中央部位及底部也用小刀貼著刮一圈脫模（**圖23**）。
14 蛋糕脫模後，用手將蛋糕表面的碎屑拍除乾淨會更美觀（**圖24**）。

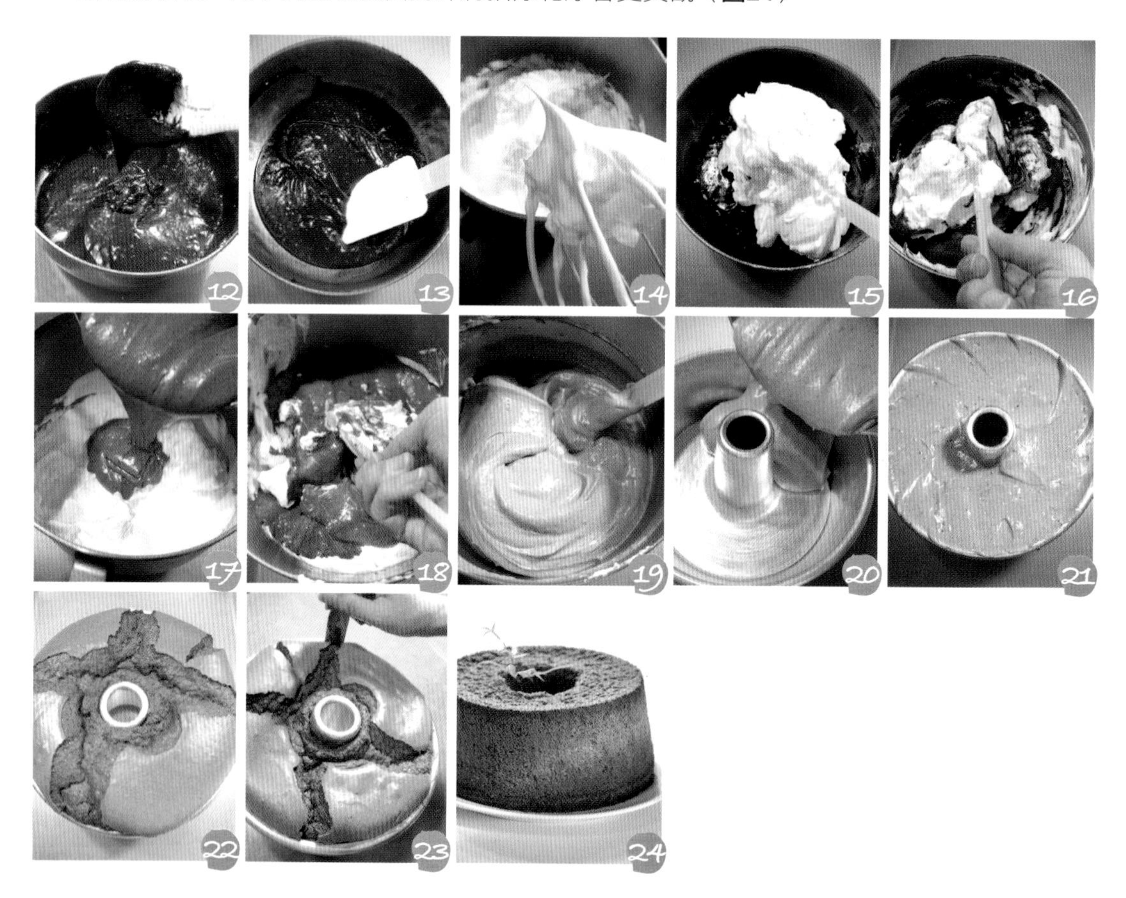

海綿蛋糕。

利用全蛋加上足夠量的糖，將全蛋液稍微加溫至體溫程度，
使得雞蛋表面張力變弱而容易起泡。
攪打產生的細緻泡沫就達到蛋糕膨脹的目的。
油脂添加以液體形式而且份量較少，蛋糕口感較鬆散。
烘烤時模具必須先塗油鋪紙才方便脫模。

基礎海綿蛋糕

份量

· 6吋1個

材料

· 雞蛋3個
· 細砂糖60g
· 低筋麵粉50g
· 玉米粉10g
· 無鹽奶油20g
· 香草精1/4t

準備工作

1 所有材料量秤好，雞蛋必須是室溫的溫度（**圖1**）。
2 低筋麵粉加玉米粉用篩網過篩（**圖2**）。
3 無鹽奶油用微波爐稍微微波7～8秒至融化，將香草精加入混合均勻備用（**圖3**）。
4 烤盒刷上一層無鹽奶油（份量外），邊緣及底部鋪上一層白報紙（**圖4～6**）。
5 找一個比工作的鋼盆稍微大一些的鋼盆裝上水煮至50℃。
6 烤箱預熱至170℃。

做法

1 用打蛋器將雞蛋與細砂糖打散，並攪拌均勻（**圖7**）。
2 將鋼盆放上已經煮至沸騰的鍋子，上方用隔水加熱的方式加熱（**圖8、9**）。
3 打蛋器以高速將蛋液打到起泡且蓬鬆的程度（**圖10**）。
4 用手指不時試一下蛋液的溫度，若感覺到體溫38～40℃左右的程度就將鋼盆從沸水上移開（**圖11**）。
5 移開後繼續用高速將全蛋打發（**圖12**）。
6 打到蛋糊蓬鬆，拿起打蛋器滴落下來的蛋糊能夠有非常清楚的摺疊痕跡，就表示打好了（**圖13**）。
7 將低筋麵粉分三次以濾網過篩進蛋糊中（篩入粉的時候不要揚的太高）（**圖14**）。
8 使用打蛋器以旋轉的方式攪拌，並且將沾到鋼盆邊緣的粉刮起來混合均勻（動作輕但是要確實）（**圖15**）。
9 最後將一部分的麵糊倒入融化的無鹽奶油中，用打蛋器攪拌均勻（**圖16、17**）。
10 然後再將攪拌均勻的奶油倒回其餘麵糊中，用打蛋器攪拌均勻（**圖18～20**）。
11 完成的麵糊從稍微高一點的位置倒入烤盒中，在桌上敲幾下敲出大氣泡（**圖21、22**）。
12 放入已經預熱到170℃的烤箱中烘烤30～32分鐘，至竹籤插入中心沒有沾黏即可（**圖23**）。
13 蛋糕出爐後，馬上倒扣在鐵網架上，包覆一條擰乾的濕布放涼（**圖24、25**）。
14 放涼後撕去底部及邊緣烤焙紙即可（**圖26**）。
15 放入塑膠袋中避免乾燥即可使用（**圖27**）。

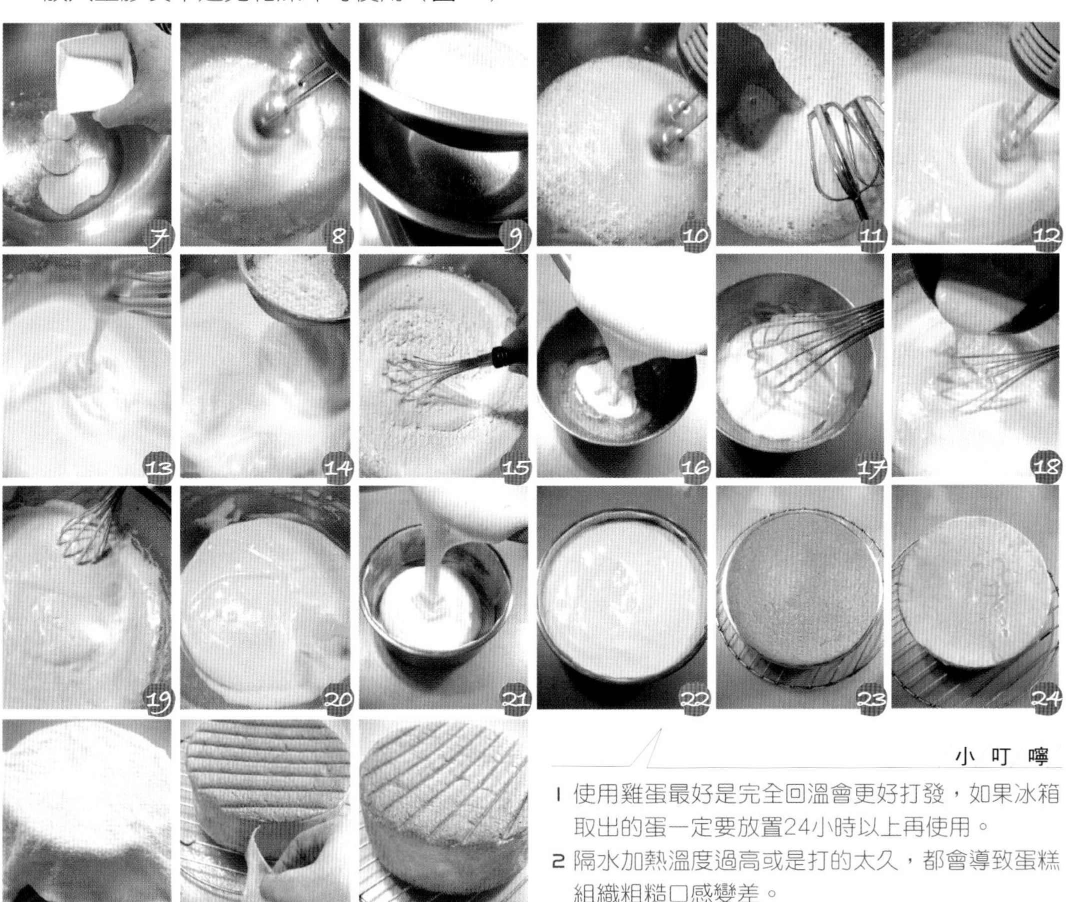

小叮嚀

1 使用雞蛋最好是完全回溫會更好打發，如果冰箱取出的蛋一定要放置24小時以上再使用。
2 隔水加熱溫度過高或是打的太久，都會導致蛋糕組織粗糙口感變差。

巧克力核桃海綿蛋糕

份量

- 1個（20cm×20cm×5cm方型烤模）

材料

- 牛奶巧克力塊180g（可以選擇自己喜歡的口味）
- 無鹽奶油100g
- 雞蛋3個
- 細砂糖40g
- 低筋麵粉110g
- 白蘭地1t
- 核桃120g（分成70g與50g）

三天的假期沒有特別的安排，和妹妹一起幫爸爸過了一個簡單的生日，一家人在最近忙碌的生活中難得的聚在一塊。媽媽煮了好吃的長壽麵，爸爸的學生也送來了一個超大的生日蛋糕，在我們的生日歌聲中，祝福父親身體健康，永遠快樂。

假期的時候也沒有閒著，做了一個簡單的巧克力甜點來當成下午茶的點心。利用全蛋打發的方式，加上我最喜歡的核桃及巧克力兩種元素，泡壺好茶吃個點心，就可以度過一個閒靜的午後。

準備工作

1. 所有材料秤量好；雞蛋放置到室溫的溫度（**圖1**）。
2. 低筋麵粉用濾網過篩（**圖2**）。
3. 烤模鋪上一層烤焙紙（或刷上一層奶油再灑上一層低筋麵粉）（**圖3**）。
4. 將核桃放入烤箱用150度烤7～8分鐘，取其中70g切成碎粒（**圖4**）。
5. 烤箱預熱至170℃。

做法

1. 巧克力塊用刀切碎，無鹽奶油切小塊（**圖5**）。
2. 將巧克力碎加無鹽奶油放入盆中，下方墊一個小一點的鍋子。利用蒸氣加熱使得巧克力及無鹽奶油慢慢融化（一邊加熱一邊攪拌均勻）（**圖6、7**）。
3. 巧克力及無鹽奶油融化七、八成時就將盆子移開，利用剩下的餘溫將巧克力全部融化，放涼備用（**圖8**）。
4. 用打蛋器將雞蛋與細砂糖打散並攪拌均勻，將鋼盆放上已經煮至沸騰的鍋子上方用蒸氣加熱（**圖9**）。
5. 打蛋器以高速將蛋液打到起泡並且蓬鬆的程度，用手指不時試一下蛋液的溫度，若感覺到體溫38℃～40℃左右的程度，就將鋼盆從沸水上移開（**圖10**）。
6. 移開後，繼續用高速將全蛋打發，打到蛋糊蓬鬆拿起打蛋器滴落下來的蛋糊能夠有非常清楚的摺疊痕跡就是打好了（**圖11**）。
7. 將融化的牛奶巧克力及白蘭地加入，用橡皮刮刀混合均勻（**圖12、13**）。
8. 過篩的低筋麵粉分兩次加入到巧克力麵糊中，用橡皮刮刀以切拌的方式快速混合均勻（**圖14**）。
9. 將切碎核桃粒加入混合均勻（**圖15**）。
10. 混合完成的麵糊倒入模具中（**圖16**）
11. 表面抹平整，將完整的核桃平均放在麵糊上，在桌上敲幾下將麵糊中的大氣泡敲出（**圖17**）。
12. 放入已經預熱至160℃的烤箱中烘烤40分鐘，至竹籤插入中心沒有沾黏即可（**圖18**）。
13. 蛋糕出爐後移到鐵網架上，將四周的烤焙紙撕下放涼即可（**圖19**）。
14. 放涼切成適合大小食用。

海綿蜂蜜蛋糕

份量

- 1個（20cm×20cm×8cm方形烤模）

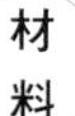

材料

A.自製瓦楞紙烤模

- 瓦楞紙1張
- 鋁箔紙適量

B.蜂蜜蛋糕

- 雞蛋6個
- 細砂糖150g
- 牛奶2T
- 蜂蜜60g
- 高筋麵粉150g

蜂蜜蛋糕是我小時候很美的一個記憶，沒有太多零食的年代，能夠吃到一塊滋味濃郁的蜂蜜蛋糕就是最好的享受。黃澄澄的蛋糕體，細緻厚實，充滿蜂蜜香氣，生日、滿月都可以看到蜂蜜蛋糕的蹤影。

因為蜂蜜蛋糕需要長時間慢慢烘烤，所以傳統的蜂蜜蛋糕都是使用木盒來烘烤。但利用隔熱效果好的瓦楞紙來做一個烤模，烤出來的效果也不錯。全蛋打發要確實，隔水加溫可以幫助全蛋打發的更好。

這是我非常想回味的味道，希望大家也喜歡。

準備工作

1. 所有材料秤量好；雞蛋放置到室溫的溫度。（**圖1**）
2. 雞蛋打散放入鋼盆中。
3. 烤盤鋪上一層瓦楞紙（因為烤盤要放烤箱較中下層，鋪一層厚瓦楞紙可以避免底部烤焦）。
4. 找一個比工作的鋼盆大一些的鋼盆裝上水煮至50℃。
5. 烤箱預熱至170℃。

做法

（A.自製瓦楞紙烤模）

1 將瓦楞紙裁剪成36cm×36cm的紙型（箱底尺寸為20cm×20cm，四邊各留8cm折起做為圍邊）（**圖2**）。
2 瓦楞紙四角裁掉8cm×6cm（保留2cm做為黏合）（**圖3**）。
3 用釘書機將四個角釘牢（**圖4**）。
4 箱子內部包覆上2層鋁箔紙，邊緣稍微覆蓋過紙箱（**圖5**）。

（B.製作蜂蜜蛋糕）

5 將鋼盆放上已經煮至50℃的盆子中，隔水加溫蛋液（**圖6**）。
6 細砂糖加入雞蛋中，用打蛋器打散並使用高速攪打（**圖7**）。
7 蛋液加熱到約40℃時就可以離開加熱的熱水盆（或用手指測試一下蛋液的溫度，若感覺到體溫的程度就將鋼盆從熱水上移開）。
8 打蛋器繼續以高速將蛋液持續攪打到體積膨脹並且蓬鬆的程度，打蛋器尾端滴落有略微明顯的痕跡（此六分發程度至少約需6～7分鐘）（**圖8～10**）。
9 牛奶稍微加溫到40℃，將蜂蜜加入混合均勻（**圖11、12**）。

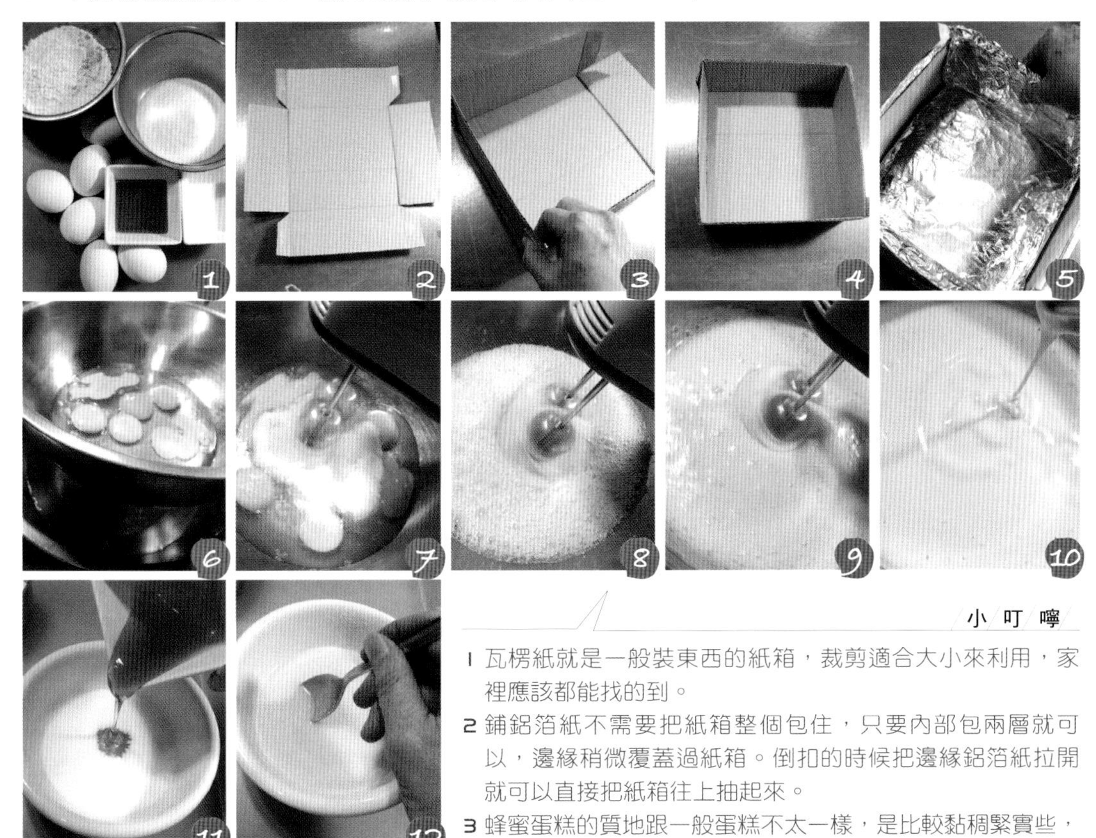

小叮嚀

1 瓦楞紙就是一般裝東西的紙箱，裁剪適合大小來利用，家裡應該都能找的到。
2 鋪鋁箔紙不需要把紙箱整個包住，只要內部包兩層就可以，邊緣稍微覆蓋過紙箱。倒扣的時候把邊緣鋁箔紙拉開就可以直接把紙箱往上抽起來。
3 蜂蜜蛋糕的質地跟一般蛋糕不太一樣，是比較黏稠緊實些，所以用高筋麵粉來做。沒有高筋麵粉就使用中筋麵粉。
4 烘烤的時候可以多墊一個烤盤墊，避免底部溫度過高。

10 將牛奶蜂蜜水分2～3次加入到打至六分發的全蛋中（**圖13**）。

11 一邊倒牛奶蜂蜜水一邊使用高速攪打，將全蛋完全打發（此過程至少約3分鐘）。

12 打到蛋糊蓬鬆拿起打蛋器滴落下來的蛋糊能夠劃圈圈有非常清楚的痕跡就是打好了（此做法很重要，如果沒有將全蛋打發到這個程度，與粉類攪拌的時候很容易就消泡，便烤不出蓬鬆的海綿蛋糕了）（**圖14**）。

13 將高筋麵粉分兩次篩入，使用低速攪拌約30秒將蛋糊與麵粉攪拌均勻（**圖15、16**）。

14 完成的麵糊從稍微高一點的位置倒入烤模中（高一點倒入可以使得麵糊中的大氣泡消失）（**圖17**）。

15 拿一根筷子或竹籤在麵糊中間距1cm垂直水平來回劃S型（此做法仔細做兩次，使得麵糊中的氣泡均勻）（**圖18**）。

16 放入已經預熱到170℃的烤箱較下層的位置，烘烤10分鐘，然後將溫度調整為150℃繼續烘烤45～50分鐘（時間到用手輕拍一下蛋糕上方，如果感覺表面有沙沙的聲音就是烤好了）（**圖19**）。

17 蛋糕出爐後，馬上用一張耐熱保鮮膜包覆住（**圖20**）。

18 整個蛋糕倒扣，將瓦楞紙烤模移開（馬上倒扣表面才會平整）（**圖21**）。

19 完全涼透才將蛋糕翻轉過來，將鋁箔紙撕開（**圖22**）。

20 將蛋糕裝入大塑膠袋密封避免乾燥，擺放一夜更好吃。

21 四周邊緣切掉，再切成喜歡大小即可（切的時候刀子沾濕會比較好切）（**圖23～25**）。

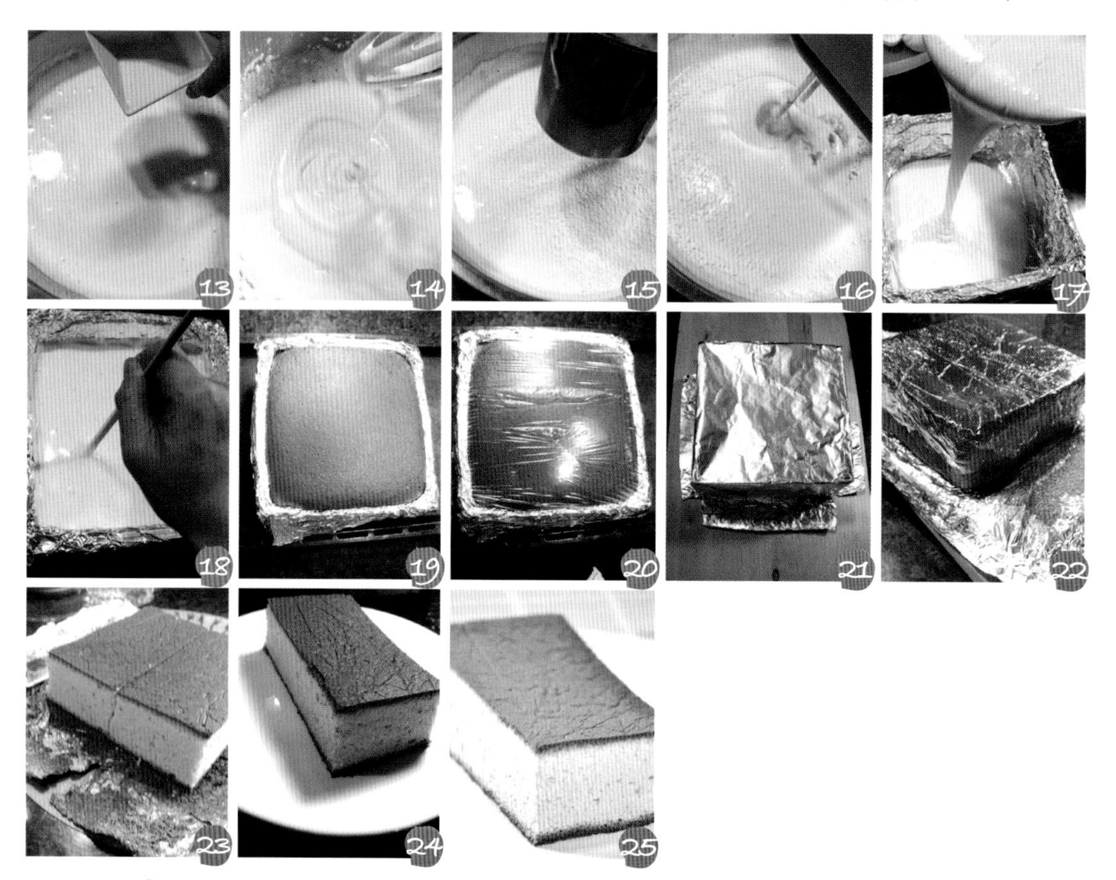

焦糖香蕉蛋糕

份量

· 1個（8cm×17cm×6cm長方形烤模）

材料

A.焦糖醬
· 動物性鮮奶油30g
· 細砂糖50g
· 冷開水1T

B.焦糖香蕉麵糊
· 細砂糖40g
· 雞蛋2個
· 低筋麵粉100g
· 香蕉90g
· 焦糖醬40g
· 無鹽奶油40g

C.表面裝飾
· 杏仁片適量

早上陽光露臉，是去通化街採購的好日子。香蕉一斤才12元，買了兩斤，老闆還多送了幾根已經熟透的香蕉。本來不想拿，因為我最怕熟透的香蕉啊！但忽然想到剛好可以拿來做蛋糕，這樣下午的點心就有著落了，呵呵。

其實我不是挺喜歡香蕉這種水果，原因是它水分太少，又太甜膩，完全不符合我對水果的期望。所以往往在買水果時都會刻意忽略它。但說來奇怪，有一年夏天香蕉忽然身價大漲，從平時每斤18元飆漲到60元。我原本還高興的想，還好不是我喜歡的水果，漲價根本不關我事。但是看到媒體天天報導香蕉產量稀少，我竟然就特別想吃香蕉。就好像平時也沒有想吃粽子或湯圓，但是一到端午節、元宵節，肚子裡的饞蟲就跑出來了。

使用全蛋打發的海綿蛋糕，再加上焦糖醬與充滿甜香的香蕉，這個蛋糕多了焦香的好滋味。

準備工作

1 所有材料秤量好；雞蛋與牛奶放置到室温的溫度（**圖1**、**2**）。
2 香蕉用叉子壓成細緻的泥狀（**圖3**）。
3 烤模鋪上一層烤焙紙（**圖4**）。
4 無鹽奶油用微波爐稍微微波8～10秒或隔水加熱至融化。
5 雞蛋與細砂糖放入鋼盆中。
6 找一個比工作的鋼盆稍微小一些的鋼盆裝上水煮熱。
7 烤箱預熱至180℃。

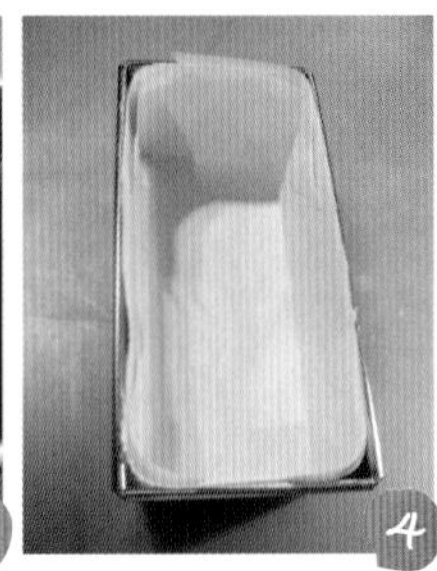

做法

（A.製作焦糖醬）

1 動物性鮮奶油煮至溫熱。
2 細砂糖及冷開水放入不鏽鋼盆中（**圖5**）。
3 輕輕搖晃一下不鏽鋼盆，使得糖與冷水混合均勻。
4 開小火煮糖液，一開始不要攪拌（攪拌了糖會煮不融）（**圖6**）。
5 當糖液開始變咖啡色，才用木匙輕輕攪拌均勻（**圖7**）。
6 煮到深咖啡色冒大泡泡就馬上關火，將煮熱的動物性鮮奶油倒入，迅速攪拌均勻放涼備用（**圖8～10**）。

（B.製作焦糖香蕉麵糊）

7 將細砂糖加入雞蛋中（**圖11**）。
8 用打蛋器將雞蛋與細砂糖打散並攪拌均勻（**圖12**）。
9 將鋼盆放上已經煮至溫熱的鍋子中用隔水加熱的方式加熱（**圖13**）。
10 打蛋器以高速將蛋液打到起泡並且蓬鬆的程度（**圖14**）。
11 用手指不時試一下蛋液的溫度，若感覺到體溫的程度就將鋼盆從沸水上移開（或使用溫度計測試溫度到達40℃）（**圖15**、**16**）。
12 移開後繼續用高速將全蛋打發。
13 打到蛋糊蓬鬆拿起打蛋器滴落下來的蛋糊能夠有非常清楚的摺疊痕跡就是打好了（此做法很重要，如果沒有將全蛋打發到這個程度，與粉類攪拌的時候很容易就消泡，便烤不出蓬鬆的海綿蛋糕了）（**圖17**）。
14 將低筋麵粉分兩次用濾網均勻過篩灑在蛋糊上，用打蛋器輕輕攪拌均勻（**圖18**、**19**）。
15 再將香蕉泥及焦糖醬加入混合均勻（**圖20**、**21**）。
16 最後將融化的奶油加入混合均勻（**圖22**、**23**）。
17 完成的麵糊倒入烤模中（**圖24**）。

18 在麵糊表面灑上杏仁片（**圖25**）。

19 放入已經預熱至160℃的烤箱中烘烤40分鐘，至表面呈現金黃色即可。

20 蛋糕出爐後，將蛋糕脫模放至鐵網架上冷卻（**圖26**）。

21 完全冷卻再將烤焙紙撕開（**圖27、28**）。

蛋糕捲。

此類蛋糕體基本是以戚風蛋糕及海綿蛋糕為主，
但是烘烤成平板模式。
內餡捲入各式各樣的軟餡，
例如打發鮮奶油、卡士達蛋奶醬，再加上水果等組合而成。

原味海綿蛋糕捲

份量

· 1個（43cm×30cm烤盤）

材料

A.櫻桃果醬鮮奶油
· 細砂糖15g
· 動物性鮮奶油200cc
· 櫻桃果醬45g

B.原味海綿蛋糕
· 雞蛋5個
· 細砂糖100g
· 牛奶2T
· 低筋麵粉80g
· 玉米粉20g
· 橄欖油40g

記得小時候沒有現在這麼多種類的蛋糕，最常吃的就是在傳統麵包店中買到的橢圓形海綿蛋糕，但那已經是很不得了的享受了。海綿蛋糕雞蛋味道濃郁，口感鬆軟，也是生日蛋糕常見的基底，抹上鮮奶油或果醬就有很多變化。今天只想單純烤一個海綿蛋糕，回憶童年的自己，在物質生活並不豐富的那個年代，海綿蛋糕就能讓我有簡單的幸福。

海綿蛋糕雖然是很常見的蛋糕，但是要做到烤出來蓬鬆卻不是很容易的事。利用蒸氣加熱，使得雞蛋表面張力變弱而容易起泡，溫度只要加溫到體溫的程度就好，太燙是會讓雞蛋凝結的。如果使用橡皮刮刀覺得不好控制，可以試試用打蛋器來操作會比容易些。這樣可以減少攪拌時間過久而讓氣泡消失。

準備工作

1. 所有材料秤量好；雞蛋與牛奶放置到室温的溫度（**圖1、2**）。
2. 低筋麵粉加玉米粉用濾網過篩（**圖3**）。
3. 雞蛋放入鋼盆中（**圖4**）。
4. 烤盤鋪上烤焙紙（烤盤噴一些水或抹一些奶油固定烤焙紙）。
5. 找一個比工作的鋼盆稍微小一些的鋼盆裝上水煮滾。
6. 烤箱預熱至180℃。

做法

（A.製作櫻桃果醬鮮奶油）

1. 將細砂糖倒入動物性鮮奶油中（**圖5**）。
2. 使用低速將鮮奶油打至產生泡沫的程度（氣溫高鋼盆底部要墊冰塊，用低速慢慢打發，就不容易產生油水分離的狀況）（**圖6**）。
3. 將果醬加入，使用低速打至尾端挺立約八分發的程度，然後放入冰箱冷藏（**圖7、8**）。

（B.製作原味海綿蛋糕）

4. 用打蛋器將雞蛋打散並攪打到有泡沫的狀態（**圖9、10**）。
5. 將細砂糖加入（**圖11**）。
6. 鋼盆放上已經煮至沸騰的鍋子上方利用蒸氣加熱蛋液（**圖12**）。
7. 打蛋器以高速將蛋液打到起泡並且蓬鬆的程度（**圖13**）。
8. 蛋液加熱到約40℃時就可以離開加熱的水盆（或用手指測試一下蛋液的溫度，若感覺到體溫的程度就將鋼盆從沸水上移開）（**圖14**）。
9. 移開熱水後繼續用高速將全蛋打發（**圖15**）。
10. 打到蛋糊蓬鬆拿起打蛋器滴落下來的蛋糊能夠有非常清楚的摺疊痕跡就是打好了（此做法很重要，如果沒有將全蛋打發到這個程度，與粉類攪拌的時候很容易就消泡，便烤不出蓬鬆的海綿蛋糕了）（**圖16**）。
11. 再使用最低速攪拌約30秒將蛋糊攪拌均勻，使得蛋糊氣泡更細緻。

12 將牛奶均勻灑在蛋糊上，用打蛋器輕輕攪拌均勻（**圖17、18**）。
13 將過篩的粉類分3～4次以濾網均勻過篩進蛋糊中（**圖19**）。
14 利用打蛋器以旋轉的方式攪拌，並且將沾到鋼盆邊緣的粉刮起來混合均勻 （動作輕但是要確實）（**圖20、21**）。
15 將麵糊倒出部分在小盆子中，然後把橄欖油倒入（**圖22**）。
16 利用打蛋器以旋轉的方式將麵糊與油脂攪拌均勻（**圖23**）。
17 再將攪拌好的麵糊倒入其餘麵糊中用打蛋器或橡皮刮刀攪拌均勻即可（**圖24**）。
18 完成的麵糊倒入烤盤中，用橡皮刮刀抹平整（**圖25、26**）。
19 在桌上敲幾下敲出大氣泡。
20 放入已經預熱到180℃的烤箱中烘烤12～15分鐘（時間到用手輕拍一下蛋糕上方，如果感覺有沙沙的聲音就是烤好了）。
21 蛋糕出爐後馬上移出烤盤，將四周的烤焙紙撕開放涼（**圖27**）。
22 完全放涼後將蛋糕翻過來，底部烤焙紙撕開（**圖28**）。
23 底部墊著撕下來的烤焙紙，烤面朝上。
24 在蛋糕開始捲起處用刀切3～4條不切到底的線條（這樣捲的時候中心才不容易裂開）（**圖29**）。
25 將夾餡的櫻桃鮮奶油適量均勻的塗抹在蛋糕表面上（鮮奶油厚度請依照自己喜好調整）（**圖30**）。
26 由自己身體這一側緊密往外捲（**圖31、32**）。
27 最後用烤焙紙將整條蛋糕捲起，收口朝下用塑膠袋裝起，放置到冰箱冷藏2～3小時定形再取出切片。

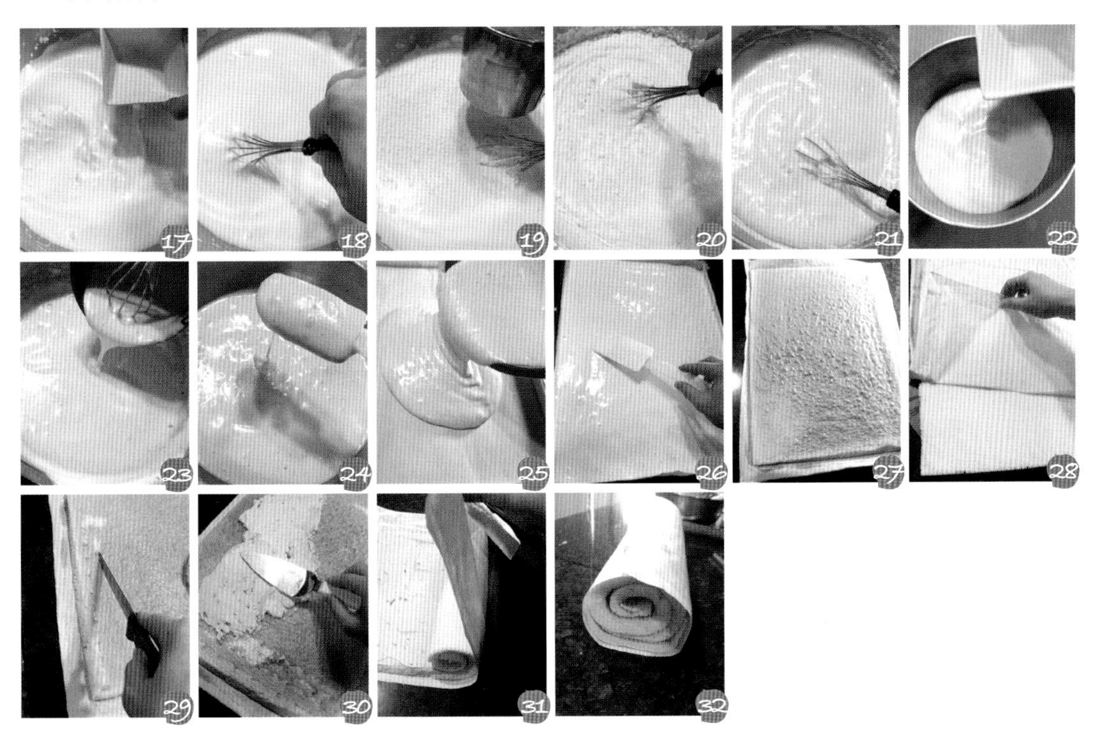

巧克力乳酪蛋糕捲

份量

· 1個（43cm×30cm烤盤）

材料

A.麵糊
· 巧克力塊40g
· 奶油乳酪60g
· 細砂糖30g
· 蛋黃5個
· 橄欖油30g
（或任何植物油）
· 低筋麵粉70g
· 無糖可可粉20g
· 牛奶3T

B.蛋白霜
· 蛋白5個
· 檸檬汁1t
· 細砂糖50g

C.蛋糕捲夾餡巧克力鮮奶油
a.
· 動物性鮮奶油200cc
· 白蘭地1/4T
b.
· 巧克力磚75g
· 動物性鮮奶油20cc（夾餡巧克力鮮奶油做法請參考138頁）

Leo學校開出了暑假書單，帶著他到誠品找書。在偌大的書店中穿梭，看著架上的書，感覺得到知識傳達出一股無聲的力量。閱讀是最好的心靈啟發，在浩瀚的書海中遨遊是最快樂的事。

冰箱的奶油乳酪已經接近保存期限，所以得趕緊做個甜點消化掉。簡單的蛋糕捲是家裡最受歡迎的，沒有人會放棄。^^

準備工作

1. 所有材料秤量好；奶油乳酪回復到室溫溫度（**圖1**）。
2. 雞蛋從冰箱取出將蛋黃蛋白分開，蛋白不可以沾到蛋黃、水分及油脂（**圖2**）。
3. 低筋麵粉加無糖可可粉用濾網過篩（**圖3**）。
4. 烤盤鋪上烤焙紙（烤盤噴一些水或抹一些奶油固定烤焙紙）（**圖4**）。
5. 烤箱打開預熱至170℃。

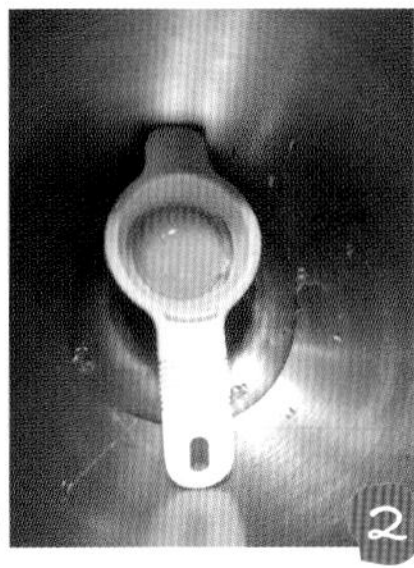

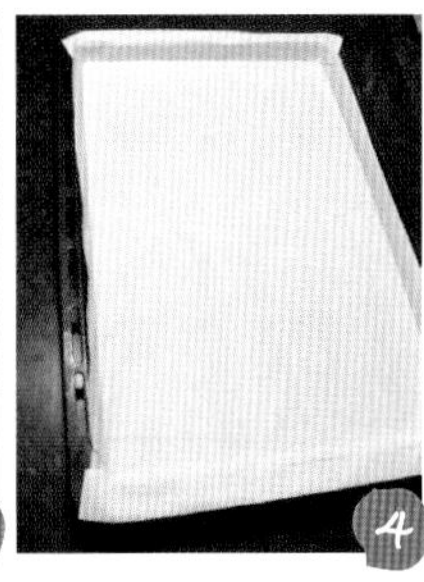

做法

1. 巧克力塊隔水加熱融化成為巧克力醬（加熱溫度不要超過50℃）。
2. 將回溫的奶油乳酪加細砂糖用打蛋器攪拌均勻成乳霜狀，然後將蛋黃分2～3次加入攪拌均勻（**圖5**）。
3. 再依序將橄欖油及融化的巧克力醬加入攪拌均勻（**圖6**）。
4. 最後將過篩好的粉類與牛奶分兩次交錯混入，攪拌均勻成為無粉粒的麵糊（**圖7、8**）。
5. 蛋白先用打蛋器打出一些泡沫，然後加入檸檬汁及細砂糖（分兩次加入）打成尾端挺立的蛋白霜（**圖9**）。
6. 挖1/3份量的蛋白霜混入蛋黃麵糊中，用橡皮刮刀沿著盆邊以翻轉及劃圈圈的方式攪拌均勻（**圖10、11**）。
7. 然後再將拌勻的麵糊倒入剩下的蛋白霜中混合均勻（**圖12、13**）。

8 倒入鋪上烤焙紙的烤盤中用刮板抹平整，進爐前在桌上輕敲幾下敲出較大的氣泡（**圖14～16**）。
9 放入已經預熱到170℃的烤箱中烘烤12～15分鐘（時間到用手輕拍一下蛋糕上方，如果感覺有沙沙的聲音就是烤好了）（**圖17**）。
10 蛋糕出爐後馬上移出烤盤，避免烤盤餘溫將蛋糕悶至乾硬，將四周的烤焙紙撕開（**圖18**）。
11 完全放涼後將蛋糕翻過來，底部烤焙紙撕開（**圖19**）。
12 底部墊著撕下來的烤焙紙，烤面朝上。
13 在蛋糕開始捲起處用刀切3～4條不切到底的線條（這樣捲的時候中心才不容易裂開）（**圖20**）。
14 將夾餡的巧克力鮮奶油適量均勻的塗抹在蛋糕表面上（巧克力奶油厚度請依照自己喜好調整）（**圖21**）。
15 由自己身體這一側緊密往外捲（**圖22、23**）。
16 最後用烤焙紙將整條蛋糕捲起，收口朝下用塑膠袋裝起，放置到冰箱冷藏2～3小時定形再取出切片（**圖24**）。

巧克力香蕉捲

份量

· 1個（43cm×30cm烤盤）

材料

A.麵糊

· 蛋黃5個
· 細砂糖20g
· 橄欖油30g
（或任何植物油）
· 低筋麵粉60g
· 無糖可可粉30g
· 牛奶3T

B.蛋白霜

· 蛋白5個
· 檸檬汁1t
· 細砂糖60g

C.中間包餡

· 動物性鮮奶油150cc
· 細砂糖15g
· 新鮮香蕉2根（不要太軟）

這個蛋糕做好之後，得到我們家兩個男生很大的讚賞。香蕉與巧克力好搭，鮮奶油好像都加了香料似的散發著特別的香氣。巧克力蛋糕體柔軟細緻，我接連做了兩條家人都吃光光，很有成就感。

準備工作

1. 動物性鮮奶油加細砂糖用打蛋器低速打至八分發（不會流動的程度），放冰箱冷藏備用（**圖1、2**）（或參考273頁的做法做出巧克力鮮奶油做為夾餡）。
2. 所有材料秤量好；雞蛋使用冰的（**圖3**）。
3. 低筋麵粉加無糖可可粉混合均勻用濾網過篩（**圖4**）。
4. 將雞蛋的蛋黃蛋白分開（蛋白不可以沾到蛋黃、水分及油脂）（**圖5**）。
5. 烤盤鋪上烤焙紙（烤盤噴一些水或抹一些奶油固定烤焙紙）（**圖6**）。
6. 烤箱打開預熱至170℃。

做法

1. 將蛋黃加細砂糖先用打蛋器攪拌均勻（**圖7**）。
2. 然後將橄欖油加入攪拌均勻（**圖8**）。
3. 再將過篩好的粉類與牛奶分兩次交錯混入，攪拌均勻成為無粉粒的麵糊（不要攪拌過久使得麵粉產生筋性，導致烘烤時會回縮）（**圖9～12**）。
4. 蛋白先用打蛋器打出一些泡沫，然後加入檸檬汁及細砂糖（分兩次加入）打成尾端稍微彎曲的蛋白霜（介於濕性發泡與乾性發泡間）（**圖13**）。
5. 挖1/3份量的蛋白霜混入蛋黃麵糊中，用橡皮刮刀沿著盆邊以翻轉及劃圈圈的方式攪拌均勻（**圖14、15**）。
6. 然後再將拌勻的麵糊倒入剩下的蛋白霜中混合均勻（**圖16～18**）。
7. 倒入鋪上烤焙紙的烤盤中用刮板抹平整，進爐前在桌上輕敲幾下敲出較大的氣泡，放入已經預熱到170℃的烤箱中烘烤12～15分鐘（時間到用手輕拍一下蛋糕上方，如果感覺有沙沙的聲音就是烤好了）（**圖19～21**）。
8. 蛋糕出爐後，將蛋糕連烤焙紙移出烤盤，將四周烤焙紙撕開散熱（**圖22**）。
9. 完全放涼後再將烤焙紙底部撕開（**圖23**）。
10. 底部墊著撕下來的烤焙紙，烤面朝上。
11. 在蛋糕開始捲起處用刀切3～4條不切到底的線條（這樣捲的時候中心不容易裂開）（**圖24**）。

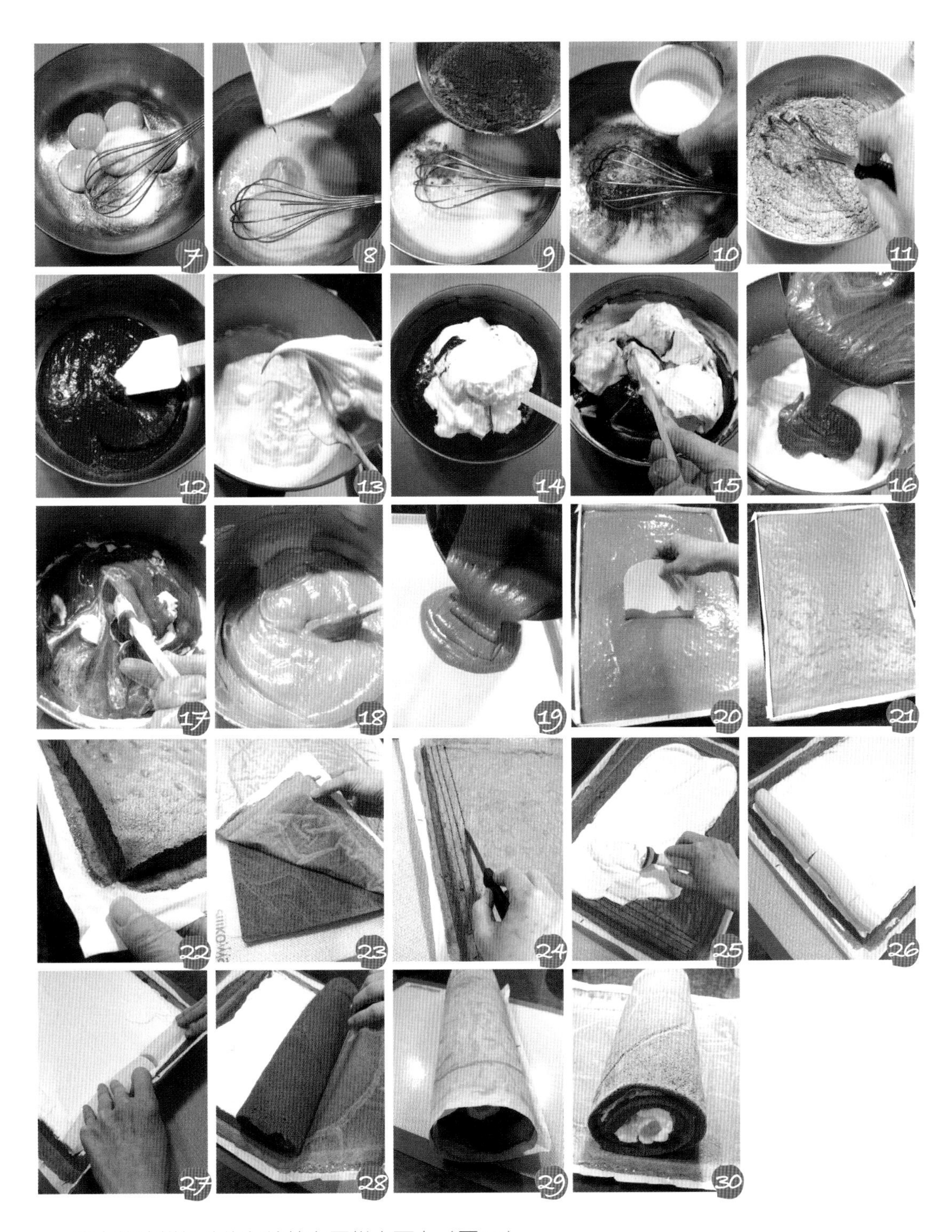

12 將夾餡的鮮奶油均勻塗抹在蛋糕表面上（**圖25**）。

13 香蕉切段，盡量排成直線放在蛋糕捲的起始處（**圖26**）。

14 由自己身體這一側緊密往外捲，一邊捲一邊往前推（**圖27～29**）。

15 最後用烤焙紙將整條蛋糕捲起，收口朝下用塑膠袋裝起，放置到冰箱冷藏2～3小時定形再取出切片（**圖30**）。

芋泥蛋糕捲

份量

· 1個（43cm×30cm烤盤）

材料

A.芋泥夾餡

· 檳榔芋頭600g
· 細砂糖80g
· 無鹽奶油30g
· 動物性鮮奶油20cc（或牛奶）
· 鹽少許（用量請依自己口味調整）

B.芋泥蛋糕體

a.麵糊

· 蛋黃5個
· 細砂糖30g
· 橄欖油40g（或任何植物油）
· 芋泥100g
· 鹽1/8t
· 低筋麵粉90g
· 牛奶25cc

b.蛋白霜

· 蛋白5個
· 檸檬汁1t
· 細砂糖60g

天氣漸漸涼快起來，在烤箱旁不再汗流浹背，清爽許多。買到了好吃的芋頭，不管鹹的料理或是甜的點心都要試試。蛋糕體中加入一些芋泥，還能吃到顆粒的口感，淡淡的天然紫色讓人賞心悅目。

準備工作

1. 所有材料秤量好；雞蛋使用冰的（**圖1**）。
2. 雞蛋從冰箱取出將蛋黃蛋白分開，蛋白不可以沾到蛋黃、水分及油脂（**圖2**）。
3. 低筋麵粉用濾網過篩（**圖3**）。
4. 烤盤鋪上一層烤焙紙（烤盤噴一些水或抹一些奶油固定烤焙紙）（**圖4**）。
5. 烤箱打開預熱至170℃。

做法

（A.製作芋泥夾餡）

1 檳榔芋頭削皮取600g切成塊狀或片狀（**圖5**）。
2 放入蒸籠以大火蒸20分鐘，蒸到用竹籤可以輕易戳入的程度就是好了。
3 趁熱用叉子壓成泥狀（其中100g保留加入蛋糕體中）（**圖6**）。
4 依序將所有材料加入剩下的500g芋泥中拌合均勻即可（**圖7**）。
5 放涼就可以使用（**圖8**）。

（B.製作芋泥蛋糕體）

6 將蛋黃加細砂糖用打蛋器攪拌均勻至略微泛白的程度（**圖9**）。
7 再將橄欖油加入攪拌均勻（**圖10**）。
8 再將芋頭泥及鹽加入攪拌均勻（**圖11**）。
9 最後過篩好的粉類及牛奶分兩次交錯混入，攪拌均勻成為無粉粒的麵糊（**圖12、13**）。
10 蛋白先用打蛋器打出一些泡沫，然後加入檸檬汁及細砂糖（分兩次加入）打成尾端挺立的蛋白霜 （**圖14**）。

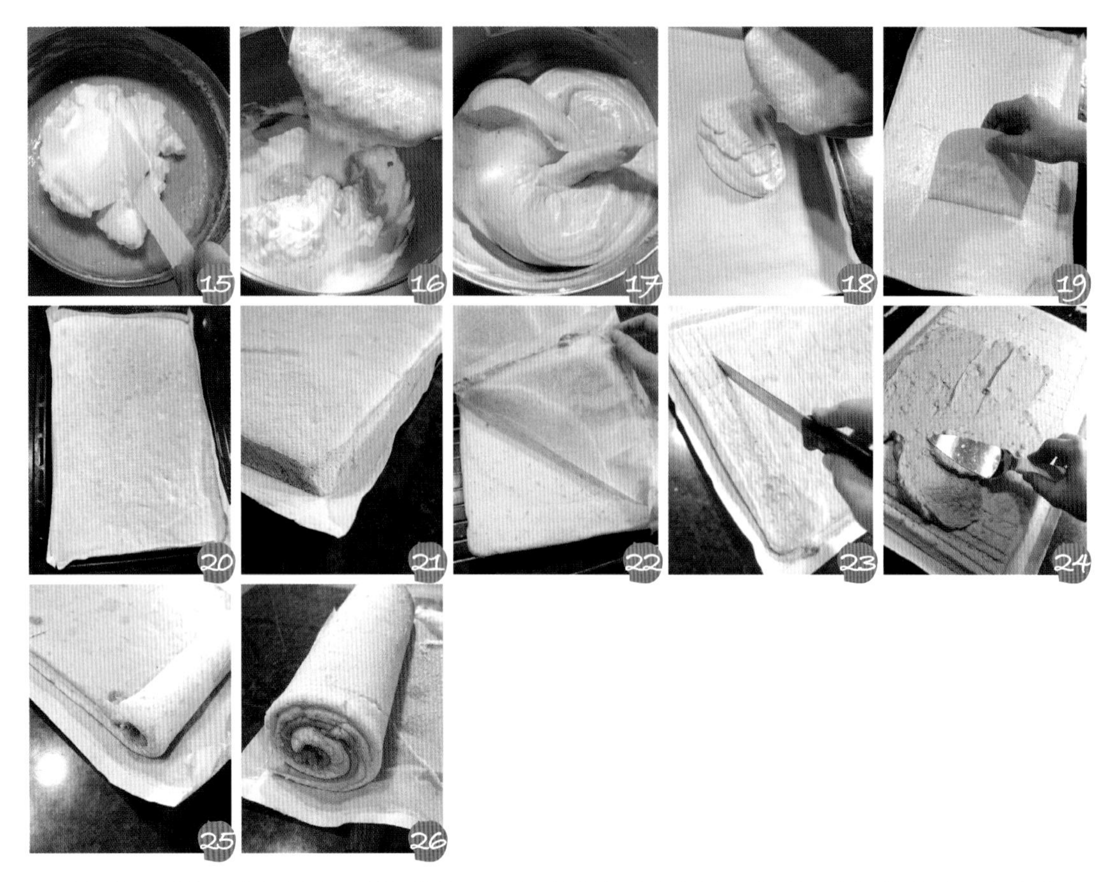

11 挖1/3份量的蛋白霜混入蛋黃麵糊中，用橡皮刮刀沿著盆邊以翻轉及劃圈圈的方式攪拌均勻（**圖15**）。

12 然後再將拌勻的麵糊倒入剩下的蛋白霜中混合均勻（**圖16**）。

13 完成的麵糊是非常濃稠且不太流動的狀態（**圖17**）。

14 倒入鋪上烤焙紙的烤盤中用刮板抹平整，進爐前在桌上輕敲幾下敲出較大的氣泡，放入已經預熱到170℃的烤箱中烘烤12～15分鐘（時間到用手輕拍一下蛋糕上方，如果感覺有沙沙的聲音就是烤好了）（**圖18～20**）。

15 蛋糕出爐後，移出烤盤將四周烤焙紙撕開，避免烤盤餘溫將蛋糕悶至乾硬（**圖21**）。

16 完全放涼後將蛋糕翻過來，底部烤焙紙撕開（**圖22**）。

17 底部墊著撕下來的烤焙紙，烤面朝上。

18 在蛋糕開始捲起處用刀切3～4條不切到底的線條（這樣捲的時候中心不容易裂開）（**圖23**）。

19 將夾餡的芋頭泥適量均勻塗抹在蛋糕表面上（**圖24**）。

20 由自己身體這一側緊密往外捲。（**圖25、26**）

21 最後用烤焙紙將整條蛋糕捲起，收口朝下用塑膠袋裝起，放置到冰箱冷藏2～3小時定形再取出切片。

咖啡戚風布丁捲

份量

· 烤盤尺寸：43cm×30cm

材料

A.麵糊

· 蛋黃5個
· 細砂糖30g
· 橄欖油40g
· 牛奶50cc
· 即溶咖啡粉1.5T
· 低筋麵粉70g
· 在來米粉30g

B.蛋白霜

· 蛋白5個
· 檸檬汁1t
· 細砂糖60g

C.中間包餡

· 動物性鮮奶油300cc
· 細砂糖25g
· 卡魯哇咖啡酒1t
（或白蘭地）
· 香草雞蛋布丁2個

在廚房的我一直是快樂的，可以將不同的材料搭配起來，做出一道道家人喜歡的點心與料理。我的夢想很小，只要看到老公和兒子上揚的嘴角就很滿足。

充滿咖啡香的戚風蛋糕與香草雞蛋布丁組合成一款美妙的蛋糕捲。一道甜點可以同時享受兩種不同的口感。

窗外陰雨天，屋內有陽光。~

準備工作

1 所有材料量秤好（雞蛋使用冰的）（**圖1、2**）。
2 雞蛋將蛋黃、蛋白分開（蛋白不可以沾到蛋黃、水分及油脂）（**圖3**）。
3 低筋麵粉＋在來米粉用濾網過篩（**圖4**）。
4 牛奶加熱至80℃左右，將即溶咖啡粉加入混合均勻放涼（**圖5、6**）。
5 烤盤鋪上白報紙（烤盤噴一些水或抹一些奶油固定烤紙）（**圖7**）。
6 烤箱打開預熱至160℃。
7 動物性鮮奶油加細砂糖用打蛋器低速打至八分發（不會流動的程度），放冰箱冷藏備用。

做法

1. 將蛋黃加細砂糖用打蛋器攪拌均勻（**圖8**）。
2. 然後將橄欖油加入攪拌均勻（**圖9**）。
3. 再將過篩好的粉類，咖啡牛奶分兩次交錯混入攪拌均勻成為無粉粒的麵糊（**圖10～12**）。
4. 蛋白先用打蛋器打出一些泡沫，然後加入檸檬汁及細砂糖（分兩次加入）打成尾端挺立的蛋白霜（**圖13**）。
5. 挖1/3份量的蛋白霜混入蛋黃麵糊中，用橡皮刮刀沿著盆邊翻轉及劃圈圈的方式攪拌均勻（**圖14、15**）。
6. 再將拌勻的麵糊倒入剩下的蛋白霜中混合均勻（**圖16～18**）。

7 倒入鋪上白報紙的烤盤中用刮板抹平整。進爐前在桌上輕敲幾下敲出較大的氣泡，放入已經預熱到170℃的烤箱中烘烤12～15分鐘（時間到用手輕拍一下蛋糕上方，如果感覺有沙沙的聲音就是烤好了）（**圖19～21**）。
8 蛋糕出爐後，將蛋糕連烤紙移出烤盤，將四周烤紙撕開散熱（**圖22**、**23**）。
9 完全放涼後再將烤紙底部撕開（**圖24**）。
10 底部墊著撕下來的烤紙，烤面朝上。
11 在蛋糕開始捲起處用刀切3～4條不切到底的線條（這樣捲的時候中心不容易裂開）（**圖25**）。
12 將夾餡的鮮奶油均勻塗抹上蛋糕表面（**圖26**）。
13 布丁切成兩半，排成直線放在蛋糕捲的起始處（**圖27**）。
14 布丁上方再塗抹一些動物性鮮奶油（**圖28**）。
15 由自己身體這一側緊密往外捲，一邊捲一邊往前推（**圖29**）。
16 最後用烤紙將整條蛋糕捲起，收口朝下用塑膠袋裝起，放置到冰箱冷藏2～3小時定形，再取出切片（**圖30**）。
17 蛋糕捲上方可以灑上些許糖粉及烤香的杏仁片裝飾（**圖31～33**）。

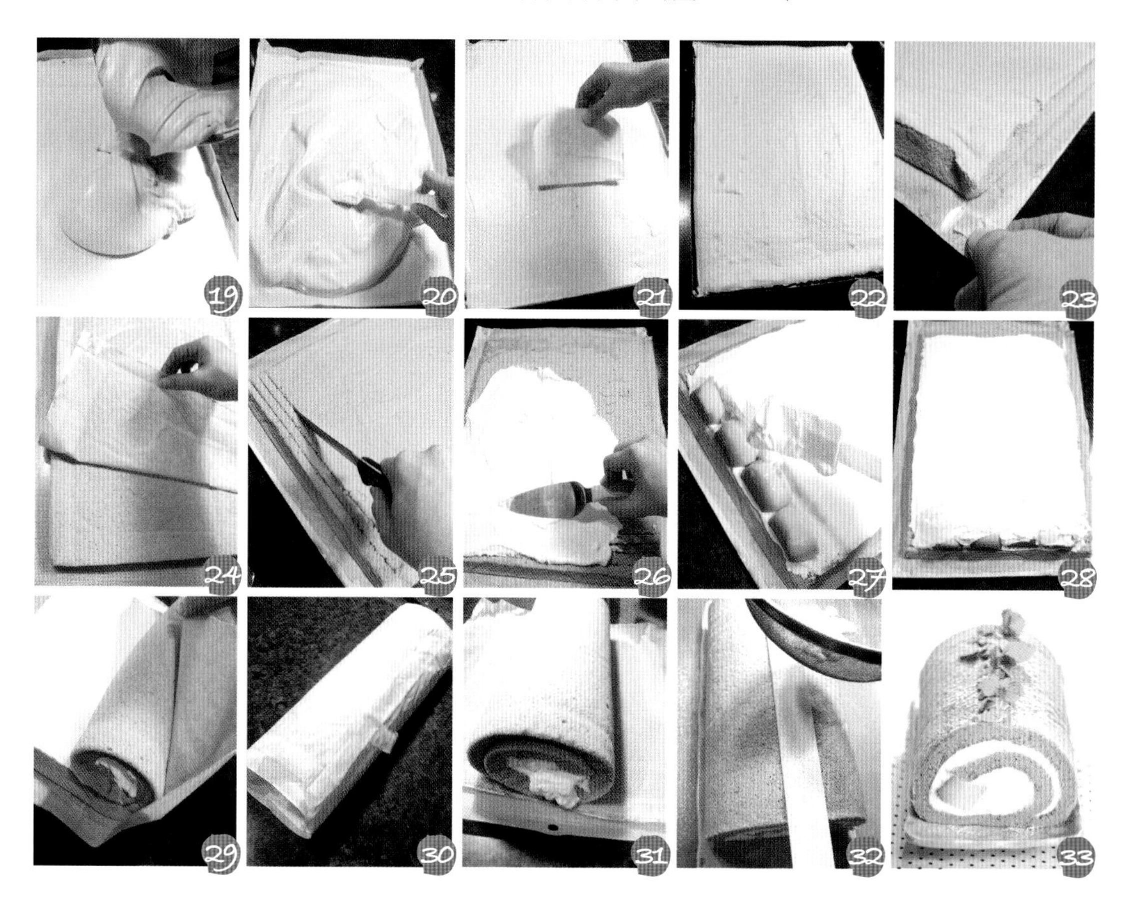

虎皮蛋糕捲

份量

· 1個（43cm×30cm烤盤）

材料

A.原味蛋糕捲

a.麵糊

· 蛋黃5個
· 細砂糖30g
· 橄欖油50g（或任何植物油）
· 香草精1/2t
· 低筋麵粉100g
· 牛奶4T

b.蛋白霜

· 蛋白5個
· 檸檬汁1t
· 細砂糖50g

c.蛋糕內餡

· 義大利蛋白奶油霜適量（做法請參照138頁）

B.虎皮蛋捲

· 蛋黃6個
· 糖粉50g
· 玉米粉30g

一直想要做的虎皮蛋糕捲，等到家裡的甜點消化光才動手。做這道蛋糕需要的蛋量可不少，為的就是要看到美麗的虎皮花紋。

利用蛋黃打發到濃稠，再進入到高溫的烤箱中，使得表皮急速的收縮而形成類似虎斑的紋路。這道蛋糕厚實又充滿蛋香。虎皮可不能烤到過乾，不然就捲不起來了。

甜甜的雞蛋香充滿整間屋子，烘焙就是可以帶給人這樣幸福的感覺。

準備工作

1. 所有材料秤量好；雞蛋必須是冰的（**圖1**）。
2. 雞蛋從冰箱取出，將蛋黃蛋白分開，蛋白不可以沾到蛋黃、水分及油脂（**圖2**）。
3. 低筋麵粉用濾網過篩（**圖3**）。
4. 烤盤鋪上烤焙紙（**圖4**）。
5. 烤箱打開預熱至170℃。

做法

（A.製作原味蛋糕捲）

1. 將蛋黃加細砂糖用打蛋器攪拌均勻（**圖5**）。
2. 將橄欖油及香草精加入攪拌均勻（**圖6**）。
3. 再將過篩好的低筋麵粉與牛奶分兩次交錯混入，攪拌均勻成為無粉粒的麵糊（**圖7、8**）。
4. 蛋白先用打蛋器打出一些泡沫，然後加入檸檬汁及細砂糖（分兩次加入）打成尾端挺立的蛋白霜（**圖9**）。
5. 挖1/3份量的蛋白霜混入蛋黃麵糊中，用橡皮刮刀沿著盆邊以翻轉及劃圈圈的方式攪拌均勻（**圖10、11**）。
6. 然後再將拌勻的麵糊倒入剩下的蛋白霜中混合均勻（**圖12**）。

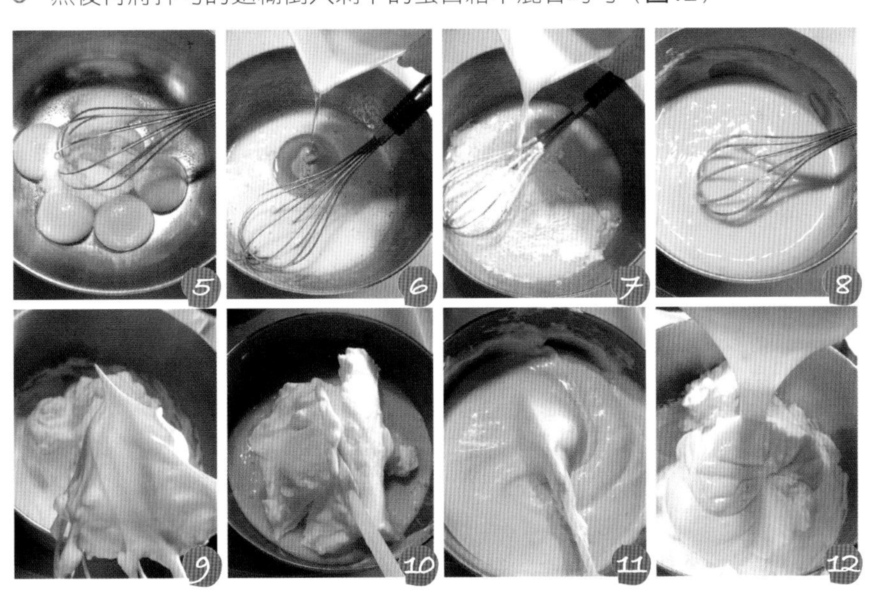

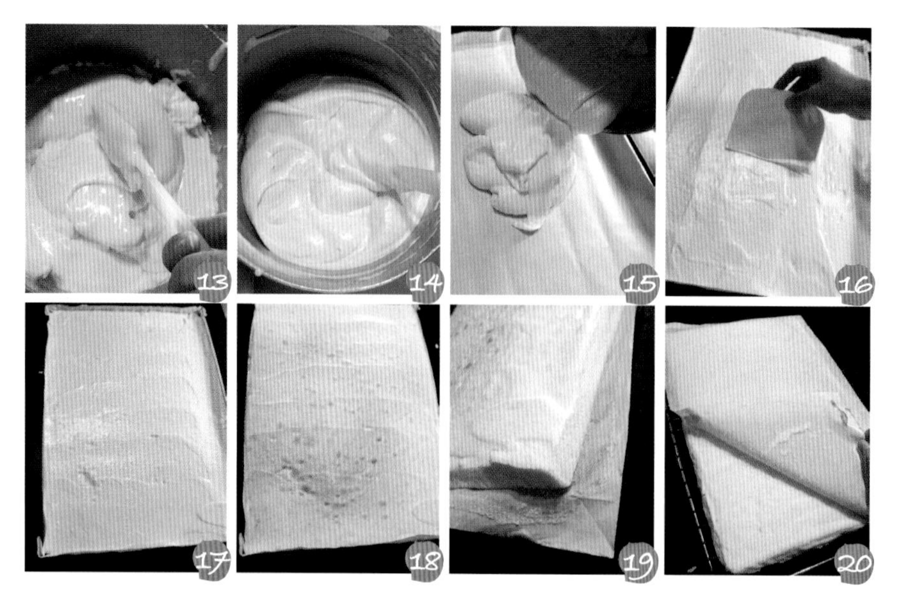

7 將麵糊用橡皮刮刀由下而上，以翻轉的方式混合均匀（**圖13、14**）。
8 倒入鋪上烤焙紙的烤盤中用刮板抹平整，進爐前在桌上輕敲幾下敲出較大的氣泡，放入已經預熱到170℃的烤箱中烘烤10～12分鐘（時間到用手輕拍一下蛋糕上方，如果感覺有沙沙的聲音就是烤好了）（**圖15～18**）。
9 蛋糕出爐後移出烤盤，避免烤盤餘溫將蛋糕悶至乾硬，然後將四周烤焙紙撕開（**圖19**）。
10 完全放涼後將蛋糕翻過來，底部烤焙紙撕開（**圖20**）。

（B.製作虎皮蛋捲）

11 材料秤量好；玉米粉過篩（**圖21**）。
12 烤盤的2/3面積鋪上烤盤紙。
13 將蛋黃加糖粉用打蛋器攪打到蓬鬆泛白且滴落下來有明顯痕跡（**圖22、23**）。
14 將過篩的玉米粉加入攪拌均匀（**圖24**）。
15 將麵糊倒入鋪上烤焙紙的烤盤中用刮板抹平整，進爐前在桌上輕敲幾下敲出較大的氣泡，放入已經預熱到220℃的烤箱中烘烤10分鐘至虎皮呈現均匀金黃色即可（因為每一台烤箱都有溫差，請在烤箱旁邊觀察，避免上色太黑）（**圖25～27**）。
16 烤好將蛋糕移到鐵網架上。
17 完全涼透把底部烤焙紙撕去（**圖28**）。
18 底部墊著撕下來的烤焙紙，烤面朝上。
19 將夾餡的義大利蛋白奶油霜適量均匀薄薄塗抹在蛋糕表面上（**圖29**）。
20 在蛋糕開始捲起處用刀切3～4條不切到底的線條（這樣捲的時候中心不容易裂開）（**圖30**）。

21 由自己身體這一側緊密往外捲（**圖31**）。
22 最後用烤焙紙將整條蛋糕捲起（**圖32**）。
23 虎皮蛋糕片上均勻薄薄塗抹上義大利蛋白奶油霜（**圖33**）。
24 將蛋糕捲放上，用虎皮蛋糕包覆起來（注意收口要在蛋糕捲下方）（**圖34～36**）。
25 最後用烤焙紙將整條蛋糕捲起，收口朝下用塑膠袋裝起，放置到冰箱冷藏2～3小時定形再取出切片。

小叮嚀

1 香草精可以用香草粉1/2t代替，與低筋麵粉混合均勻過篩後加入到麵糊中。
2 兩次成品使用同一個烤盤來做，等第一個蛋糕烤好才烤第二個虎皮捲。
3 虎皮的長度不需要太長，約是整個烤盤的2/3長就可以了。

鮮果蛋糕捲

卡士達

份量

- 1個（43cm×30cm的烤盤）

材料

A.卡士達鮮奶油醬

a.
- 牛奶160cc

b.
- 蛋黃1個
- 細砂糖40g

c.
- 牛奶20cc
- 低筋麵粉10g
- 玉米粉5g

d.
- 無鹽奶油15g
- 蘭姆酒1/2T

e.
- 動物性鮮奶油100cc
- 細砂糖10g

B.原味戚風蛋糕

a.麵糊
- 蛋黃6個
- 細砂糖20g
- 橄欖油30g
  （或任何植物油）
- 低筋麵粉90g
- 牛奶50cc
- 白蘭地1T

b.蛋白霜
- 蛋白6個
- 檸檬汁1t
- 細砂糖60g

c.蛋糕捲夾餡
- 新鮮草莓及奇異果適量

台灣的水果種類多得讓人目不暇給，春夏秋冬不管哪一季都有豐富的水果可以享受。每次上市場都被滿滿的水果吸引，兩手提的再重也不覺得辛苦。老公常常說，這麼多好吃的水果讓他哪裡都捨不得去，他離不開這片土地。

把新鮮的水果與甜點結合起來，好吃又吸引人。用我最喜歡的鮮奶油卡士達醬包裹住水果，再用鬆軟綿密的原味戚風蛋糕捲起來，帶點酸帶點甜，好夢幻的滋味。

準備工作

1 所有材料秤量好；雞蛋必須是冰的（**圖1**）。
2 將雞蛋的蛋黃蛋白分開（蛋白不可以沾到蛋黃、水分及油脂）（**圖2**）。
3 低筋麵粉用濾網過篩（**圖3**）。
4 烤盤鋪上烤焙紙（烤盤噴一些水或抹一些奶油固定烤焙紙）（**圖4**）。
5 烤箱打開預熱至170℃。

做法

（A.製作卡士達鮮奶油醬）

1 所有材料秤量好（**圖5**）。
2 將材料a的牛奶放入盆中，用小火煮沸。
3 將材料c的低筋麵粉加玉米粉過篩（**圖6**）。
4 將材料b的蛋黃及細砂糖用打蛋器混合均勻（**圖7**）。
5 將材料c的20cc牛奶加入混合均勻的低筋麵粉及玉米粉中攪拌均勻（**圖8、9**）。
6 將攪拌均勻的材料c加入混合好的材料b中攪拌均勻，再將煮沸好的牛奶慢慢加入，一邊加一邊攪拌（**圖10、11**）。
7 最後將所有材料用濾網過濾（**圖12**）。
8 然後放上瓦斯爐用小火加熱，一邊煮一邊攪拌到變濃稠，底部出現漩渦狀就離火（**圖13**）。
9 將材料d的無鹽奶油加入攪拌均勻即可（**圖14**）。

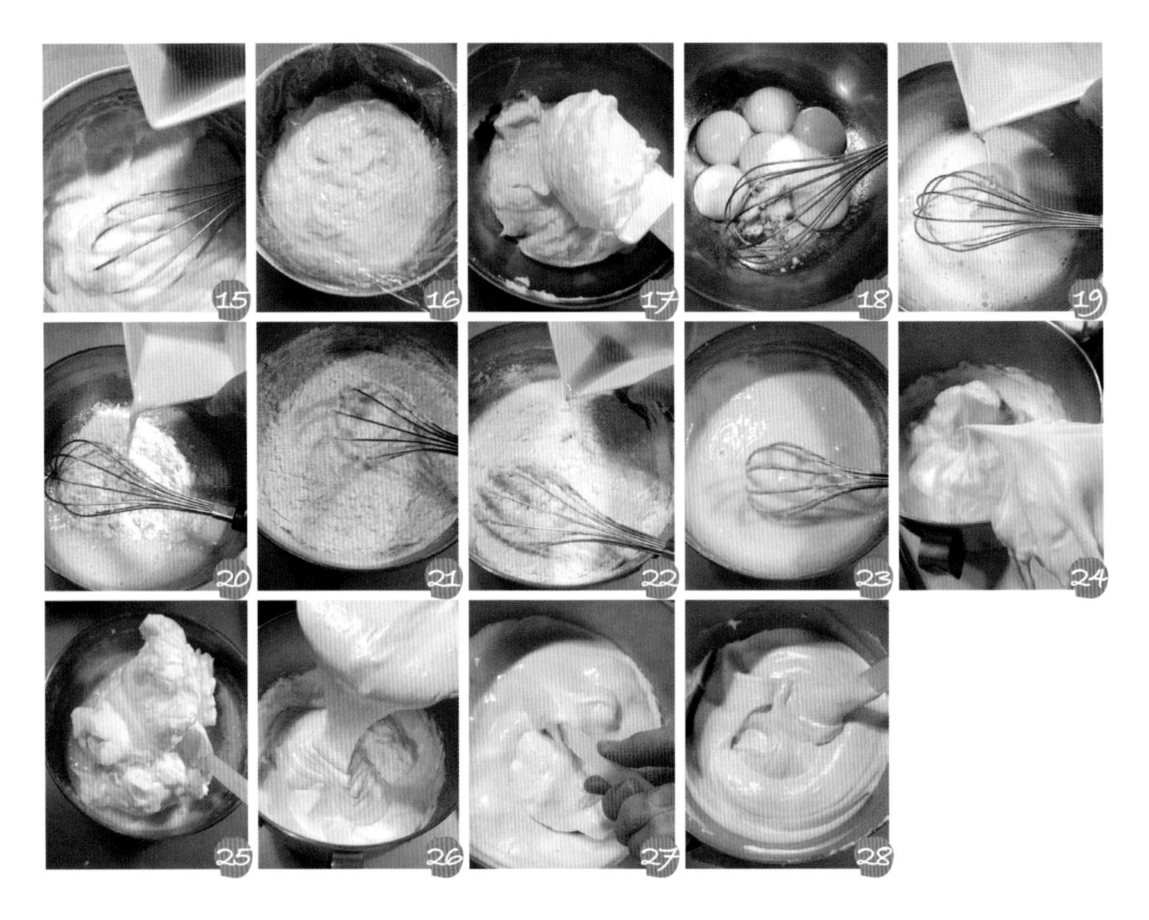

10 表面趁熱封上保鮮膜避免乾燥，等完全涼了，再加入蘭姆酒混合均勻，放入冰箱冷藏（**圖15、16**）。

11 將材料e的動物性鮮奶油加細砂糖用打蛋器低速打至八分發（尾端稍微站起來的程度）。

12 打好的鮮奶油與冷藏好的卡士達醬混合均勻放冰箱冷藏備用（**圖17**）。

（B.製作原味戚風蛋糕）

13 將蛋黃加細砂糖先用打蛋器攪拌均勻（**圖18**）。

14 將橄欖油加入攪拌均勻（**圖19**）。

15 再將過篩好的粉類與牛奶、白蘭地分兩次交錯混入，攪拌均勻成為無粉粒的麵糊（不要攪拌過久使得麵粉產生筋性，導致烘烤時回縮）（**圖20～23**）。

16 蛋白先用打蛋器打出一些泡沫，然後加入檸檬汁及細砂糖（分兩次加入）打成尾端稍微彎曲的蛋白霜（介於濕性發泡與乾性發泡間）（**圖24**）。

17 挖1/3份量的蛋白霜混入蛋黃麵糊中，用橡皮刮刀攪拌均勻，然後再將拌勻的麵糊倒入蛋白霜中混合均勻（用橡皮刮刀由下而上翻轉的方式）（**圖25**）。

18 然後再將拌勻的麵糊倒入剩下的蛋白霜中混合均勻（**圖26～28**）。

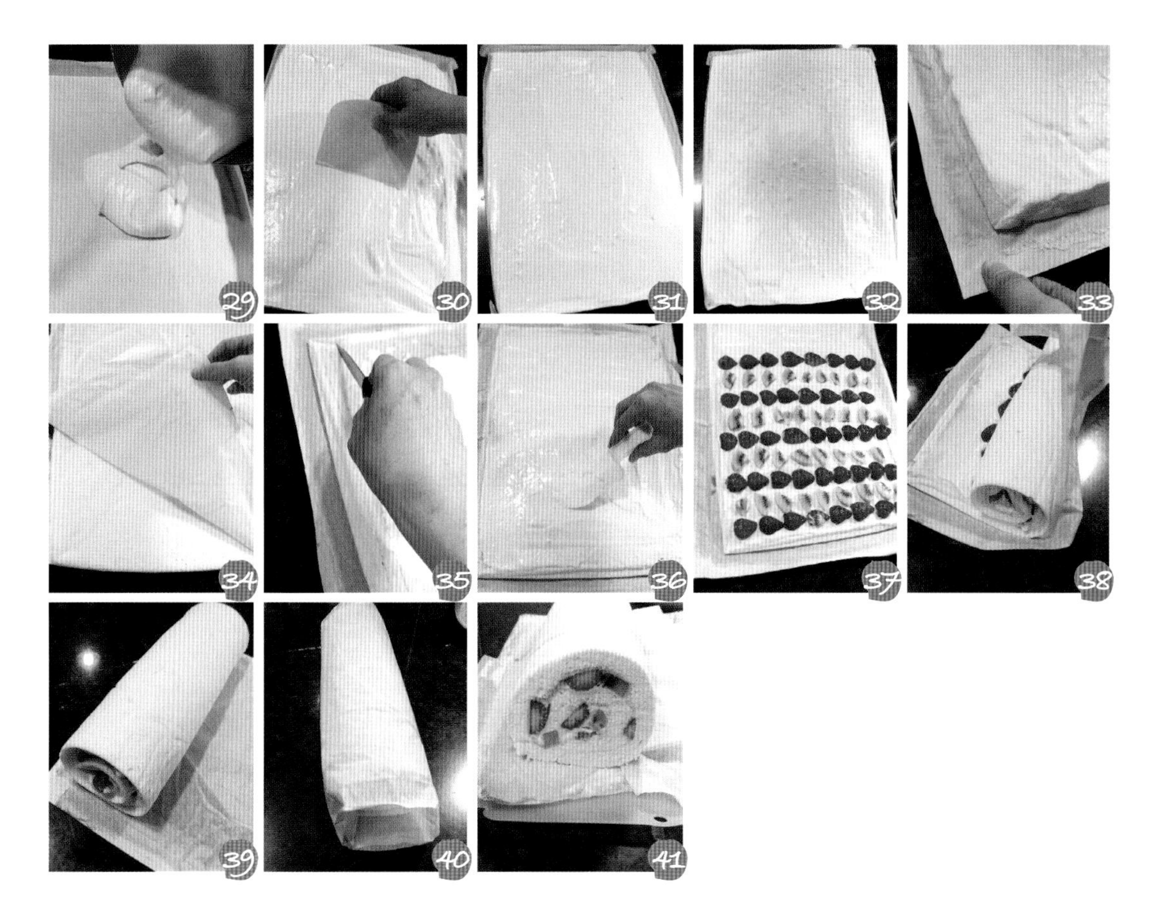

19 倒入鋪上烤焙紙的烤盤中用刮板抹平整，進爐前在桌上輕敲幾下敲出較大的氣泡（**圖29～31**）。

20 放入已經預熱到170℃的烤箱中烘烤12～15分鐘（時間到用手輕拍一下蛋糕上方，如果感覺有沙沙的聲音就是烤好了）（**圖32**）。

21 蛋糕出爐後移出烤盤，避免烤盤餘溫將蛋糕悶至乾硬，然後將四周烤焙紙撕開散熱（**圖33**）。

22 完全放涼後再將蛋糕翻轉過來，將底部烤焙紙撕除（**圖34**）。

23 再將蛋糕翻轉過來，底部墊著撕下來的烤焙紙，烤面朝上。

24 在蛋糕開始捲起處用刀切3～4條不切到底的線條（這樣捲的時候中心不容易裂開）（**圖35**）。

25 將夾餡的卡士達鮮奶油醬適量均勻塗抹在蛋糕表面上（**圖36**）。

26 把水果均勻鋪放在卡士達鮮奶油醬上（**圖37**）。

27 由自己身體這一側緊密往外捲（**圖38～40**）。

28 最後用烤焙紙將整條蛋糕捲起，收口朝下用塑膠袋裝起，放置到冰箱冷藏2～3小時定形再取出切片（**圖41**）。

莓果優格奶凍捲

份量

· 1個（43cm×30cm烤盤）

材料

A.草莓優格奶凍

· 新鮮草莓70g
· 原味優格60g
· 檸檬汁1t
· 吉利丁片5g
· 動物性鮮奶油50cc
· 細砂糖30g

B.莓果蛋糕
（41cm×26cm平板蛋糕1個）

a.蛋黃麵糊

· 蛋黃5個
· 細砂糖30g
· 橄欖油30g（或任何植物油）
· 低筋麵粉100g
· 牛奶25cc
· 冷凍莓果60g
· 檸檬汁1/2t

b.蛋白霜

· 蛋白5個
· 檸檬汁1t
· 細砂糖60g

c.中間夾餡

· 動物性鮮奶油150cc
· 細砂糖15g

老公早上出門時，我通常已經坐在電腦前開始回覆部落格的回應。他會靜靜幫我把音響換上一批新的CD，桌旁放上一杯熱茶。今天我被Chris　Botti的溫柔小喇叭聲包圍著，心中嚮往著音樂中那片美麗的國度，心情很義大利。

我用了不同的莓果來組成這個酸甜好吃的蛋糕，草莓加上優格是中間軟Q的奶凍，外層是由三種冷凍莓果烤出來的綿密鬆軟蛋糕。奶凍事先冷凍冰硬，就可以利用造型冰盒做出可愛的造型，捲起來冷藏解凍之後又會恢復QQ的特性。不但可以同時享受到兩種不同口感的甜點，淡紫色系很有春天的氣息。

準備工作

1 動物性鮮奶油加細砂糖用打蛋器低速打至八分發（尾端挺立），放冰箱冷藏備用。
2 所有材料秤量好；雞蛋必須是冰的（**圖1**）。
3 冷凍莓果退冰後，用叉子壓成泥狀，加入檸檬汁1/2t（**圖2**）。
4 低筋麵粉用濾網過篩（**圖3**）。
5 烤盤鋪上烤焙紙（烤盤噴一些水或抹一些奶油固定烤焙紙）（**圖4**）。
6 將雞蛋的蛋黃蛋白分開（蛋白不可以沾到蛋黃、水分及油脂）（**圖5、6**）。
7 烤箱打開預熱至170℃。

小叮嚀

冷凍綜合莓果在Costco可以買到，由藍莓、桑果、覆盆子三種莓果組成。也可以直接使用新鮮莓果。

做法

（A.製作草莓優格奶凍）

1 所有材料秤量好（**圖7**）。
2 草莓洗乾淨去蒂，切小塊（**圖8**）。
3 草莓加原味優格及檸檬汁用果汁機打成細緻的泥狀（**圖9、10**）。
4 將吉利丁片一片一片放入冰塊水中浸泡軟化（**圖11**）。

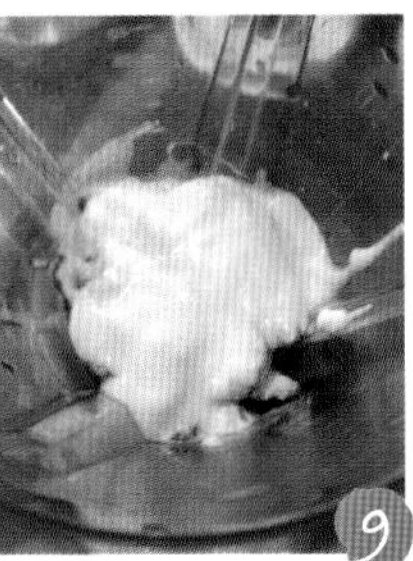

5 動物性鮮奶油加細砂糖放入盆中加熱煮到砂糖融化。
6 將已經泡軟的吉利丁片放入煮熱的動物性鮮奶油中融化攪拌均匀，倒入打成泥狀的草莓優格中攪拌均匀放涼（**圖12～14**）。
7 放涼後倒入冰盒中放冷凍庫冷凍約3～4小時冰硬（先冷凍冰硬才方便脱模）（**圖15、16**）。

（B.製作莓果蛋糕）

8 將蛋黃加細砂糖先用打蛋器攪拌均匀（**圖17**）。
9 將橄欖油加入攪拌均匀（**圖18**）。
10 再將過篩好的粉類與莓果泥、牛奶分兩次交錯混入，攪拌均匀成為無粉粒的麵糊（**圖19～21**）。
11 蛋白先用打蛋器打出一些泡沫，然後加入檸檬汁及細砂糖（分兩次加入）打成尾端稍微彎曲的蛋白霜（介於濕性發泡與乾性發泡間）（**圖22**）。
12 挖1/3份量的蛋白霜混入蛋黃麵糊中，用橡皮刮刀攪拌均匀（**圖23、24**）。
13 然後再將拌匀的麵糊倒入剩下的蛋白霜中混合均匀（**圖25～27**）。

14 倒入鋪上烤焙紙的烤盤中用刮板抹平整，進爐前在桌上輕敲幾下敲出較大的氣泡，放入已經預熱到170℃的烤箱中烘烤10～12分鐘（時間到用手輕拍一下蛋糕上方，如果感覺有沙沙的聲音就是烤好了）（**圖28～30**）。

15 出爐後移出烤盤，將四周烤焙紙撕開（**圖31、32**）。

16 完全放涼後將蛋糕翻過來，底部烤焙紙撕開（**圖33**）。

17 底部墊著撕下來的烤焙紙，烤面朝上。

18 在蛋糕開始捲起處用刀切3～4條不切到底的線條（這樣捲的時候中心不容易裂開）（**圖34**）。

19 將夾餡的鮮奶油均勻塗抹在蛋糕表面上（**圖35**）。

20 草莓優格奶凍由冰盒中取出，盡量排成直線放在蛋糕捲的起始處（**圖36、37**）。

21 由自己身體這一側緊密往外捲（**圖38**）。

22 最後用烤焙紙將整條蛋糕捲起，收口朝下用塑膠袋裝起，放置到冰箱冷藏2～3小時定形再取出切片（**圖39、40**）。

裝飾蛋糕。

此類蛋糕體基本是以戚風蛋糕及海綿蛋糕為主。
蛋糕烘烤完成，表面塗抹鮮奶油或是鋪上糖衣及水果等材料稍加裝飾，
除了增加美觀，整體價值也完全提升，
還可以達到蛋糕保濕增加風味的效果。

黑森林蛋糕

份量

· 1個
（8吋戚風蛋糕平板模）

材料

A.櫻桃夾餡
· 新鮮櫻桃200g
· 君度橙酒2T（*1）
· 細砂糖20g

B.巧克力鮮奶油
a.
· 動物性鮮奶油400cc
· 白蘭地1/2T
（不喜歡可以省略）
b.
· 巧克力磚150g
· 動物性鮮奶油40cc

C.巧克力戚風蛋糕
a.麵糊
· 蛋黃4個
· 細砂糖15g
· 橄欖油25g
（或任何植物油）
· 牛奶3T
· 低筋麵粉50g
· 無糖可可粉25g
b.蛋白霜
· 蛋白4個
· 檸檬汁1t
· 細砂糖65g
c.表面裝飾
· 巧克力碎片150g（*2）
· 新鮮櫻桃適量

黑森林蛋糕是我從小就最喜歡的鮮奶油蛋糕，只要家裡有人生日，我和妹妹的首選一定是黑森林。如果碰到櫻桃上市，用新鮮的櫻桃來做夾層特別爽口。黑森林蛋糕是最不需要高深技巧的裝飾蛋糕，因為表面還要沾上巧克力碎，所以鮮奶油沒有抹平整也不影響美觀。中間的巧克力鮮奶油入口即化，加上醃漬過的櫻桃夾層，吃一口就有醉人的感覺。

Leo今年不管在課業上或自己的興趣方面都很努力，我和老公都看得到他的進步。人生的道路還很長很長，媽媽祝福Leo一直保持樂觀的心，朝著自己的目標努力前進。

做法

（A.製作櫻桃夾餡）

1 材料秤量好，櫻桃洗淨對切成兩半，將籽去除（**圖1～3**）。
2 將君度橙酒及細砂糖加入櫻桃中混合均勻，放冰箱冷藏醃漬一天入味（**圖4**）。

（B.製作巧克力鮮奶油）

3 先將巧克力磚切碎（**圖5**）。
4 將材料a的動物性鮮奶油加白蘭地用中低速打至尾端挺立的程度（氣溫高鋼盆底部要墊冰塊，用低速慢慢打發，就不容易產生油水分離的狀況）（**圖6～8**）。
5 將切碎的巧克力磚用隔水加熱的方式融化（*3）；動物性鮮奶油加熱至80℃左右（**圖9**）。
6 將煮熱的動物性鮮奶油40cc加入融化的巧克力中混合均勻（**圖10**）。
7 馬上將巧克力醬趁熱倒入打好的鮮奶油中，快速攪拌均勻即可（如果沒有趁熱將巧克力醬倒入，巧克力一凝固，便沒有辦法攪拌均勻了）（**圖11**）。
8 攪拌完成的巧克力鮮奶油放入冰箱冷藏備用（**圖12**）。

（C.製作巧克力戚風蛋糕）

9 巧克力戚風蛋糕做法請參考251頁「巧克力香蕉捲」戚風蛋糕做法完成麵糊，倒入8吋圓模中160℃烘烤50分鐘取出倒扣放涼。
10 用手將蛋糕表面的屑屑拍乾淨。一手輕輕壓著蛋糕表面，使用一把長而薄的鋸齒刀將表面烤不平整的蛋糕切掉，再將蛋糕橫切成三等份（**圖13**）。

11 櫻桃醃漬好之後，將醃漬的酒糖汁全部倒在碗裡。
12 蛋糕片上刷上一層櫻桃酒糖汁（**圖14**）。
13 鋪上一些巧克力鮮奶油抹平，均勻鋪上醃漬櫻桃，然後再抹上一些鮮奶油（**圖15～17**）。
14 蓋上另一片蛋糕，使用同樣方式做完兩個夾層。
15 將最後一片放上，用手在蛋糕上壓一壓使得蛋糕平均緊密（**圖18**）。
16 用抹刀將巧克力鮮奶油抹上蛋糕，表面及周圍利用刮板及抹刀盡量整平（**圖19、20**）。
17 將巧克力碎片利用刮板輕輕沾上蛋糕表面及四周（**圖21、22**）。
18 蛋糕面裝飾櫻桃處將巧克力碎稍微剝開，使得巧克力奶油容易擠上（**圖23**）。
19 剩下的巧克力鮮奶油裝入擠花袋中擠出裝飾（**圖24**）。
20 放上櫻桃做最後裝飾（**圖25**）。
21 放入冰箱冷藏2～3小時即可（**圖26、27**）。

小叮嚀

1 用來醃漬櫻桃的君度橙酒也可以使用白蘭地或櫻桃酒來代替。
2 如果使用巧克力塊，請事先切成碎片備用（**圖28、29**）。
3 隔水加熱巧克力時溫度不可以過高（不可以超過50℃），時間也不可以過久，不然會失去光澤，變成濃稠的一糰。

奶油波士頓派

份量

- 1個（9吋派盤）

材料

A.麵糊
- 蛋黃5個
- 細砂糖20g
- 橄欖油30g（或任何植物油）
- 低筋麵粉90g
- 牛奶40cc
- 蘭姆酒5cc

B.蛋白霜
- 蛋白5個
- 檸檬汁1t
- 細砂糖60g

C.夾餡原味鮮奶油
- 細砂糖30g
- 白蘭地1/2t（不喜歡可以省略）
- 動物性鮮奶油300cc

D.表面裝飾
- 糖粉適量

其實波士頓派就是戚風蛋糕的變化版，但是因為使用派盤來烘烤，所以造型比戚風蛋糕更可愛。內餡抹上不甜膩又爽口的鮮奶油，再加上蓬鬆柔軟的蛋糕體，因此很討人喜歡。塗抹鮮奶油的時候盡量抹成圓拱形，最後的成品才會呈現出球體的感覺。

準備工作

1 所有材料秤量好；雞蛋使用冰的（**圖1**）。
2 將雞蛋的蛋黃蛋白分開（蛋白不可以沾到蛋黃、水分及油脂）（**圖2**）。
3 低筋麵粉用濾網過篩（**圖3**）。
4 打發鮮奶油：將細砂糖與白蘭地加入動物性鮮奶油中，用攪拌機以低速慢慢打至尾端挺立的程度，然後放入冰箱冷藏。
5 烤箱打開預熱至160℃。

做法

1. 將蛋黃加細砂糖用打蛋器攪拌均勻至略微泛白的程度（**圖4**）。
2. 再將橄欖油加入攪拌均勻（**圖5**）。
3. 然後將過篩好的粉類及牛奶、蘭姆酒分兩次交錯混入，攪拌均勻成為無粉粒的麵糊（**圖6～8**）。
4. 蛋白先用打蛋器打出一些泡沫，然後加入檸檬汁及細砂糖（分兩次加入）打成尾端挺立的蛋白霜（乾性發泡）（**圖9**）。
5. 挖1/3份量的蛋白霜混入蛋黃麵糊中，用橡皮刮刀沿著盆邊以翻轉及劃圈圈的方式攪拌均勻（**圖10**）。
6. 然後再將拌勻的麵糊倒入剩下的蛋白霜中混合均勻（**圖11**）。
7. 完成的麵糊是非常濃稠且不太流動的狀態（**圖12**）。
8. 將攪拌均勻的麵糊倒入9吋派盤中（**圖13**）。
9. 利用橡皮刮刀將麵糊盡量抹成圓形球體的感覺（**圖14、15**）。

10 烘烤前在桌上敲幾下敲出較大的氣泡，放入已經預熱到160℃的烤箱中烘烤40分鐘 （用竹籤插入中心沒有沾黏就可取出，若有沾黏再烤3～5分鐘）（**圖16**）。
11 蛋糕出爐後在桌上敲一下，馬上用倒扣叉倒扣放涼（**圖17～19**）。
12 完全涼透後用抹刀沿著邊緣刮一圈脫模，中央部位用橡皮刮刀慢慢伸進去貼著派盤底部刮一圈脫模（**圖20、21**）。
13 用手將蛋糕底部的蛋糕屑屑拍乾淨。
14 一手輕輕壓著蛋糕表面，使用一把長而薄的鋸齒刀將蛋糕橫切成三等份（**圖22、23**）。
15 蛋糕片上鋪上鮮奶油，盡量將鮮奶油抹成中間高周圍低的圓拱形（**圖24～26**）。
16 蓋上另一片蛋糕，用手稍微壓緊實（**圖27**）。
17 再鋪上剩下的鮮奶油，將鮮奶油抹成中間高周圍低的圓拱形（**圖28**）。
18 最後將表面的蛋糕鋪上，用手將蛋糕輕壓整形（**圖29**）。
19 抹好鮮奶油之後連盤子放入塑膠袋密封，置於冰箱冷藏2～3小時讓鮮奶油冰硬一點。
20 要吃之前在蛋糕表面篩上一層糖粉即可（**圖30、31**）。

巧克力無花果蛋糕

份量

· 1個（41cm×26cm平板蛋糕）

材料

A.蛋糕夾餡（巧克力無花果）

· 無花果乾100g
· 巧克力塊150g
· 白蘭地2T
· 動物性鮮奶油100cc

B.蛋糕頂層（巧克力淋醬及裝飾）

· 巧克力塊70g
· 白蘭地1T
· 動物性鮮奶油50cc
· 杏仁片70g
· 糖粉適量

C.蛋糕中間（蜂蜜蘭姆水）

· 蜂蜜3T
· 蘭姆酒3T
· 冷開水3T

D.巧克力杏仁蛋糕體

a.麵糊

· 蛋黃6個
· 細砂糖50g
· 杏仁粉60g
· 低筋麵粉60g
· 無糖可可粉50g
· 無鹽奶油60g

b.蛋白霜

· 冰蛋白6個
· 檸檬汁1t
· 細砂糖70g

每天早上，貓咪都會接二連三的來叫我起床，牠們是最有效的小鬧鐘。一開始先大喇喇的在門口大叫，然後就跳上枕頭在耳邊摩蹭，就算再累都沒有辦法抵擋牠們的溫柔攻勢，只好乖乖的起床。有牠們在身邊，我變的不愛出門，老公笑我是「宅女」。從1隻到9隻，我的世界已經不能沒有貓咪，牠們是我最好的開心果。

今天花了一些時間做了這個好吃的巧克力蛋糕，看起來有一點複雜，其實只是在淋醬上做變化。按照順序一樣一樣準備好材料就不會麻煩了，自己在家也可以享受比較多層次的蛋糕。前一陣子偶爾在南門市場買到了口感很好的無花果乾，與伊朗乾燥的小型無花果乾滋味完全不同。拿來搭配巧克力好適合，讓濃郁的巧克力中有甜美的果香。如果找不到這樣的無花果乾，也可以使用美國黑棗乾。

加了杏仁粉的蛋糕體鬆軟又有彈性，再配上烤的香脆的杏仁片，吃一口就覺得超級幸福。

準備工作

1. 所有材料秤量好；雞蛋必須是冰的（**圖1、2**）。
2. 雞蛋將蛋黃蛋白小心分開（蛋白不可以沾到蛋黃、水分及油脂）。
3. 低筋麵粉加無糖可可粉混合均勻用濾網過篩（**圖3**）。
4. 無鹽奶油用微波爐弱微波融化成液態（**圖4**）。
5. 用湯匙將杏仁粉結塊部位壓散，再與過篩的粉類混合均勻（**圖5、6**）。
6. 烤盤鋪上烤焙紙（烤盤噴一些水或抹一些奶油固定烤焙紙）（**圖7**）。
7. 開始做蛋糕的時候烤箱預熱至160℃。

做法

（A.製作蛋糕夾餡：巧克力無花果）

1. 無花果切成小丁狀；巧克力塊用刀切碎（**圖8**）。
2. 將白蘭地淋在無花果上，拌勻放置20分鐘入味（**圖9**）。
3. 將動物性鮮奶油加熱至沸騰，倒入巧克力中慢慢攪拌至完全均勻即可（**圖10、11**）。
4. 將混合上白蘭地的無花果加入混合均勻（**圖12**）。
5. 放涼後就可以淋在蛋糕上。

（B.製作蛋糕頂層：巧克力淋醬及裝飾）

6. 將動物性鮮奶油加熱至沸騰，倒入巧克力中慢慢攪拌至完全均勻即可。
7. 放涼後加入白蘭地攪拌均勻就可以淋在蛋糕上。
8. 杏仁片放入烤箱中用150℃烘烤7～8分鐘至金黃然後放涼備用。

（C.製作蛋糕中間：蜂蜜蘭姆水）

9. 將所有材料混合攪拌均勻即可。

（D.製作巧克力蛋糕體）

10. 蛋黃加細砂糖用打蛋器攪拌均勻至微微泛白的程度（**圖13、14**）。
11. 蛋白先用打蛋器打出一些泡沫，然後加入檸檬汁及細砂糖（分兩次加入）打成尾端挺立的蛋白霜（乾性發泡）（**圖15**）。
12. 挖1/3份量的蛋白霜混入蛋黃麵糊中，用橡皮刮刀沿著盆邊以翻轉及劃圈圈的方式攪拌均勻（**圖16**）。
13. 然後再將拌勻的麵糊倒入剩下的蛋白霜中混合均勻（**圖17、18**）。
14. 最後將拌勻的杏仁巧克力粉分兩次加入，以切拌的方式攪拌均勻（**圖19**）。
15. 拌勻的麵糊倒一些到融化的奶油中攪拌均勻（有此程序比較能混合均勻）。
16. 再將混合均勻的奶油麵糊倒回其他麵糊中攪拌均勻（**圖20**）。
17. 倒入鋪上烤焙紙的烤盤中用刮刀抹均勻，進爐前在桌上輕敲幾下敲出大氣泡（**圖21、22**）。

18 放入已經預熱到160℃的烤箱中烘烤10分鐘（用手輕輕摸蛋糕表面，如果鬆軟有彈性並且感覺有沙沙聲就表示烤好了）（**圖23**）。

19 出爐後移到鐵網架上，將四周的烤焙紙撕下放涼（**圖24**）。

20 放涼的蛋糕翻面將底部烤焙紙撕下，用刀將蛋糕平分切成三等份（**圖25**）。

21 將蛋糕放在鐵網架上，這樣方便淋巧克力醬。

22 每一片蛋糕都刷上一層蜂蜜蘭姆水，然後淋上無花果巧克力夾餡（**圖26、27**）。

23 依序做完2個夾層，最後一層再刷上蜂蜜蘭姆水，然後淋上巧克力淋醬（**圖28、29**）。

24 放到冰箱冷藏30分鐘至巧克力凝固。

25 將烤好放涼的杏仁片平均鋪上冷藏好的蛋糕上，再用濾網篩上一層糖粉即可（**圖30～32**）。

玫瑰翻糖蛋糕

份量

・1個（6吋玫瑰翻糖蛋糕）

材料

A.棉花糖糖衣

・棉花糖300g
・糖粉600g
・無鹽奶油適量
・冷水1t

B.蛋糕體部分

a.6吋原味海綿蛋糕1個
（做法參見234頁基礎原味海綿蛋糕）

b.奶油糖霜

・無鹽奶油100g
・糖粉40g
・白蘭地1t

C.組合

・棉花糖糖衣適量
・玉米粉適量
・緞帶1條

這是款非常美式的蛋糕，擁有華麗繽紛的外表，造型也多彩多姿，可以自由發揮天馬行空的想像力。翻糖是由英文Fondant音譯而來。

只要利用棉花糖，就可以做出具延展性的糖果軟衣外皮，隨性做出各式各樣的配件。在做這款裝飾蛋糕的時候，心情是非常期待的。棉花糖衣就好像黏土一樣，在手中塑出喜歡的形狀。雖忙碌了一整天，但完成的時候，真的好開心。

做法

（A.製作棉花糖糖衣）

1. 材料秤量好（**圖1**）。
2. 糖粉用濾網過篩（**圖2**）。
3. 玻璃盆中均勻塗抹一層無鹽奶油（**圖3、4**）。
4. 工作檯工作範圍塗抹一層無鹽奶油（**圖5**）。
5. 工作檯塗抹無鹽奶油的地方倒入一半厚厚的糖粉（**圖6**）。
6. 棉花糖放入塗抹一層無鹽奶油的玻璃盆中，將冷水平均灑上（**圖7**）。
7. 放入微波爐中微波2～3分鐘至棉花糖融化，取出稍微攪拌一下（微波的時候一分鐘一分鐘視融化程度增加）（**圖8**）。
8. 稍微涼一下，將融化的棉花糖倒在糖粉上（有一點燙要小心）（**圖9**）。
9. 棉花糖上再倒上厚厚的糖粉（**圖10**）。
10. 手上塗抹一層無鹽奶油（千萬不要直接沾到融化的棉花糖，否則非常黏手）（**圖11**）。
11. 利用糖粉做阻隔才不會沾黏，使用折疊的方式將棉花糖與糖粉慢慢混合均勻（**圖12、13**）。
12. 等到大部分的糖粉被融化的棉花糖吸收就比較不黏手了。
13. 約搓揉7～8分鐘將棉花糖搓揉到類似耳垂柔軟光滑的程度即可（添加的糖粉可以視實際情況斟酌調整）（**圖14**）。

做法

14 依照個人喜好可以分塊添加食用色素。（添加食用色素請依照自己喜歡顏色深淺斟酌份量，一點一點慢慢添加到喜歡的深淺揉均勻即可）（**圖15～17**）。

15 揉好的棉花糖糖衣用塑膠袋分裝密封放冰箱冷藏休息一夜（**圖18**）。

（B.製作蛋糕體）

16 將回復室溫的無鹽奶油加糖粉攪打成為乳霜狀，再將白蘭地加入混合均勻即是奶油糖霜。

17 原味海綿蛋糕依照個人喜好平均橫切成2～3片（**圖19、20**）。

18 蛋糕體中間塗抹適量的奶油糖霜（**圖21**）。

19 蓋上另一片蛋糕，然後在蛋糕周圍塗抹一層薄薄均勻的奶油糖霜（**圖22、23**）。

（C.組合）

20 棉花糖糖衣從冰箱取出回復室溫。

21 工作桌及棉花糖糖衣表面灑上適量玉米粉防止沾黏（**圖24**）。

22 將棉花糖糖衣用擀麵棍慢慢擀成厚度約0.2cm的薄片（**圖25～28**）。

23 兩手伸入擀薄的棉花糖糖衣下方，將糖衣抬起，鋪放在蛋糕上（**圖29**）。

24 用手將棉花糖糖衣與蛋糕體結合緊實（**圖30**）。

25 多餘的部分用滾輪刀（或小刀）切除（**圖31～33**）。
26 另取一塊棉花糖糖衣，用擀麵棍慢慢擀成厚度約0.2cm的薄片（**圖34**）。
27 利用擠花嘴尾端壓出直徑約1.5cm的小圓片（**圖35**）。
28 每4個小圓片1/3處重疊（**圖36**）。
29 將小圓片捲成圓柱狀（**圖37**）。
30 從中央切開即成為2朵小玫瑰（**圖38～40**）。
31 將小玫瑰放置在蛋糕底部周圍裝飾（**圖41**）。
32 另取一塊棉花糖糖衣，用擀麵棍慢慢擀成厚度約0.2cm的薄片。
33 利用擠花嘴尾端壓出直徑約3cm的小圓片。
34 用擀麵棍尾端將圓片周圍擀薄（**圖42**）。
35 將6～7個圓片一片接著一片捲成玫瑰花（**圖43、44**）。
36 蛋糕中央圍繞一條緞帶（**圖45**）。
37 將玫瑰花裝飾在蛋糕表面即可（**圖46**）。

小叮嚀

1 家裡若沒有微波爐，可以把綿花糖放進抹油的盆子中，用保鮮模封住（避免水氣進入），然後用蒸的方式加熱。蒸的時候隨時注意棉花糖融化的狀態，稍微抓一下時間。
2 用剩的綿花糖衣放塑膠袋中密封，放冰箱冷藏可以保存很久，使用前回溫軟化就可以操作。

草莓鮮奶油蛋糕

・1個（8吋分離平模）

A.裝飾鮮奶油
・動物性鮮奶油500cc
・細砂糖40g
・白蘭地1/2t

B.香草戚風蛋糕

a.麵糊
・蛋黃5個
・細砂糖20g
・橄欖油30g
（或任何植物油）
・香草精1/2t
・低筋麵粉90g
・牛奶3T

b.蛋白霜
・蛋白5個
・檸檬汁1t
・細砂糖60g

c.裝飾水果
・草莓500～600g（洗淨去蒂，一部分對切做為內層夾餡）

親愛的老公：

謝謝你這些年來的包容與照顧，時間緩緩的流逝，讓我們彼此更了解對方。

春夏秋冬，你總是像陽光一樣在身旁守護著我，到老都要一起品嚐分享人生的酸甜苦辣，這是一種讓人永遠永遠都不想放手的牽絆。

老公，生日快樂！

準備工作

1 所有材料秤量好；雞蛋必須是冰的（**圖1**）。
2 蛋白放入鋼盆中，不然只要一顆沾到蛋黃，全部的蛋白就打不起來了）（**圖2**）。
3 低筋麵粉用濾網過篩（**圖3**）。
4 烤箱打開預熱至160℃。

做法

（A.製作裝飾鮮奶油）

1. 將動物性鮮奶油、細砂糖及白蘭地放在鋼盆中（**圖4**）。
2. 用打蛋器以低速打至九分發（尾端挺立的程度），先放冰箱冷藏備用（氣溫高鋼盆底部要墊冰塊，用低速慢慢打發，就不容易產生油水分離的狀況）（**圖5、6**）。

（B.製作香草戚風蛋糕）

3. 將蛋黃加細砂糖先用打蛋器攪拌均勻（**圖7**）。
4. 將橄欖油、香草精加入攪拌均勻（**圖8**）。
5. 再將過篩好的粉類與牛奶分兩次交錯混入，攪拌均勻成為無粉粒的麵糊（**圖9～12**）。
6. 蛋白先用打蛋器打出一些泡沫，然後加入檸檬汁及細砂糖（分兩次加入）打成尾端挺立的蛋白霜（乾性發泡）（**圖13**）。
7. 挖1/3份量的蛋白霜混入麵糊中，用橡皮刮刀沿著盆邊以翻轉及劃圈圈的方式攪拌均勻（**圖14、15**）。

8 然後再將拌勻的麵糊倒入剩下的蛋白霜中混合均勻（**圖16**）。
9 將攪拌好的麵糊倒入8吋分離平模中（**圖17**）。
10 將麵糊表面用橡皮刮刀抹平整（**圖18**）。
11 烘烤爐前在桌上敲幾下敲出較大的氣泡，放入已經預熱到160℃的烤箱中烘烤50分鐘 （用竹籤插入中心沒有沾黏就可取出，若有沾黏再烤3～5分鐘）（**圖19**）。
12 蛋糕出爐後，馬上用倒扣叉倒扣散熱（**圖20**）。
13 完全涼透後用扁平小刀沿著邊緣刮一圈脫模，底部也用小刀貼著刮一圈脫模（**圖21**）。
14 用手將蛋糕表面的屑屑拍乾淨（**圖22**）。
15 一手輕輕壓著蛋糕表面，使用一把長而薄的鋸齒刀將表面烤不平整的蛋糕切掉，再將蛋糕橫切成三等份（**圖23、24**）。
16 每一片蛋糕都刷上一層蜂蜜蘭姆水（蜂蜜與蘭姆酒1：1調合均勻）（**圖25**）。

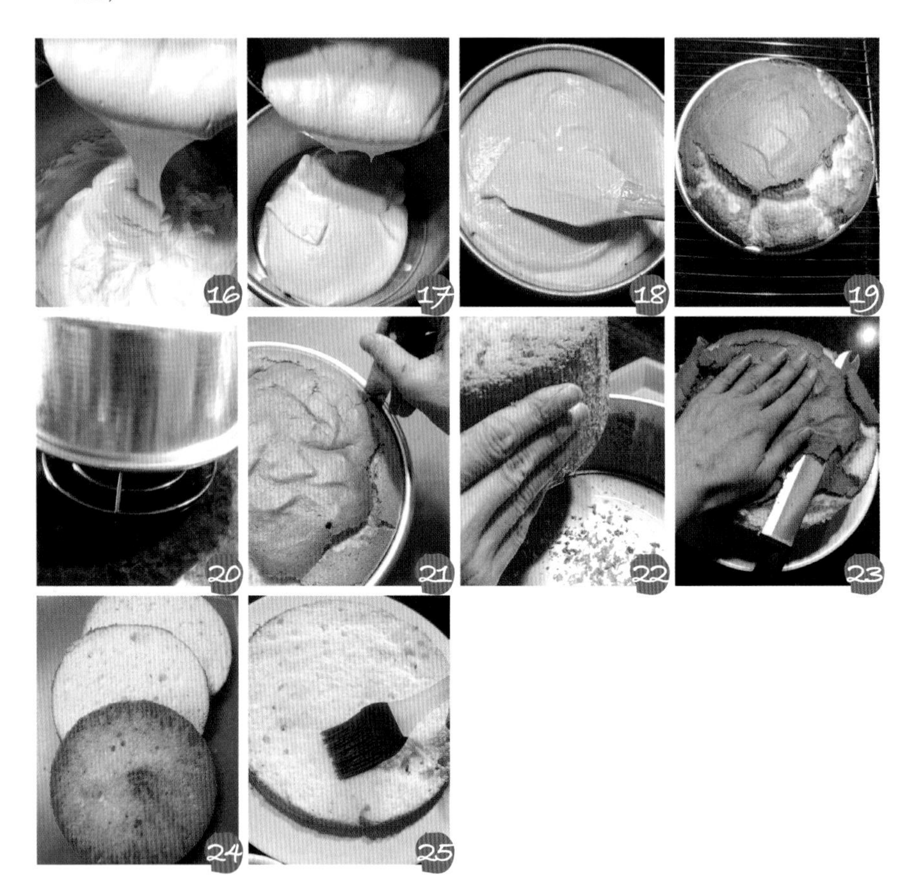

小叮嚀

塗抹過程中，若覺得鮮奶油有一點融化，就隨時將蛋糕及鮮奶油放入冰箱再冰個30分鐘，然後再拿出來繼續做。

17 鋪上一些鮮奶油抹平，鋪上草莓，然後再抹上一些鮮奶油（**圖26～28**）。

18 蓋上另一片蛋糕，使用同樣方式做完2個夾層（**圖29**）。

19 將最後一片放上，用手在蛋糕上壓一壓使得蛋糕平均緊密（**圖30**）

20 用抹刀將鮮奶油抹上蛋糕，表面及周圍盡量整平（**圖31、32**）。

21 利用刮板可以將周圍的鮮奶油抹平整（**圖33、34**）。

22 剩下的鮮奶油裝入擠花袋中，使用圓口1cm的擠花嘴在蛋糕表面擠出水滴狀（**圖35、36**）。

23 將整顆草莓排放在蛋糕中央（**圖37**）。

24 最後在草莓表面刷上一層果膠即可（**圖38、39**）。

25 放冰箱冷藏1～2小時。

聖誕樹幹蛋糕

份量

· 1個（43cm×30cm烤盤）

材料

A.咖啡巧克力鮮奶油
a.動物性鮮奶油150cc
b.
· 巧克力磚75g
· 動物性鮮奶油20cc
· 即溶咖啡粉1/2T

B.莓果果醬
· 冷凍莓果200g
· 細砂糖100g
（水果份量的一半）
· 檸檬半顆

C.原味蛋糕體
a.麵糊
· 蛋黃5個
· 細砂糖20g
· 橄欖油30g
（或任何植物油）
· 低筋麵粉90g
· 牛奶3T
· 君度橙酒1T
b.蛋白霜
· 蛋白5個
· 檸檬汁1t
· 細砂糖60g
c.蛋糕夾餡
· 莓果果醬適量（或任何自己喜歡的果醬）

D.蛋白脆餅
· 蛋白1個
· 檸檬汁1t
· 細砂糖35g

這是充滿節慶意味的聖誕蛋糕，以木頭來表達出溫暖的心意。因為在工業革命電暖器發明之前的歐洲，寒冷的冬天只有可以燃燒取暖的木材是最珍貴的物資。所以法國的甜點師傅就聰明的做出了類似樹幹造型的蛋糕，代表了一家人圍爐團聚溫馨的喜悅。

看似複雜的成品，拆解開來就很簡單了。烤一個鬆軟綿密的戚風蛋糕捲，用咖啡巧克力鮮奶油裹出外層樹皮的紋路，再用蛋白脆餅做成可愛的蘑菇，要吃之前再篩上一些糖粉，一個非常有聖誕感覺的蛋糕就完成了。用這個美麗又富意義的聖誕蛋糕祝福聖誕佳節愉快！

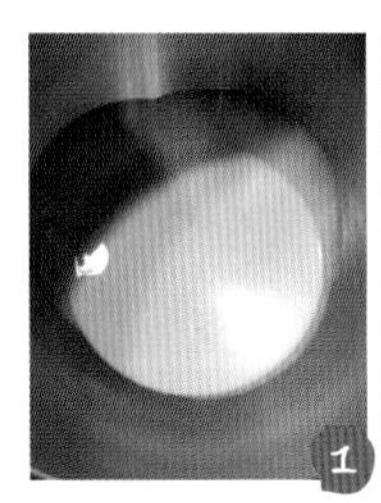
1

2

3

4

準備工作

1. 所有材料秤量好；雞蛋必須是冰的（**圖1～5**）。
2. 雞蛋從冰箱取出，將蛋黃蛋白分開，蛋白不可以沾到蛋黃、水分及油脂（**圖6**）。
3. 低筋麵粉用濾網過篩（**圖7**）。
4. 烤盤鋪上烤焙紙。
5. 烤箱打開預熱至170℃。

做法

（A.製作咖啡巧克力鮮奶油）

1. 將巧克力磚切碎（**圖8**）。
2. 將材料a的動物性鮮奶油150cc用網狀打蛋器以中低速打至尾端彎曲的程度（夏天盆底要墊冰塊），然後先放入冰箱冷藏（**圖9、10**）。
3. 將切碎的巧克力裝入鋼盆中用隔水加熱的方式融化（**圖11**）。
4. 將材料b的動物性鮮奶油加熱沸騰，加入即溶咖啡粉攪拌均勻後，再倒入巧克力中攪拌均勻（**圖12～15**）。
5. 將冰箱中打好的鮮奶油拿出來，馬上將巧克力醬趁熱倒入，快速混合均勻即可（如果沒有趁熱將巧克力醬倒入，巧克力一凝固便沒有辦法攪拌均勻）（**圖16、17**）。

（B.製作莓果果醬）

6. 將半顆檸檬榨出汁。
7. 冷凍莓果放入盆中，將細砂糖及檸檬汁倒入（**圖18、19**）。
8. 放瓦斯爐上使用小火熬煮15～20分鐘，至濃稠放涼即可（中間不時用木匙攪拌避免燒焦）（**圖20、21**）。

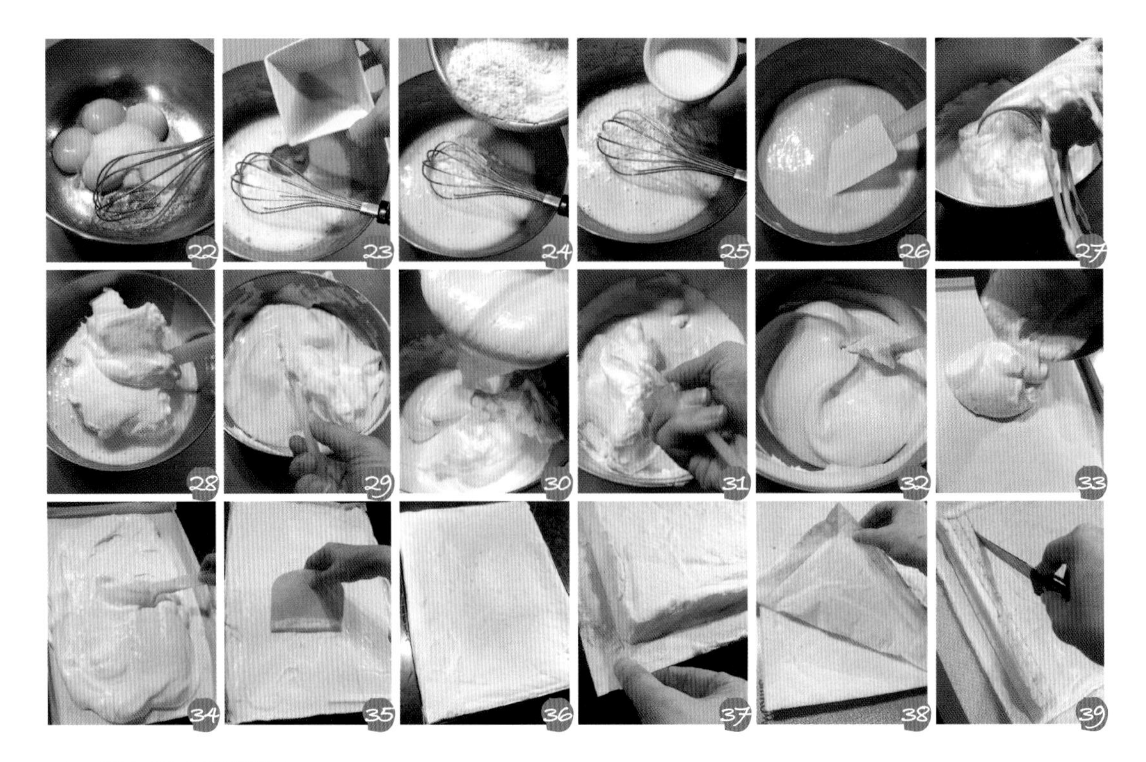

（C.製作原味蛋糕體）

9 將蛋黃加細砂糖用打蛋器攪拌均勻（**圖22**）。

10 然後將橄欖油加入攪拌均勻（**圖23**）。

11 再將過篩好的粉類、牛奶及君度橙酒分兩次交錯混入，攪拌均勻成為無粉粒的麵糊（**圖24～26**）。

12 蛋白先用打蛋器打出少許泡沫，然後加入檸檬汁及細砂糖（分兩次加入）打成尾端挺立的蛋白霜（**圖27**）

13 挖1/3份量的蛋白霜混入蛋黃麵糊中，用橡皮刮刀沿著盆邊以翻轉及劃圈圈的方式攪拌均勻（**圖28、29**）。

14 然後再將拌勻的麵糊倒入剩下的蛋白霜中混合均勻（**圖30～32**）。

15 將完成的麵糊倒入鋪上烤焙紙的烤盤中，用刮板抹平整（**圖33～35**）。

16 烘烤前在桌上輕敲幾下敲出較大的氣泡，放入已經預熱到170℃的烤箱中烘烤10～12分鐘（時間到用手輕拍一下蛋糕上方，如果感覺有沙沙的聲音就是烤好了）（**圖36**）。

17 出爐後馬上移出烤盤，將四周烤焙紙撕開放涼（**圖37**）。

18 完全放涼後再將蛋糕翻面，然後將底部烤焙紙撕開（**圖38**）。

19 在蛋糕開始捲起處用刀切2～3條不切到底的線條（這樣捲的時候中心不容易裂開）（**圖39**）。

20 將夾餡的莓果果醬均勻塗抹在蛋糕表面上（**圖40**）。

21 烤焙紙墊在下方，由自己身體這一側緊密往外捲，最後用烤焙紙將整條蛋糕捲起，放置冰箱60分鐘定形（**圖41、42**）。

22 定形的蛋糕捲取出，將頭尾兩端切整齊。

23 前端斜切一段當做支幹（**圖43**）。

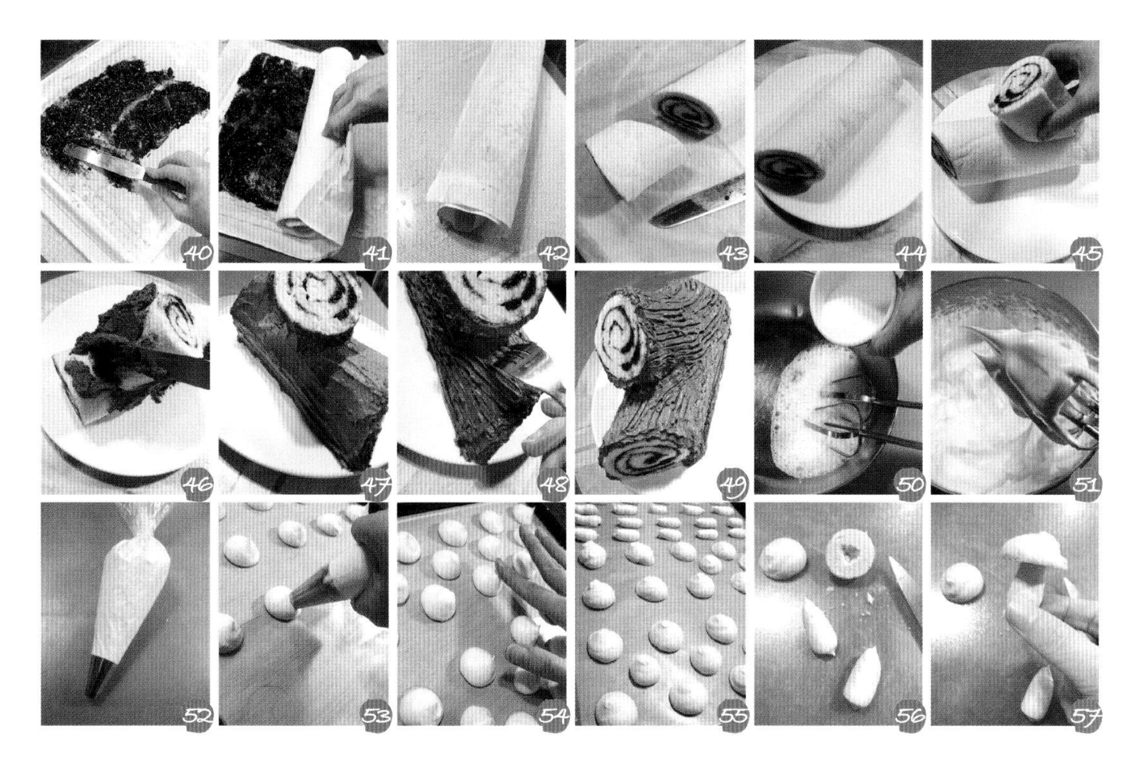

24 將切下來的一段放置到蛋糕捲上方，底部用少許咖啡巧克力鮮奶油沾黏（**圖44、45**）。
25 整條蛋糕用咖啡巧克力鮮奶油塗抹均勻（**圖46、47**）。
26 再用叉子隨意刮出木紋的線條（**圖48、49**）。
27 放置到冰箱冷藏1個小時以上，再取出做最後裝飾。

（D.製作蛋白脆餅）

28 將雞蛋的蛋黃蛋白分開，蛋白不可以沾到蛋黃、水分及油脂。
29 蛋白用打蛋器先打出泡沫，然後加入檸檬汁及1/2量細砂糖用中速攪打，泡沫開始變細緻時就將剩下的細砂糖加入，速度可以調整為高速，將蛋白打到拿起打蛋器尾巴呈現挺立的狀態即可（**圖50、51**）。
30 將打好的蛋白霜裝入擠花袋中，在烤盤上擠出一個個圓形及長形（烤盤請墊一層防沾烤布或防沾烤焙紙）（**圖52、53**）。
31 手指沾一些水將蛋白霜頂部尖起部分抹平（**圖54**）。
32 放入已經預熱到90℃的烤箱中烘烤75分鐘，然後關火在烤箱中悶到涼即可（**圖55**）。
33 烤好的蛋白脆餅在圓形的部分後方用尖刀戳出凹槽（**圖56**）。
34 將長形蛋白脆餅插入即成為裝飾蛋糕的蘑菇（**圖57**）。
35 剩下的蛋白脆餅放塑膠袋密封保存，是很爽口酥脆的小點心。

小叮嚀

台灣天氣潮濕，此蛋白脆餅一定要密封保存。如果不脆了，再放烤箱低溫烘烤一下就可以恢復。

樹幹蛋糕
聖誕老人

份量

· 1個（43cm×30cm烤盤）

材料

A.巧克力蛋糕體

a.麵糊

· 蛋黃6個
· 細砂糖25g
· 橄欖油35g
（或任何植物油）
· 低筋麵粉70g
· 無糖可可粉40g
· 牛奶50cc
· 白蘭地1T

b.蛋白霜

· 蛋白6個
· 檸檬汁1t
· 細砂糖70g

c.原味鮮奶油

· 細砂糖30g
· 白蘭地1t
（不喜歡可以省略）
· 動物性鮮奶油400cc

B.巧克力柵欄

· 巧克力磚30g
· 透明賽璐璐片
· 紙漏斗

C.糖人

· 蛋白1/2個（約15g）
· 純糖粉100g

收到了好朋友從遠方寄來的聖誕祝福，心裡暖烘烘。自從網路電子郵件發達後，越來越沒有習慣寄卡片，所以看到信箱中的手寫郵件感到特別窩心。

今年依照往例，在聖誕節前做了一個應景的蛋糕，造型還是我最喜歡的樹幹形式。只是這一次，我將樹幹以垂直方式來呈現，切開的紋路會和一般瑞士捲不太相同。

鮮奶油塗抹時非常隨性，不需要繁複的擠花技巧，單純利用抹刀叉子就可以做出自然的樹皮及年輪形態。蛋白糖捏出的聖誕老人很有童趣，簡簡單單的裝飾就可以傳遞出繽紛的聖誕歡樂。

準備工作

1. 所有材料秤量好；雞蛋必須是冰的（**圖1**）。
2. 將雞蛋的蛋黃蛋白分開（蛋白不可以沾到蛋黃、水分及油脂）（**圖2**）。
3. 低筋麵粉加無糖可可粉混合均勻用濾網過篩（**圖3**）。
4. 打發鮮奶油：將細砂糖與白蘭地加入動物性鮮奶油中，用攪拌機以低速慢慢打至尾端挺立的程度，然後放入冰箱冷藏。
5. 烤盤鋪上烤焙紙（烤盤噴一些水或抹一些奶油固定烤焙紙）（**圖4**）。
6. 烤箱打開預熱至170℃。

做法

（A.製作巧克力蛋糕體）

1. 將蛋黃加細砂糖先用打蛋器攪拌均勻（**圖5**）。
2. 將橄欖油加入攪拌均勻（**圖6**）。
3. 再將過篩好的粉類與牛奶、白蘭地分兩次交錯混入，攪拌均勻成為無粉粒的麵糊（不要攪拌過久使得麵粉產生筋性，導致烘烤時回縮）（**圖7～10**）。
4. 蛋白先用打蛋器打出一些泡沫，然後加入檸檬汁及細砂糖（分兩次加入）打成尾端稍微彎曲的蛋白霜（介於濕性發泡與乾性發泡間）（**圖11**）。
5. 挖1/3份量的蛋白霜混入蛋黃麵糊中，用橡皮刮刀攪拌均勻，然後再將拌勻的麵糊倒入蛋白霜中混合均勻（用橡皮刮刀由下而上翻轉的方式）（**圖12～15**）。

6 倒入鋪上烤焙紙的烤盤中，用刮板抹平整。
7 烘烤前在桌上輕敲幾下敲出較大的氣泡，放入已經預熱到170℃的烤箱中烘烤10～12分鐘（時間到用手輕拍一下蛋糕上方，如果感覺有沙沙的聲音就是烤好了）（**圖16～18**）。
8 蛋糕出爐後移出烤盤，將四周烤焙紙撕開散熱。
9 完全放涼後再將烤焙紙底部撕開（**圖19**）。
10 底部墊著撕下來的烤焙紙，烤面朝上，將蛋糕平均分切成三等份（**圖20**）。
11 將夾餡鮮奶油的1/3均勻塗抹在蛋糕表面（**圖21**）。
12 在蛋糕第一片開始捲起處用刀切2～3條不切到底的線條（這樣捲的時候中心不容易裂開）（**圖22**）。
13 一片蛋糕接著一片蛋糕緊密捲起，成為一個筒狀（**圖23～26**）。
14 整個蛋糕表面用鮮奶油塗抹均勻（**圖27～29**）。
15 周圍的鮮奶油用刮刀隨意刮出一些樹紋。
16 蛋糕頂部用叉子刮出樹輪（**圖30**）。
17 簡單的樹幹造型就完成了（**圖31**）。
18 依照個人喜好擺設水果或捏糖人做裝飾。

小叮嚀

1 透明賽璐璐片即透明塑膠片。
2 紙漏斗做法請參考142頁簡易擠花捲筒。

（B.製作巧克力柵欄）

19 巧克力磚使用隔水加溫方式融化（加熱溫度不要超過50℃，以免巧克力油脂分離且失去光澤）（**圖32**）。

20 將融化的巧克力漿倒入紙漏斗中（**圖33**）。

21 在透明賽璐璐片上畫出圖案（**圖34**）。

22 畫好後將透明賽璐璐片捲起，用膠帶固定放入冰箱5分鐘（**圖35**）。

23 冰硬取出即成為彎曲的巧克力柵欄。

（C.製作糖人）

24 將蛋白倒入糖粉中（**圖36**）。

25 用手慢慢將蛋白與糖粉混合均勻成為一個不黏手的糰狀（**圖37～39**）。

26 若覺得太濕黏，可以酌量添加糖粉（不要太濕軟，否則糖會坍塌）。

27 取部分糖霜分別加入紅色食用色素及少許濃咖啡液，調合成聖誕老人衣服及臉的顏色（**圖40**）。

28 依照個人喜好捏出聖誕老人（**圖41～43**）。

29 最後用黑芝麻裝飾做為眼睛（**圖44、45**）。

桑果鮮奶油巧克力蛋糕

份量

- 6吋1個

材料

A.桑果
- 新鮮桑果200g
- 白蘭地2T
- 細砂糖50g

B.鮮奶油
- 細砂糖50g
- 白蘭地1/2T
（不喜歡可以省略）
- 動物性鮮奶油500cc

C.巧克力蛋糕體
- 雞蛋3個
- 細砂糖100g
- 牛奶2t
- 低筋麵粉55g
- 無糖純可可粉15g
- 無鹽奶油20g

自從開始接觸烘焙，家中大大小小生日的時候，總要親自烤一個蛋糕來慶祝一下。也許自己做的蛋糕沒有外面店裡面賣的那裡精緻，但是每一個步驟程序都添加了我的愛心及滿滿的祝福。

準備工作

1 所有材料量秤好；雞蛋必須是室溫的溫度（**圖1**）。
2 低筋麵粉加無糖純可可粉用篩網過篩（**圖2**）。
3 烤盒刷上一層無鹽奶油（份量外），邊緣及底部鋪上一層白報紙（**圖3、4**）。
4 無鹽奶油用微波爐稍微微波7～8秒至融化（**圖5**）。
5 找一個比工作的鋼盆稍微大一些的鋼盆裝上水煮至50℃。
6 烤箱預熱至170℃。

做法

（A.製作桑果）

1 新鮮桑果洗淨瀝乾水分。
2 將白蘭地及細砂糖加入新鮮桑果中混合均勻，放入冰箱冷藏醃漬一天入味（**圖6**）。
3 使用前用濾網將醃漬好的新鮮桑果及酒糖汁分開（**圖7**）。

（B.製作鮮奶油）

4 將細砂糖與白蘭地加入動物性鮮奶油中，用攪拌機以低速慢慢打至尾端挺立的程度，然後放入冰箱冷藏（**圖8、9**）。

（C.製作巧克力蛋糕體）

5 用打蛋器將雞蛋與細砂糖打散並攪拌均勻（**圖10**）。
6 將鋼盆放上已經煮至沸騰的鍋子上方用隔水加熱的方式加熱（**圖11**）。
7 打蛋器以高速將蛋液打到起泡並且蓬鬆的程度（**圖12**）。
8 用手指不時試一下蛋液的溫度，若感覺到體溫38℃～40℃溫熱的程度就將鋼盆從沸水上移開。
9 移開後繼續用高速將全蛋打發。
10 打到蛋糊蓬鬆拿起打蛋器滴落下來的蛋糊能夠有非常清楚的摺疊痕跡就是打好了（**圖13**）。
11 牛奶均勻灑入蛋糊中用打蛋器混合均勻（**圖14**）。
12 將過篩的粉類分3次篩進蛋糊中（篩入粉的時候不要揚的太高）（**圖15**）。

13 使用打蛋器以旋轉的方式攪拌，並且將沾到鋼盆邊緣的粉刮起來混合均勻（動作輕但是要確實）（**圖16**）。
14 最後將一部分的麵糊倒入融化的無鹽奶油中，用打蛋器攪拌均勻。
15 然後再將攪拌均勻的奶油倒回其餘麵糊中，用打蛋器攪拌均勻（**圖17**）。
16 完成的麵糊從稍微高一點的位置倒入烤盒中，在桌上敲幾下敲出大氣泡（**圖18**）。
17 放入已經預熱到170℃的烤箱中烘烤30～32分鐘至竹籤插入中心沒有沾黏即可。
18 出爐後馬上倒扣在鐵網架上，包覆保鮮膜或擰乾的濕布放涼（**圖19**）。
19 放涼後撕去底部及邊緣烤焙紙即可。

（D.組合）

20 放涼的巧克力蛋糕平均橫切成3片（**圖20、21**）。
21 蛋糕片上刷上一層白蘭地酒糖汁（**圖22**）。
22 鋪上一些鮮奶油抹平，均勻鋪上醃漬桑果，然後再抹上一些鮮奶油（**圖23、24**）。
23 蓋上另一片蛋糕，使用同樣方式做完兩個夾層（**圖25～27**）。
24 將最後一片放上，用手在蛋糕上壓一壓使得蛋糕平均緊密（**圖28**）。
25 用抹刀將鮮奶油抹上蛋糕，表面及周圍利用刮板及抹刀盡量整平（**圖29～31**）。
26 剩下的鮮奶油裝入擠花袋中，使用玫瑰擠花嘴在周圍擠出裝飾（**圖32**）。
27 中央放上桑果及薄荷葉做最後裝飾（**圖33**）。
28 放入冰箱冷藏2～3小時即可。

慕斯蛋糕。

慕斯（Mousse）一詞來自法文，意思是「泡沫」。
慕斯餡多由打發蛋白或蛋奶醬再加上動物性鮮奶油及凝膠組合而成。
口感質地輕軟，入口即化。
慕斯可以跟各式各樣的水果及蛋糕結合，創造出各種繽紛的色彩。
此類蛋糕必須冷藏，非常適合夏天食用。

鮮莓慕斯

份量

· 1個（6吋圓形慕斯圈）

材料

A.巧克力杏仁圍邊蛋糕

a.麵糊

· 蛋黃2個
· 細砂糖15g
· 低筋麵粉30g
· 無糖可可粉10g

b.蛋白霜

· 蛋白2個
· 檸檬汁1/2t
· 細砂糖40g

c.表面裝飾

· 杏仁粒及糖粉各適量

B.草莓慕斯內餡

a.

· 動物性鮮奶油200cc
· 細砂糖20g

b.

· 草莓果醬80g
· 冷開水120cc
· 吉利丁片9g
· 檸檬汁1T

C.表面裝飾

· 新鮮草莓適量
· 果膠適量

鏡子中的自己，白頭髮似乎又增加了。時間一點一點流逝，我又老了一歲。這一年家人都健健康康，日子雖然平凡卻很滿足。身邊有雙大手隨時呵護，給我一個安全的堡壘。就算偶爾有些小小的不愉快，也只是自尋煩惱，睡一個好覺又是晴空萬里。

許下生日願望，盼望能夠一一實現。未來的日子中，還會發生很多不同的事，我也會擁有更多不同的體驗。豔陽天、陰雨天、彩虹天，天天都值得珍惜。謝謝上天給我的好運，生日快樂～給自己。

準備工作

1. 所有材料秤量好；雞蛋必須是冰的（**圖1**）。
2. 將雞蛋的蛋黃蛋白分開（蛋白不可以沾到蛋黃、水分及油脂）（**圖2**）。
3. 低筋麵粉加無糖可可粉用濾網過篩（**圖3**）。
4. 烤盤鋪上烤焙紙或防沾烤布。
5. 烤箱打開預熱至170℃。

做法

（A.製作巧克力杏仁圍邊蛋糕）

1. 將蛋黃加細砂糖先用打蛋器攪拌均勻（**圖4**）。
2. 蛋白先用打蛋器打出一些泡沫，然後加入檸檬汁及細砂糖（分兩次加入）打成尾端挺立的蛋白霜（乾性發泡）（**圖5**）。
3. 將蛋黃及過篩的低筋麵粉及無糖可可粉依序加入蛋白霜中，用橡皮刮刀以由下而上翻轉的方式混合均勻（**圖6～9**）。
4. 混合完成的麵糊裝入擠花袋中，使用1cm圓形擠花嘴（**圖10**）。
5. 在防沾烤布上整齊擠上緊密排列的麵糊（**圖11**）。
6. 在麵糊表面均勻灑上杏仁粒（**圖12**）。
7. 最後在麵糊表面用濾網篩上一層糖粉（**圖13**）。
8. 放入已經預熱到170℃的烤箱中烘烤10分鐘。
9. 蛋糕出爐後移出烤盤放涼（**圖14**）。
10. 將底部烤焙紙撕下，將蛋糕斜切成寬5cm長50cm的蛋糕長條，及2個直徑約12cm的圓片蛋糕備用（蛋糕可以用拼接的方式）（**圖15**）。

（B.製作草莓慕斯內餡）

11 動物性鮮奶油及細砂糖放在鋼盆中（**圖16**）。使用打蛋器用低速打至八分發（尾端稍微挺立的程度），先放冰箱冷藏備用（**圖17、18**）。

12 吉利丁片泡冰塊水軟化（泡的時候不要重疊放置且需完全壓入水裡）（**圖19**）。

13 將草莓果醬加冷開水加熱至沸騰（**圖20**）。

14 然後將已經泡軟的吉利丁片撈起，水分擠乾加入攪拌均匀放涼（**圖21**）。

15 將預先打發的動物性鮮奶油加入混合均匀（天氣熱必須將整個盆放置在另一個加入冰塊的大盆中不停攪拌，使得慕斯餡變的較濃稠才可以灌入慕斯模中）（**圖22、23**）。

16 將長形圍邊蛋糕緊密圍在慕斯圈中，中間放置一片圓片蛋糕（**圖24**）。

17 將一半的草莓慕斯餡倒入整平，然後放上另一片圓片蛋糕（**圖25～27**）。

18 再將剩下的草莓慕斯餡倒入，用橡皮刮刀或湯匙將表面整平（**圖28、29**）。

19 放冰箱冷藏過夜（至少5～6小時）至完全凝固（**圖30**）。

20 冷藏完成後在表面鋪上新鮮草莓，塗刷一層果膠即可（**圖31、32**）。

提拉米蘇慕斯

份量

· 1個（6吋慕斯模）

材料

A.巧克力咖啡蛋糕
（烤盤尺寸：43cm×30cm）

a.蛋黃麵糊

· 蛋黃3個
· 細砂糖30g
· 橄欖油40g
· 即溶咖啡1T
· 熱水50cc
· 無糖可可粉20g
· 低筋麵粉75g
· 玉米粉20g
· 卡魯哇香甜咖啡酒1T

b.蛋白霜

· 蛋白3個
· 檸檬汁3cc
· 細砂糖30g

B.塗抹蛋糕糖漿

· 即溶咖啡1T
· 熱水50cc
· 蘭姆酒1T

C.馬斯卡朋乳酪餡

· 蛋黃3個
· 細砂糖50g
· 牛奶50g
· 吉利丁片6g（約2.5片）
· 馬斯卡朋乳酪200g

D.鮮奶油

· 動物性鮮奶油200cc
· 細砂糖20g

關於提拉米蘇有一個美麗的故事。新婚的妻子為了讓第二天要出門上戰場的丈夫能帶著一份乾糧出門，翻出了家中僅有的食材做出了這一道風靡世界的經典甜點。

那是一份怎樣牽掛的心情？萬般不捨中包裹了濃濃的感情，希望遠去他方的他能平安歸來！不管這則故事是真是假，都讓我在品嚐這道點心時心中多了一份淡淡的牽絆。

準備工作

1 所有材料秤量好；雞蛋使用冰的。
2 將雞蛋的蛋黃蛋白分開（蛋白不可以沾到蛋黃、水分及油脂）（**圖1**）。
3 低筋麵粉加玉米粉用濾網過篩（**圖2**）。
4 將即溶咖啡1T融入熱水中，再沖入無糖可可粉中攪拌均勻，然後放涼（**圖3**）。
5 烤盤鋪上烤焙紙（**圖4**）。
6 烤箱打開預熱至170℃。

做法

（A.製作巧克力咖啡蛋糕）

1 將蛋黃加細砂糖用打蛋器攪拌均勻（**圖5**）。
2 然後將橄欖油加入攪拌均勻（**圖6**）。
3 再將咖啡巧克力加入攪拌均勻。
4 然後將過篩的粉類及卡魯哇香甜咖啡酒分兩次交錯混入，攪拌均勻成為無粉粒的麵糊（**圖7、8**）。
5 蛋白先用打蛋器打出一些泡沫，然後加入檸檬汁及細砂糖（分兩次加入）打成尾端彎曲的蛋白霜（濕性發泡）（**圖9**）。
6 挖1/3份量的蛋白霜混入蛋黃麵糊中，用橡皮刮刀沿著盆邊以翻轉及劃圈圈的方式攪拌均勻（**圖10**）。
7 然後再將拌勻的麵糊倒入剩下的蛋白霜中混合均勻（**圖11**）。
8 倒入鋪上烤焙紙的烤盤中用刮刀抹均勻，烘烤前在桌上輕敲幾下，放入已經預熱到170℃的烤箱中烘烤12～15分鐘（時間到用手輕拍一下蛋糕上方，如果感覺有沙沙的聲音就是烤好了）（**圖12、13**）。
9 蛋糕出爐後馬上移出烤盤，將四周的烤焙紙撕開放涼。
10 切出2片慕斯底大的圓形蛋糕（**圖14**）。
11 將蛋糕放入慕斯圈中。

（B.製作塗抹蛋糕糖漿）

11 將即溶咖啡1T融入熱水中放涼。
12 再將蘭姆酒加入混合均勻即可。

（C.製作馬斯卡朋乳酪餡）

13 吉利丁片泡冰塊水軟化（泡的時候不要重疊放置且需完全壓入水裡，泡到膨脹皺皺的狀態）。
14 蛋黃加砂糖及牛奶攪拌均勻後，放在一個較小盛水的盆上，將小盆子放上瓦斯爐上加熱，利用冒上來的水蒸氣以隔鍋加熱的方式攪打成濃稠的泡沫狀就離火（**圖15**）。
15 加入軟化的吉利丁片攪拌均勻，再加入馬斯卡朋乳酪攪拌均勻放涼（**圖16、17**）。

（D.製作鮮奶油）

16 將鮮奶油加細砂糖用打蛋器打到七分發（還有一些些流動的程度）（**圖18**）。

17 將打發的鮮奶油加馬斯卡朋乳酪餡混合均勻（**圖19**）。

18 整個盆放置在另一個加入冰塊的大盆中不停攪拌使得慕斯餡變的較濃稠。

19 將一半份量慕斯餡倒入慕斯模中，再放上另一片巧克力咖啡蛋糕，再將慕斯餡倒滿，放入冰箱冷藏到過夜完全凝固（至少5～6個小時）（**圖20、21**）。

20 脫模時用一把小刀緊貼著邊緣劃一圈，要吃時灑上無糖可可粉（**圖22**）。

小叮嚀

吉利丁片一片是23cm×7cm，重約2.5～3g，相當於1t吉利丁粉。

百香果奶露慕斯

份量

- 6吋慕斯模1個＋直徑7cm玻璃杯子3個

材料

A.巧克力圍邊蛋糕
（烤盤尺寸：43cm×30cm）

a.麵糊
- 蛋黃5個
- 細砂糖20g
- 橄欖油30g（或任何植物油）
- 低筋麵粉60g
- 無糖可可粉30g
- 牛奶3T

b.蛋白霜
- 蛋白5個
- 檸檬汁1t
- 細砂糖60g

B.百香果奶露慕斯內餡

a.卡士達醬
- 蛋黃3個
- 細砂糖40g
- 低筋麵粉20g
- 牛奶300cc
- 吉利丁片10g
- 檸檬汁1T
- 蘭姆酒1T
- 百香果果醬4T

前幾天去醫院，在診療室外面等候時，旁邊一位婆婆忽然拿了一張單子，用手指著其中一個字要我告訴她怎麼唸。她靦腆的告訴我她正在上課學國字，我看了單子的字，告訴她那個單字唸「癱」，單子上是一則關於一位貧婦救治癱瘓流浪狗的新聞，是從Yahoo!的新聞中列印出來的。她跟著我重複的唸了「癱」這個字，很高興的說聲：「謝謝！」。

過了一會兒，她的女兒出現了，帶著她開始小聲地唸起了這則新聞。她們兩人專注、認真的將整篇新聞唸完，四周在等待看診的人都默默用讚許的眼神幫她加油。小小的一件事，讓我的心情一整天都很高興。

我非常喜歡百香果的香味，濃郁又熱情。拿來做慕斯再適合不過了！卡士達餡的慕斯操作性很好，即使是新手也可以放心完成。澄黃的顏色，讓心情都會變好，希望新的一年有新的開始！

b.鮮奶油
- 動物性鮮奶油200cc
- 細砂糖20g

C.頂層百香果果凍
- 百香果果醬3T
- 細砂糖1T
- 冷開水150cc
- 檸檬汁2T
- 吉利丁片2片
- 水蜜桃罐頭片適量
- 裝飾覆盆子莓果適量

準備工作

1. 所有材料秤量好；雞蛋使用冰的。
2. 將雞蛋的蛋黃蛋白分開（蛋白不可以沾到蛋黃、水分及油脂）（**圖1**）。
3. 低筋麵粉加無糖可可粉混合均勻用濾網過篩（**圖2**）。
4. 烤盤鋪上烤焙紙（烤盤噴一些水或抹一些奶油固定烤焙紙）（**圖3**）。
5. 烤箱打開預熱至170℃。

做法

（A.製作巧克力圍邊蛋糕）

1. 將蛋黃加細砂糖先用打蛋器攪拌均勻（**圖4**）。
2. 然後將橄欖油加入攪拌均勻（**圖5**）。
3. 再將過篩好的粉類與牛奶分兩次交錯混入，攪拌均勻成為無粉粒的麵糊（不要攪拌過久使得麵粉產生筋性，導致烘烤時會回縮）（**圖6、7**）。
4. 蛋白先用打蛋器打出一些泡沫，然後加入檸檬汁及細砂糖（分兩次加入）打成尾端挺立的蛋白霜（**圖8**）。
5. 挖1/3份量的蛋白霜混入蛋黃麵糊中，用橡皮刮刀攪拌均勻，然後再將拌勻的麵糊倒入蛋白霜中混合均勻（用橡皮刮刀由下而上翻轉的方式）（**圖9**）。
6. 倒入鋪上烤焙紙的烤盤中用刮板抹平整（**圖10**）。

7 烘烤前在桌上輕敲幾下敲出較大的氣泡，放入已經預熱到170℃的烤箱中烘烤12～15分鐘（時間到用手輕拍一下蛋糕上方，如果感覺有沙沙的聲音就是烤好了）（**圖11**）。

8 蛋糕出爐後將蛋糕連烤焙紙移出烤盤，將四周烤焙紙撕開散熱，完全放涼後再將烤焙紙底部撕開（**圖12**）。

9 切出4cm寬同慕斯圈之圓周長的長條及1片慕斯底大的圓形蛋糕（**圖13、14**）。

10 將蛋糕背面朝外排入慕斯圈中（**圖15**）。

（B.製作百香果奶露慕斯內餡：卡士達醬）

11 吉利丁片泡冰塊水軟化。

12 蛋黃加細砂糖攪拌均勻（**圖16**）。

13 加入過篩的低筋麵粉攪拌均勻（**圖17**）。

14 將牛奶煮沸倒入（邊倒邊攪拌），再放上瓦斯爐加熱（要一直不停攪拌）至濃稠（**圖18**）。

15 將軟化的吉利丁片水擠掉，加入煮好的卡士達醬中攪拌均勻（**圖19**）。

16 稍微放涼加入檸檬汁、蘭姆酒及百香果果醬攪拌均勻。

小叮嚀

吉利丁片一片是23cm×7cm，重約2.5～3g，相當於1t吉利丁粉。

（B.製作百香果奶露慕斯內餡：鮮奶油）

17 將鮮奶油用打蛋器打到七分發（還有一些些流動的程度）。
18 將百香果蛋奶醬加動物性鮮奶油混合均勻（**圖20**）。
19 將混合完成的餡料倒入慕斯模約1/3高度（**圖21**）。
20 然後鋪上較小的蛋糕片，再將餡料倒入約八分滿（**圖22**）。
21 將慕斯表面整平後放入冰箱冷藏到完全凝固（至少5～6個小時）（**圖23**）。
22 若有剩下的慕斯餡可以倒入任何杯子中冷藏即可（**圖24**）。

（C.製作頂層百香果果凍）

23 吉利丁片泡冰水約5分鐘軟化（泡的時候不要重疊放置且需完全壓入水裡）。
24 將百香果果醬加水及細砂糖加熱至沸騰（**圖25**）。
25 將軟化的吉利丁片加入攪拌均勻放涼。
26 水蜜桃切成薄片，整齊的排入已經凝固的慕斯上，中間用莓果裝飾（**圖26**）。
27 將放涼的果汁倒入，放入冰箱冷藏到凝固即可（**圖27**）。
28 脫模時用一支小刀緊靠著邊緣劃一圈即可（**圖28、29**）。

咖啡慕斯

份量

- 1個（8吋圓形慕斯圈）

材料

A.雙色咖啡牛奶凍

a.牛奶凍

- 牛奶50cc
- 動物性鮮奶油50cc
- 細砂糖10g
- 吉利丁片4.5g

b.咖啡凍

- 咖啡150g
- 黃砂糖20g
- 吉利丁片6g
- 卡魯哇咖啡酒50cc

B.巧克力杏仁圍邊蛋糕

a.麵糊

- 蛋黃2個
- 細砂糖15g
- 低筋麵粉30g
- 無糖可可粉10g

b.蛋白霜

- 蛋白2個
- 檸檬汁1/2t
- 細砂糖40g

c.表面裝飾

- 杏仁粒及糖粉各適量

C.咖啡慕斯內餡

a.

- 動物性鮮奶油200cc
- 細砂糖20g

b.

- 牛奶150cc
- 即溶咖啡粉1T
- 蛋黃3個
- 細砂糖50g
- 吉利丁片12g
- 卡魯哇咖啡酒40cc
- 馬斯卡朋起司200g

D.表面咖啡凍

- 咖啡液130cc
- 細砂糖20g
- 吉利丁片4.5g
- 卡魯哇咖啡酒20cc

Dear，再過幾天就是我們的結婚周年紀念日，一路走來，我們共同經歷了大小事，生活緊湊忙碌之餘，有時候還不忘抽空生生悶氣，日子充實得不得了。這麼多年，身邊有你再也不會孤單。我想起我們第一次到大屯山，上天就註定我們要牽掛一生。我要永遠做你的好朋友、好情人。

結婚週年快樂！

你親愛的老婆

準備工作

（B.巧克力杏仁圍邊蛋糕）

1 所有材料秤量好（**圖1～5**）；雞蛋必須是冰的（**圖6**）。
2 將雞蛋的蛋黃蛋白分開（蛋白不可以沾到蛋黃、水分及油脂）（**圖7**）。
3 低筋麵粉加無糖可可粉用濾網過篩（**圖8**）。
4 烤盤鋪上烤焙紙或防沾烤布。
5 烤箱打開預熱至170℃。

做法

（A.製作雙色咖啡牛奶凍）

1 所有材料秤量好。先做牛奶凍部分：吉利丁片泡在冰塊水中軟化（約5～6分鐘，泡的時候不要重疊放置且需完全壓入水裡）（**圖9**）。
2 將牛奶及動物性鮮奶油、細砂糖放入小鍋中煮至糖融化（不需要到沸騰）（**圖10**）。
3 將已經泡軟的吉利丁片撈起將水擠乾，放入到煮熱的牛奶中融化，攪拌均勻放涼（**圖11、12**）。
4 倒入塑膠小盒子中，放在冰箱冷藏2～3小時至完全凝固（**圖13**）。
5 接著做咖啡凍部分：吉利丁片泡在冰塊水中軟化（約5～6分鐘，泡的時候不要重疊放置且需完全壓入水裡）。

6 將咖啡及黃砂糖放入小鍋中煮至糖融化（不需要到沸騰）（**圖14**）。
7 將已經泡軟的吉利丁片撈起將水擠乾，放入到煮熱的咖啡中融化，攪拌均勻放涼（**圖15**）。
8 再將卡魯哇咖啡酒加入混合均勻（**圖16**）。
9 取一個6吋的圓模，將咖啡液倒入。
10 凝固的牛奶凍由冰箱取出，盒子底部放入溫熱的水中一會兒方便脫模（**圖17**）。
11 脫模的牛奶凍切成約1cm塊狀（**圖18**）。
12 平均放入咖啡液中，再放入冰箱冷藏2～3小時至完全凝固（**圖19、20**）。

（B.製作巧克力杏仁圍邊蛋糕）
13 將蛋黃加細砂糖先用打蛋器攪拌均勻（**圖21**）。
14 蛋白先用打蛋器打出一些泡沫，然後加入檸檬汁及細砂糖（分兩次加入）打成尾端稍微彎曲的蛋白霜（介於濕性發泡與乾性發泡間）（**圖22**）。
15 將蛋黃加入蛋白霜中用橡皮刮刀以由下而上翻轉的方式混合均勻（**圖23、24**）。
16 最後將已經過篩的粉類分兩次加入，用橡皮刮刀以由下而上翻轉的方式混合均勻（**圖25、26**）。

17 混合完成的麵糊裝入擠花袋中，使用1cm圓形擠花嘴（**圖27**）。
18 在防沾烤布上間隔整齊擠上5cm寬的長形麵糊2條（2條長度至少需要65cm）（**圖28**）。
19 剩下的麵糊全部擠出一個蚊香形圓片（**圖29**）。
20 在麵糊表面均勻灑上杏仁粒（**圖30**）。
21 最後用濾網在麵糊表面篩上一層糖粉（**圖31**）。
22 放入已經預熱到170℃的烤箱中烘烤10分鐘（**圖32、33**）。
23 蛋糕出爐後移出烤盤放涼。
24 將底部烤焙紙撕下，長條形蛋糕兩邊切除成為整齊3cm寬的蛋糕條備用（**圖34、35**）。

（C.製作咖啡慕斯內餡）

25 動物性鮮奶油加細砂糖放在鋼盆中（**圖36**）。用打蛋器以低速打至九分發（尾端挺立的程度），先放冰箱冷藏備用（**圖37、38**）。
26 吉利丁片泡冰水軟化（泡的時候不要重疊放置且需完全壓入水裡）（**圖39**）。
27 將牛奶加熱至沸騰，放入即溶咖啡粉攪拌均勻（**圖40、41**）。

28 蛋黃加細砂糖攪拌均勻（**圖42**）。

29 然後將咖啡牛奶加入攪拌均勻（**圖43**）。

30 將盆子放回瓦斯爐上小火加熱，不停攪拌至蛋黃牛奶變成濃稠泡沫狀（手指沾起呈不滴落狀態）（**圖44、45**）。

31 然後將已經泡軟的吉利丁片撈起，水分擠乾加入攪拌均勻放涼（**圖46、47**）。

32 放涼後加入卡魯哇咖啡酒攪拌均勻。

33 馬斯卡朋起司放入盆中攪打成乳霜狀，再將咖啡慕斯餡分5～6次加入攪拌均勻（**圖48、49**）。

34 將打發的動物性鮮奶油加入混合均勻（天氣熱必須將整個盆放置在另一個加入冰塊的大盆中，不停攪拌使得慕斯餡變較濃稠才可以灌入慕斯模中）（**圖50、51**）。

35 預先做好的咖啡牛奶凍底部用溫熱的毛巾覆蓋一會兒脱模取出（**圖52**、**53**）。
36 將長形圍邊蛋糕緊密圍在慕斯圈中，中間放置圓片蛋糕（**圖54**）。
37 將一半的咖啡慕斯餡倒入整平，然後放上咖啡牛奶凍（**圖55**、**56**）。
38 再將剩下的咖啡慕斯餡倒入，用橡皮刮刀整平頂部必須預留0.5cm咖啡凍的空間）（**圖57～59**）。
39 放冰箱冷藏3～4小時至凝固。

（D.製作表面咖啡凍）

40 吉利丁片泡冰塊水軟化（泡的時候不要重疊放置且需完全壓入水裡）（**圖60**）。
41 將咖啡液加細砂糖加熱至糖融化（**圖61**）。
42 然後將已經泡軟的吉利丁片撈起，水分擠乾放入攪拌均勻放涼（**圖62**）。
43 放涼後加入卡魯哇咖啡酒混合均勻（**圖63**）。
44 取出冰箱已經凝固的慕斯，將咖啡液倒入，再放入冰箱冷藏到咖啡凍凝固即可（**圖64**、**65**）。
45 脱模的時候用一把扁平小刀，沿著慕斯模上方2cm處劃一圈就可以順利脱模（**圖66**）。
46 最後在慕斯表面放上巧克力片裝飾即可。

鮮果卡士達慕斯

份量

・1個（6吋方形慕斯圈）

材料

A.原味戚風蛋糕

a.麵糊

・牛奶115cc
・無鹽奶油30g
・細砂糖20g
・低筋麵粉70g
・全蛋1個
・蛋黃5個

b.蛋白霜

・蛋白5個
・檸檬汁1t
・細砂糖60g

B.裝飾鮮奶油

・動物性鮮奶油100cc（乳脂肪35％）
・細砂糖10g
・白蘭地1/2t

台灣是個水果王國，一年四季的都有不同的水果可以選擇。我尤其喜歡將當季的水果融入甜點中，除了增加果香也顯得繽紛多彩。蛋糕體採用麵粉先加熱糊化的方式製作，蛋糕組織更柔軟。

卡士達牛奶餡與微酸的水果搭配起來很適合，慕斯冰涼的口感讓夏天更涼爽。

C.橙酒蛋奶醬

a.

・吉利丁片5g

b.

・低筋麵粉15g
・玉米粉10g
・牛奶50cc

c.

・蛋黃2個

d.

・香草莢1/5根
・牛奶50cc
・動物性鮮奶油50cc
・細砂糖40g

e.

・無鹽奶油50g
・君度橙酒1T

f.夾餡水果

・葡萄、奇異果、水蜜桃各適量（切成丁狀）（**圖1**）

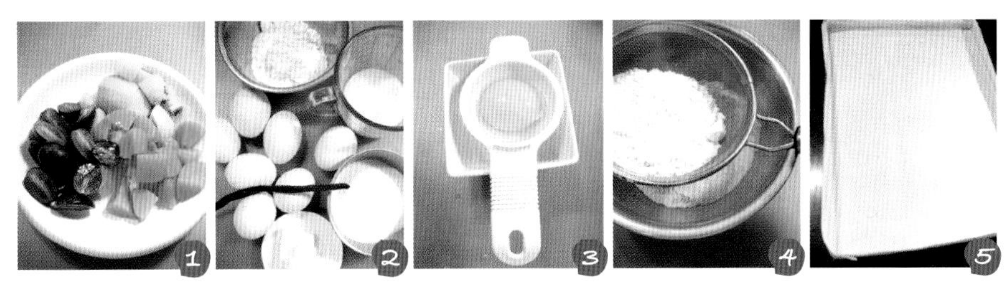

準備工作

1. 所有材料量秤好；雞蛋必須是冰的（**圖2**）。
2. 雞蛋將蛋黃蛋白分開（蛋白不可以沾到蛋黃、水分及油脂）（**圖3**）。
3. 低筋麵粉用濾網過篩（**圖4**）。
4. 烤盤鋪上白報紙（烤盤噴一些水或抹一些奶油固定烤紙）（**圖5**）。
5. 烤箱打開預熱至170℃。

做法

（A.製作原味戚風蛋糕）

1. 將無鹽奶油及細砂糖放入牛奶中，放上瓦斯爐小火煮至沸騰（**圖6**）。
2. 馬上將過篩的低筋麵粉倒入，迅速攪拌均勻成為一個不沾鍋底的團狀（攪拌的時候還是開小火，成團就離火）（**圖7～9**）。
3. 再將全蛋及蛋黃分5～6次加入攪拌均勻（每一次都要攪拌均勻才加下一次）（**圖10～13**）。
4. 蛋白先用打蛋器打出一些泡沫，然後加入檸檬汁及細砂糖（分兩次加入）打成尾端稍微挺立的蛋白霜（乾性發泡）（**圖14**）。
5. 挖1/3份量的蛋白霜混入蛋黃麵糊中，用橡皮刮刀攪拌均勻（**圖15、16**）。

6 然後再將拌勻的麵糊倒入其餘蛋白霜中混合均勻（用橡皮刮刀由下而上翻轉的方式）（**圖17～19**）。
7 倒入鋪上白報紙的烤盤中，用刮板抹平整。進爐前在桌上輕敲幾下敲出較大的氣泡（**圖20～22**）。
8 放入已經預熱到170℃的烤箱中烘烤12～15分鐘（時間到用手輕拍一下蛋糕上方，如果感覺有沙沙的聲音就是烤好了）（**圖23**）。
9 蛋糕出爐後移出烤盤，將四周烤紙撕開散熱（**圖24**）。
10 完全放涼後再將蛋糕翻轉過來，將底部烤紙撕除。
11 切出兩片與慕斯圈大小相同的方形蛋糕片（**圖25、26**）。

（B.製作裝飾鮮奶油）

1 動物性鮮奶油加細砂糖加白蘭地放入鋼盆中。
2 用打蛋器以低速打至九分發（尾端挺立的程度），先放冰箱冷藏備用（氣溫高鋼盆底部要墊冰塊，用低速慢慢打發，就不容易產生油水分離的狀況）（**圖27**）。

（C.製作橙酒蛋奶醬）

1 所有材料秤量好（**圖28**）。
2 材料a的吉利丁片泡冰塊水軟化（泡的時候不要重疊放置且完全壓入水裡）（**圖29**）。
3 將材料b的低筋麵粉加玉米粉過篩，再加入牛奶50cc混合均勻（**圖30～32**）。
4 然後倒入材料c的蛋黃中混合均勻（**圖33～35**）。
5 將材料d中的牛奶、動物性鮮奶油及細砂糖放入鋼盆中（**圖36**）。
6 香草莢橫剖，用小刀將其中的黑色香草籽刮下來，放入材料d中混合均勻，用小火煮沸（煮好後將香草莢撈起不要）（**圖37、38**）。
7 然後將煮沸好的牛奶慢慢加入蛋黃麵糊中，一邊加一邊攪拌（**圖39、40**）。
8 再放回瓦斯爐上用小火加熱，一邊煮一邊攪拌到變濃稠，底部出現漩渦狀就離火。

11 放入軟化的吉利丁攪拌均勻（**圖41**）。

12 再將材料e無鹽奶油加入混合均勻（**圖42**）。

13 稍微放涼後，就將君度橙酒加入混合均勻，表面封上保鮮膜避免乾燥，放涼備用（**圖43**、**44**）。

14 慕斯圈底部包覆上一層保鮮膜，底部放置一片蛋糕（**圖45**、**46**）。

15 將一半的蛋奶慕斯餡倒入抹均勻，然後將水果丁交錯緊密排放（**圖47**、**48**）。

16 剩下的蛋奶慕斯餡倒入完全覆蓋住水果並塗抹均勻（**圖49**、**50**）。

17 放上另一片蛋糕片（**圖51**）。

18 表面罩上一層保鮮膜，放入冰箱冷藏2～3小時至蛋奶醬凝固（**圖52**）。

19 冷藏好將慕斯取出，將事先打發的鮮奶油均勻塗抹在蛋糕表面（**圖53**、**54**）。

21 脫模的時候，用一把扁平小刀沿著慕斯模邊緣劃一圈，就可以順利脫模（**圖55**）。

22 表面用鋸齒刮板輕輕畫上波浪紋，放上香草葉裝飾即可（**圖56**、**57**）。

鮮橙覆盆子慕斯

份量

· 1個（24cm×8cm×6cm方形烤模）

材料

A.蜜漬柳橙
· 香吉士3顆
· 細砂糖30g
· 檸檬汁1T
· 君度橙酒1T

B.覆盆子果凍
· 冷凍覆盆子100g
· 細砂糖40g
· 蔓越莓汁50cc
· 吉利丁片6g
· 檸檬汁1T

C.原味圍邊蛋糕

a.蛋黃麵糊
· 蛋黃2個
· 細砂糖10g
· 奶油10g
· 低筋麵粉40g
· 玉米粉10g

b.蛋白霜
· 蛋白2個
· 檸檬汁1/2t
· 細砂糖30g

c.表面裝飾
· 糖粉適量

抽空看了一部電影《班傑明的奇幻旅程》（Curious Case of Benjamin Button），史詩般的壯闊場面，出神入化的特效化妝，許久沒有這樣的感覺，兩個多小時也跟著劇中人走過了這場奇妙之旅。真正的愛是穿越時空，不分年齡，不分階層及美醜的。愛情的題材永遠感動人心，甜蜜卻也帶著淡淡悲傷。

家中有值得高興的事時，我就會想做一個慕斯蛋糕來慶祝一下。慕斯蛋糕華麗繽紛非常迷人，最喜歡利用新鮮盛產的水果加入其中，每個慕斯都有獨特的風華。變換一下不同的模具，長形烤模也可以做出層次豐富的慕斯蛋糕。酸酸甜甜帶著醉人橙酒滋味。

D.柳橙慕斯內餡

a.
· 動物性鮮奶油200cc
· 細砂糖20g

b.
· 牛奶150cc
· 蛋黃3個
· 細砂糖50g
· 吉利丁片9g
· 柳橙果醬30g
· 君度橙酒1T

準備工作

1 所有材料秤量好；雞蛋使用冰的（**圖1～3**）。
2 用叉子將冷凍覆盆子壓成泥狀（**圖4**）。
3 將雞蛋的蛋黃蛋白分開（蛋白不可以沾到蛋黃、水分及任何油脂）（**圖5**）。
4 低筋麵粉加玉米粉混合均勻用濾網過篩（**圖6**）。
5 奶油加熱融化（**圖7**）。
6 烤盤鋪上烤焙紙（烤盤噴一些水或抹一些奶油固定烤焙紙）。
7 烤箱打開預熱至170℃。

做法

（A.製作蜜漬柳橙）

1 香吉士的外皮用小刀切除（**圖8**），將果肉取出（**圖9**）。
2 加入細砂糖、檸檬汁及君度橙酒醃漬一晚入味（**圖10**）。

（B.製作覆盆子果凍）

3 吉利丁片泡冰水軟化（泡的時候不要重疊放置且需完全壓入水裡）（**圖11**）。
4 將覆盆子果泥加細砂糖及蔓越莓汁加熱至糖融化（**圖12**）。
5 然後將已經泡軟的吉利丁片撈起，水分擠乾放入攪拌均勻放涼（**圖13**）。
6 放涼後加入檸檬汁混合均勻倒入方形鐵盤上，再放入冰箱冷藏到凝固即可（**圖14、15**）。

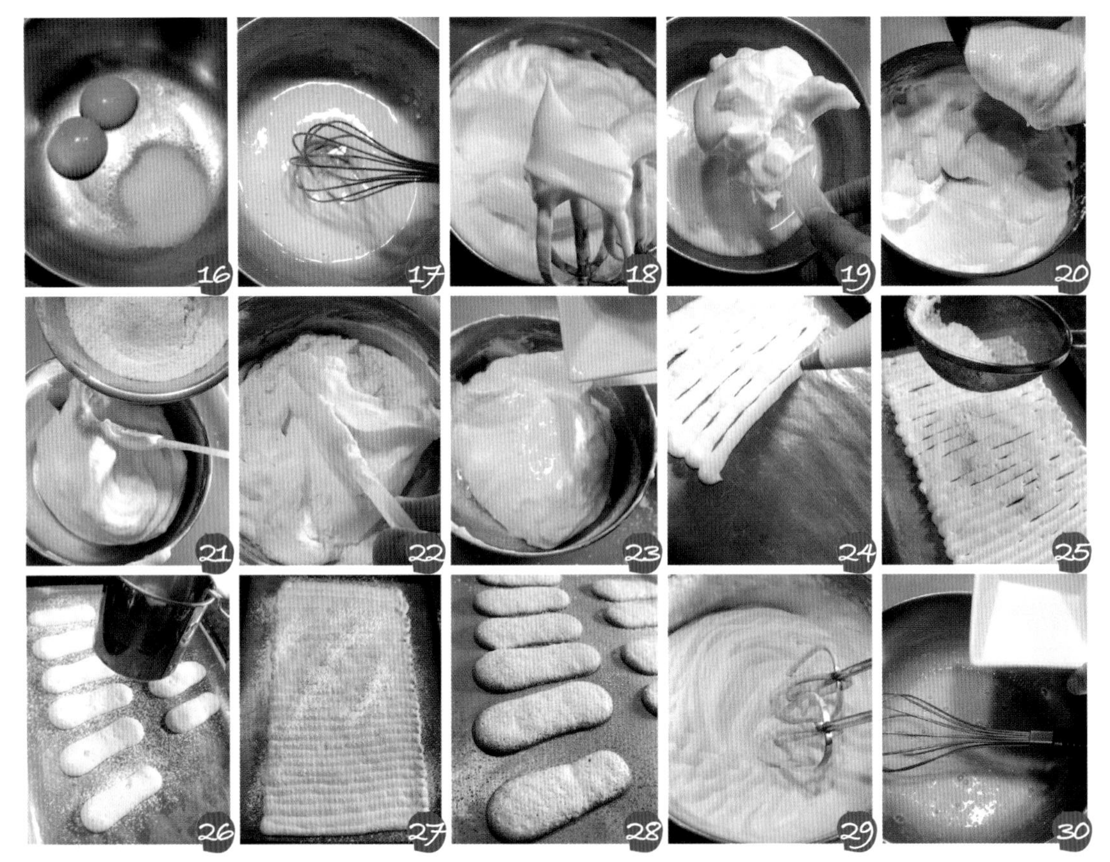

（C.製作原味圍邊蛋糕）

7 材料a蛋黃加細砂糖用打蛋器充分混合均勻，稍微打至泛白的程度（**圖16、17**）。

8 材料b蛋白先用打蛋器打出一些泡沫，然後加入檸檬汁及細砂糖（分兩次加入）打成尾端稍微彎曲的蛋白霜（介於濕性發泡與乾性發泡間）（**圖18**）。

9 挖1/3份量的蛋白霜混入蛋黃麵糊中，用橡皮刮刀沿著盆邊以翻轉及劃圈圈的方式攪拌均勻（**圖19**）。

10 然後再將拌勻的麵糊倒入剩下的蛋白霜中混合均勻（**圖20**）。

11 最後將已經過篩的粉類分兩次加入，用橡皮刮刀以由下而上翻轉的方式混合均勻（**圖21、22**）。

12 再將融化的奶油淋入混合均勻（**圖23**）。

13 混合完成的麵糊裝入擠花袋中，使用1cm圓形擠花嘴。

14 在烤焙紙上整齊擠上寬24cm長30cm緊密排列的條狀麵糊（**圖24**）。

15 剩下的麵糊擠出至少6條長10cm的手指餅乾。

16 然後在麵糊表面用濾網篩上一層糖粉（**圖25、26**）。

17 放入已經預熱到170℃的烤箱中烘烤10分鐘。

18 蛋糕出爐後移出烤盤放涼（**圖27、28**）。

（D.製作柳橙慕斯內餡）

19 動物性鮮奶油及細砂糖放在鋼盆中。打蛋器用低速打至八分發（尾端稍微挺立的程度），先放冰箱冷藏備用（**圖29**）。

20 吉利丁片泡冰塊水軟化（泡的時候不要重疊放置且需完全壓入水裡）。

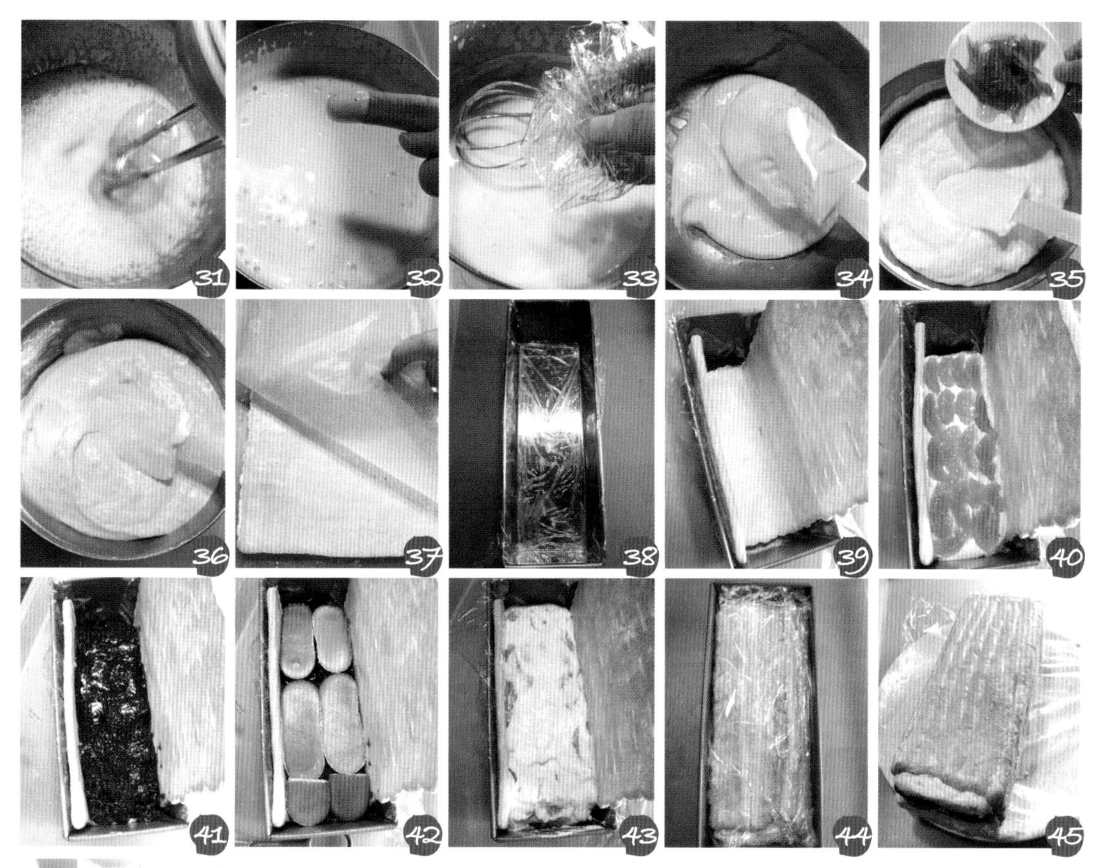

21 蛋黃加細砂糖攪拌均勻。
22 再將牛奶加熱至沸騰，一點一點加入攪拌均勻（圖30）。
23 將盆子放回瓦斯爐上小火加熱，不停攪拌至蛋黃牛奶變成濃稠泡沫狀（手指沾起呈不滴落狀態）（圖31、32）。
24 然後將已經泡軟的吉利丁片撈起，水分擠乾加入攪拌均勻放涼（圖33）。
25 放涼後將打發的動物性鮮奶油加入混合均勻（圖34）。
26 將柳橙果醬及君度橙酒加入混合均勻（圖35、36）。
27 將整個盆放置在另一個加入冰塊的大盆中不停攪拌，使得慕斯餡變較濃稠才可以灌入慕斯模中。

（E.組合）

28 將圍邊蛋糕底部的烤焙紙撕開，長形烤模中鋪上一層保鮮膜（圖37、38）。
29 圍邊蛋糕緊密貼在烤模中，一側與烤模頂齊平，另一側預留包覆慕斯使用（圖39）。
30 將一半的柳橙慕斯餡先鋪上，然後將蜜漬柳橙均勻鋪放在其上（圖40）。
31 再依序將已經冷凍完成的覆盆子果凍、手指餅乾、蜜漬柳橙各鋪放一層（圖41、42）。
32 最後將剩下的柳橙慕斯餡鋪上（圖43）。
33 利用預留的圍邊蛋糕將整個慕斯包覆起來，超出的部分裁剪掉。
34 整個慕斯用保鮮膜包覆起來（圖44）。
35 放入冰箱冷藏5～6小時至凝固。
36 冷藏完成將保鮮膜直接拉起即可脫模（圖45、46）。

卡士達草莓乳酪慕斯

好情人要感性與理性兼顧。
好情人要有一顆寬廣包容的心。
好情人要在假日的早晨陪我賴床。
好情人要在我睡不著時陪我聊天。
好情人要幫忙做我不喜歡的家事。
好情人要努力工作讓我有一個安心的城堡。
好情人要像陽光般的燦爛，給我天天好心情。
和你一塊共同度過這段人生就是最大的幸福。
鬆軟的杏仁蛋糕滿滿包裹著甜蜜，祝福大家情人節快樂。

份量

- 2個（6吋方型及6吋圓形慕斯模各1個）

材料

A.杏仁蛋糕體
（烤盤尺寸：41cm×26cm）

a.麵糊

- 蛋黃4個
- 細砂糖15g
- 橄欖油25g（或任何植物油）
- 牛奶25cc
- 低筋麵粉60g
- 杏仁粉30g

b.蛋白霜

- 蛋白4個
- 檸檬汁1t
- 細砂糖50g

B.中間夾層乳酪蛋黃慕斯

a.

- 牛奶100cc
- 香草莢1/3根
- 細砂糖45g
- 吉利丁12g
- 奶油乳酪150g
- 蛋黃3個

b.

- 動物性鮮奶油200cc
- 細砂糖45g

C.表面草莓果醬

- 草莓120g
- 細砂糖50g
- 吉利丁片1.5g

準備工作

1. 所有材料秤量好；雞蛋使用冰的（**圖1**）。
2. 將雞蛋的蛋黃蛋白分開，蛋白不可以沾到蛋黃、水分及油脂（**圖2**）。
3. 杏仁粉用湯匙將結塊部位壓散，再與過篩的低筋麵粉混合均勻（**圖3～5**）。
4. 烤盤鋪上烤焙紙（烤盤噴一些水或抹一些奶油固定烤焙紙）（**圖6**）。
5. 烤箱打開預熱至170℃。

做法

（A.製作杏仁蛋糕體）

1. 蛋黃加細砂糖用打蛋器攪拌均勻至微微泛白的程度（**圖7**）。
2. 然後依序將橄欖油、牛奶、混合均勻的杏仁粉及低筋麵粉加入攪拌均勻（**圖8～11**）。
3. 蛋白用打蛋器先打出泡沫，然後加入檸檬汁及1/2量細砂糖用中速攪打，泡沫開始變細緻時就將剩下的細砂糖加入，速度可以調整為高速，將蛋白打到拿起打蛋器尾巴呈現挺立的狀態即可（**圖12**）。
4. 挖1/3份量的蛋白霜混入麵糊中，用橡皮刮刀以由下而上翻轉的方式攪拌均勻（**圖13、14**）。

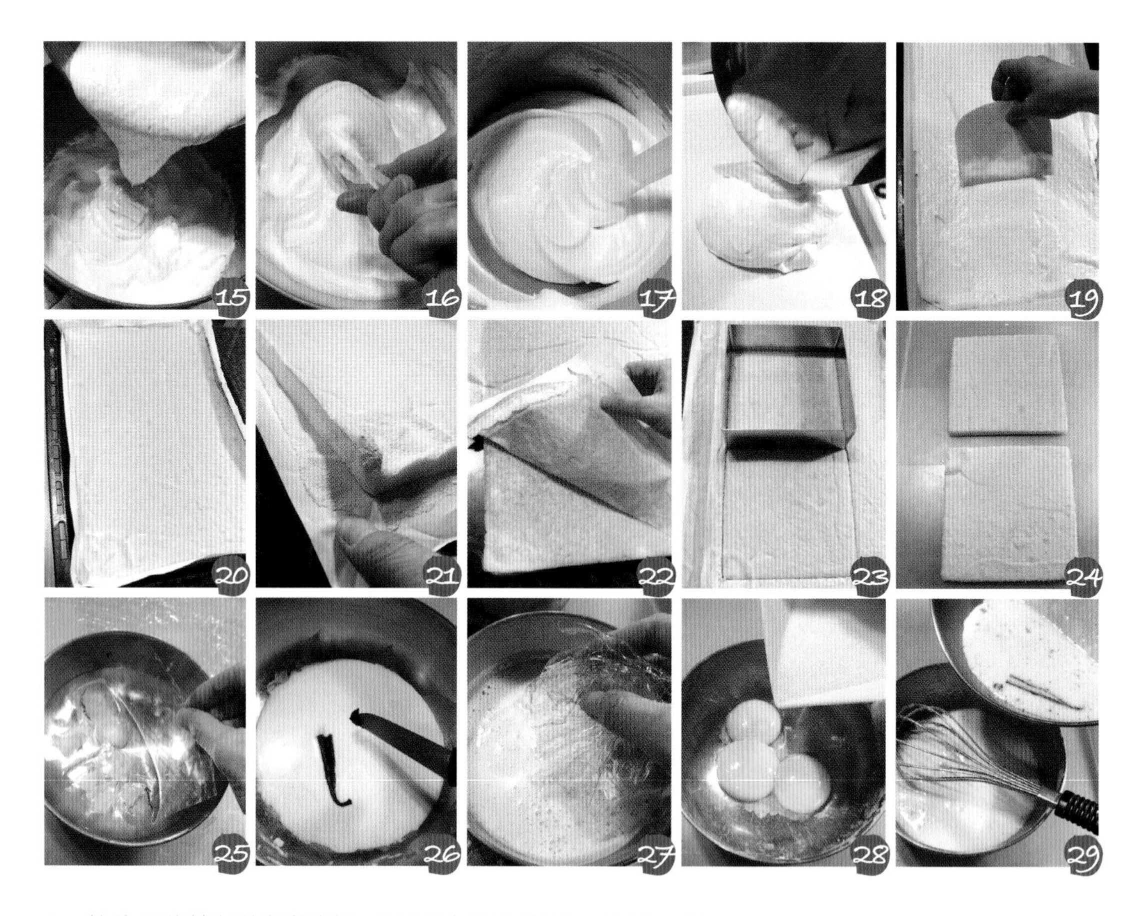

5 然後再將拌勻的麵糊倒入蛋白霜中混合均勻（**圖15～17**）。
6 倒入鋪上烤焙紙的烤盤中用刮板抹平整（**圖18、19**）。
7 烘烤前在桌上輕敲幾下敲出較大的氣泡，放入已經預熱到170℃的烤箱中烘烤12～15分鐘（時間到用手輕拍一下蛋糕上方，如果感覺有沙沙的聲音就是烤好了）（**圖20**）。
8 蛋糕出爐後移出烤盤，將四周烤焙紙撕開，整片蛋糕翻過來散熱，完全放涼後再將烤焙紙底部撕開（**圖21、22**）。
9 對照6吋慕斯模的大小切出2片蛋糕備用（**圖23、24**）。

（B.製作中間夾層乳酪蛋黃慕斯）

10 全部材料秤量好。
11 吉利丁片泡冰水軟化（泡的時候不要重疊放置且需完全壓入水裡，泡到膨脹皺皺的狀態）（**圖25**）。
12 香草莢橫切，用小刀將其中的黑色香草籽刮下來。
13 將香草莢及黑色香草籽放入鮮奶中加上細砂糖，用小火煮沸（**圖26**）。
14 把軟化的吉利丁片放入煮沸的牛奶攪拌均勻（**圖27**）。
15 蛋黃用打蛋器打散，然後將煮沸的牛奶慢慢加入蛋黃中（邊倒邊攪拌），攪拌均勻（**圖28～30**）。

16 將放置到室溫軟化的奶油乳酪切成小塊，用打蛋器打成乳霜狀（**圖31**）。
17 將做法15分次慢慢加入到打成乳霜狀的奶油乳酪中攪拌均勻（**圖32**）。
18 動物性鮮奶油加細砂糖用打蛋器低速打至七分發（稍微還有一點流動的程度）。若天氣太熱，底部墊一個盆子，裝上冰塊較好打發（**圖33、34**）。
19 將乳酪蛋黃餡加入到打發的鮮奶油中攪拌均勻（**圖35**）。
20 將整個盆子放入到另一個裝滿冰塊水的大盆子中約攪拌5分鐘，使得慕斯餡稍微變濃稠（**圖36**）。
21 草莓洗淨以餐巾紙吸乾水分（**圖37**）。
22 切出來的蛋糕片先放上一片到慕斯模中（**圖38**）。
23 一部分的草莓對切，切面朝外整齊排滿慕斯圈外圈（**圖39**）。
24 中間用整顆草莓排滿（將草莓底部切掉1/3，避免太高而凸出慕斯模，切下來的草莓可以做表面果醬）（**圖40**）。
25 將乳酪蛋黃慕斯裝入擠花袋中，用圓口的擠花嘴在草莓上擠滿餡料（剛好蓋過草莓）（**圖41、42**）。
26 最後將另一片杏仁蛋糕放上，用手稍微壓實（**圖43**）。
27 整個蛋糕包覆上一層保鮮膜，放入冰箱中冷藏到凝固（約5～6個小時）。

（C.製作表面草莓果醬）

28 草莓洗淨去蒂切碎 （務必要剁到泥狀，這樣煮出來顏色才會漂亮）（**圖44**、**45**）。
29 切好的草莓泥加入細砂糖用小火熬煮7～8分鐘（**圖46**、**47**）。
30 吉利丁片泡冰塊水軟化（**圖48**）。
31 把軟化的吉利丁片水分擠乾，放入草莓醬中攪拌均勻放涼（**圖49**）。
32 將放涼的草莓醬鋪在蛋糕表面（**圖50**）。
33 放入冰箱中冷藏到表面凝固即可（約2個小時）（**圖51**）。
34 脫模的時候用熱毛巾在慕斯模周圍熱敷幾次就可以順利脫模（**圖52**）。
35 最後在表面刷上一層果膠，放上草莓裝飾即可（**圖53**）。

雙色巧克力慕斯

份量

・1個（6吋圓形慕斯圈）

材料

A.巧克力蛋糕

a.麵糊

・蛋黃2個
・低筋麵粉20g
・玉米粉10g
・無糖可可粉20g

b.蛋白霜

・蛋白2個
・檸檬汁3cc
・細砂糖20g

B.巧克力慕斯內餡

a.鮮奶油

・動物性鮮奶油240cc
・細砂糖20g

b.白巧克力慕斯

・香草莢1/5根
・牛奶65cc
・蛋黃1個
・細砂糖10g
・吉利丁片4.5g
・白巧克力塊60g

最喜歡你笑的時候，嘴角揚起的弧線，暖暖的大手，包裹我溫柔的心。有你，每天都是情人節。有你，我是最快樂的小孩。

黑與白雙色巧克力做成的慕斯，超級甜蜜，我的心洋溢著戀愛的感覺。情人節快樂！

c.黑巧克力慕斯

・牛奶65cc
・蛋黃1個
・細砂糖10g
・吉利丁片3g
・苦甜巧克力塊70g

d.夾層內餡

・糖漬櫻桃適量

C.表面鏡面巧克力淋醬

・牛奶130cc
・清水1T
・細砂糖90g
・無糖可可粉30g
・吉利丁片7.5g

準備工作

1. 所有材料秤量好；雞蛋必須是冰的（**圖1～3**）。
2. 將雞蛋的蛋黃蛋白分開（蛋白不可以沾到蛋黃、水分及油脂）（**圖4**）。
3. 低筋麵粉加玉米粉及無糖可可粉用濾網過篩（**圖5**）。
4. 烤盤鋪上烤焙紙或防沾烤布（烤盤噴一些水或抹一些奶油固定烤焙紙）。
5. 烤箱打開預熱至170℃。
6. 慕斯底包覆上一層保鮮膜。
7. 白巧克力塊及苦甜巧克力塊用刀切碎（**圖6**）。

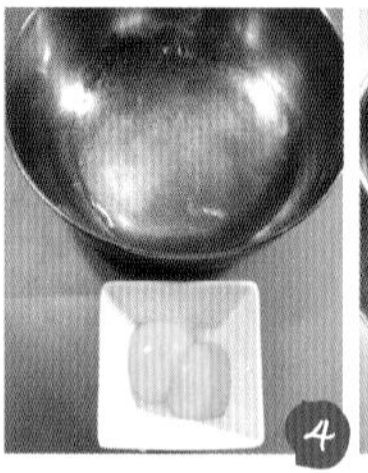

做法

（A.製作巧克力蛋糕）

1. 蛋白先用打蛋器打出一些泡沫，然後加入檸檬汁及細砂糖（分兩次加入）打成尾端稍微彎曲的蛋白霜（介於濕性發泡與乾性發泡間）（**圖7**）。
2. 將蛋黃加入蛋白霜中，用橡皮刮刀攪拌均匀（**圖8**）。
3. 最後將已經過篩的粉類分兩次加入，用橡皮刮刀以由下而上翻轉的方式快速混合均勻（圖**9～11**）。
4. 混合完成的麵糊裝入擠花袋中（**圖12**）。
5. 將麵糊往前推，雙手握緊擠花袋，在防沾烤布上擠出2個圓形螺旋紋狀麵糊（尺寸要超過6吋圓形慕斯圈）（**圖13、14**）。
6. 放入已經預熱到170℃的烤箱中烘烤10～12分鐘（時間到用手輕拍一下蛋糕上方，如果感覺有沙沙的聲音就是烤好了）。
7. 出爐將蛋糕移出烤盤放涼。
8. 依照6吋慕斯圈大小，從外圍切出2片蛋糕片（**圖15、16**）。

(B.製作巧克力夾餡：鮮奶油)

9 動物性鮮奶油加細砂糖放在鋼盆中，用打蛋器低速打至七分發（尾端稍微挺立的程度），平均分成2等份先放冰箱冷藏備用（**圖17～19**）。

(B.製作巧克力夾餡：白巧克力慕斯)

10 吉利丁片泡冰塊水軟化（泡的時候不要重疊放置且需完全壓入水裡）（**圖20**）。
11 香草莢橫切，用小刀將其中的黑色香草籽刮下來（**圖21**）。
12 將香草莢及黑色香草籽放入牛奶中，用小火煮沸，香草莢撈起不要（**圖22**）。
13 蛋黃加細砂糖用打蛋器攪拌均勻（**圖23**）。
14 煮沸的牛奶一點一點加入到蛋黃中，邊加入邊攪拌（**圖24**）。
15 放回瓦斯爐上小火加熱，不停攪拌至蛋黃牛奶變的濃稠出現漩渦狀（**圖25**）。
16 把軟化的吉利丁片放入攪拌均勻（**圖26**）。
17 另將白巧克力塊隔水加熱融化（水溫不要超過50℃）（**圖27～29**）。
18 將融化的白巧克力加入混合均勻成慕斯放涼（**圖30**）。
19 然後將事先打發的動物性鮮奶油取一半份量（130cc）加入混合均勻（**圖31、32**）。
20 切好的巧克力蛋糕片先放一片到慕斯模中（**圖33**）。
21 將放涼的白巧克力慕斯倒入整平（**圖34**）。

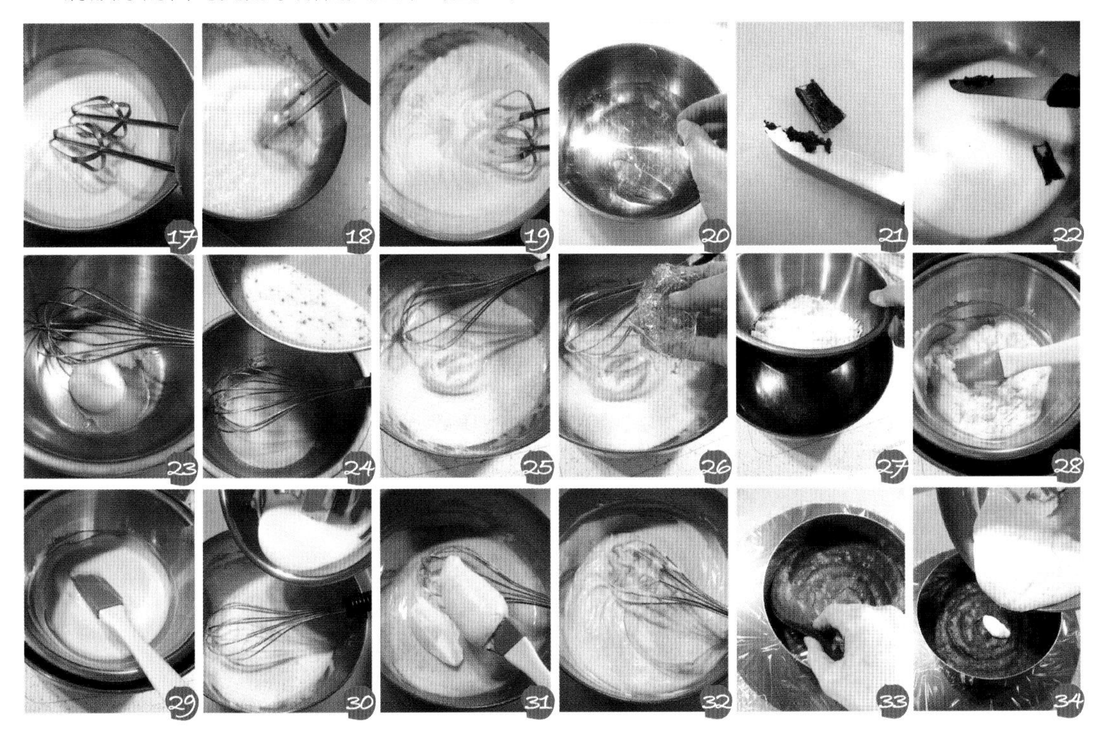

22 平均鋪上d材料的糖漬櫻桃（**圖35**）。
23 將另一片巧克力蛋糕放上，用手稍微壓實（**圖36**）。
24 整個蛋糕包覆上一層保鮮膜，放入冰箱中冷藏到凝固（約1～2個小時）。

（B.製作巧克力夾餡：黑巧克力慕斯）

25 材料秤量好；吉利丁片泡冰塊水軟化（泡的時候不要重疊放置且需完全壓入水裡）（**圖37、38**）。
26 將牛奶用小火煮沸。
27 蛋黃加細砂糖用打蛋器攪拌均勻（**圖39**）。
28 煮沸的牛奶一點一點加入到蛋黃中，邊加入邊攪拌（**圖40**）。
29 放回瓦斯爐上小火加熱，不停攪拌至蛋黃牛奶變的濃稠出現漩渦狀（**圖41**）。
30 把軟化的吉利丁片放入攪拌均勻（**圖42**）。
31 另將苦甜巧克力塊隔水加熱融化（水溫不要超過50℃）（**圖43～46**）。
32 將融化的苦甜巧克力加入混合均勻放涼（**圖47**）。
33 然後將事先打發剩下的動物性鮮奶油加入混合均勻（**圖48、49**）。
34 取出冰箱已經冰好的慕斯，將放涼的苦甜巧克力慕斯餡倒入（**圖50**）。
35 表面用抹刀抹平整（**圖51**）。
36 將慕斯放入冰箱中冷藏到完全凝固（約5～6個小時）。

（C.製作表面鏡面巧克力淋醬）

37 無糖可可粉用濾網過篩（**圖52**）。

38 吉利丁片泡冰水軟化（泡的時候不要重疊放置且需完全壓入水裡）（**圖53**）。

39 牛奶、清水及細砂糖放入盆中，用小火煮沸至砂糖完全融化（**圖54、55**）。

40 過篩的無糖可可粉一口氣加入，用打蛋器混合均勻（**圖56、57**）。

41 把軟化的吉利丁片放入攪拌均勻（**圖58**）。

42 整個盆放置在另一個加入冰塊的大盆中不停攪拌，使得巧克力變的較濃稠（不可以太稀或太濃，差不多是類似未打發的動物性鮮奶油般濃稠度）（**圖59**）。

43 冷藏好的慕斯從冰箱取出，周圍用熱毛巾包覆脫模（**圖60**）。

44 脫模的慕斯蛋糕整個放在鐵網架上，底下襯一個大托盤（**圖61**）。

45 將鏡面巧克力醬從慕斯蛋糕上方緩慢淋下，包覆整個蛋糕體（**圖62**）。

46 周圍不平整處用抹刀快速整平（不可以一直重複抹，否則會造成表面粗糙）（**圖63**）。

47 放入冰箱冰至凝固。

48 周圍貼上白巧克力片，灑上銀珠糖做為裝飾（**圖64～68**）。

鮮芒慕斯

份量

· 1個（8吋慕斯模）

材料

A.手指餅乾蛋糕
（烤盤尺寸：41cm×26cm）
· 雞蛋2個
· 細砂糖55g
（分成15g與40g）
· 檸檬汁1/4t
· 低筋麵粉30g
· 玉米粉10g
· 糖粉適量

B.芒果慕斯內餡
a.果泥
· 芒果3顆
（芒果泥350g＋芒果丁200g）
b.蛋奶醬
· 蛋黃2個
· 牛奶80cc
· 細砂糖50g
· 吉利丁片5.5片（*1）
c.鮮奶油
· 動物性鮮奶油300cc
· 細砂糖30g

C.慕斯表面芒果果凍
· 芒果1顆
· 細砂糖20g
· 檸檬汁1T
· 君度橙酒1T
· 吉利丁片7g

等了好久，終於又盼到了芒果盛產的季節。看到通化街早市一片紅通通的愛文芒果，整個人都跳起來了。從一開始一斤25元再看到一顆10元，我的嘴巴都笑得合不攏了。雙手滿滿的拎了兩大袋，打算狠狠吃個過癮。^^

愛文是我最喜歡的水果之一，香氣濃郁，顏色華美，任何新品種出現都敵不過我對它的喜愛。回到家就開始構思著怎麼用芒果做一個美好的甜點。

慕斯內餡使用新鮮芒果泥與打發的蛋奶醬，口感綿密細緻，入口即化。表面鮮黃的芒果果凍讓人賞心悅目，有太陽般熱情的生命力。花了一整天的時間，心思都在這個慕斯上，但是看到成品完成的時候，心中滿滿喜悅。

1

2

3

準備工作

1 所有材料秤量好；雞蛋必須是冰的（**圖1～4**）。
2 將雞蛋的蛋黃蛋白分開（蛋白不可以沾到蛋黃、水分及油脂）（**圖5**）。
3 低筋麵粉加玉米粉混合均勻用濾網過篩（**圖6**）。
4 烤箱打開預熱至170℃。

做法

（A.製作手指餅乾蛋糕）

1 蛋黃加15g的砂糖用打蛋器充分混合均勻，稍微打至泛白的程度（**圖7、8**）。
2 蛋白加檸檬汁及40g的砂糖打發到尾端挺直的程度（**圖9**）。
3 將蛋黃麵糊倒入打好的蛋白霜中混合均勻（**圖10**）。
4 最後將已經過篩的粉類分兩次加入麵糊中，用橡皮刮刀以由下而上翻起的方式快速混合均勻（**圖11**）。
5 使用孔徑1cm的擠花嘴，將麵糊裝入（**圖12**）。
6 在鋪上防沾烤布的烤盤上擠出斜線形的圖案（**圖13、14**）。
7 擠好的麵糊表面用濾網篩上一層糖粉避免出爐時會沾黏（**圖15**）。
8 放入已經預熱到170℃的烤箱中烘烤10～12分鐘，至表面呈現稍微金黃色即可（**圖16**）。

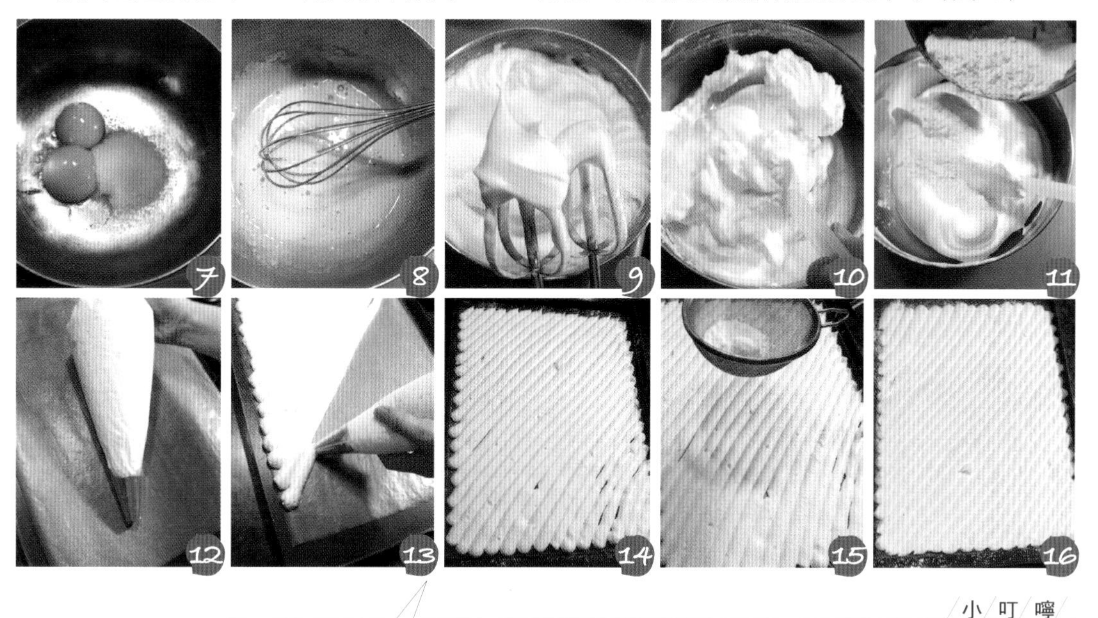

小叮嚀

1 一片吉利丁片大小為23cm×7cm，吉利丁片1片＝2.5～3g＝1t 吉利丁粉。
2 若慕斯內餡有剩餘，可以另外倒入玻璃杯中冷藏。

9 出爐後將蛋糕連防沾烤布放在鐵網架上放涼。

10 放涼後將防沾烤布撕開（**圖17**）。

11 切出3.5cm寬同慕斯圈之圓周長的長條及2片圓形蛋糕備用（一片比慕斯底稍微小一點，另一片再小一些）（**圖18**）。

（B.製作芒果慕斯內餡）

12 材料a的芒果去皮去籽，取350g用果汁機打成泥狀（**圖19、20**）；另外200g切成丁狀（**圖21**）。

13 材料b的蛋黃加牛奶及細砂糖放入盆中攪拌均勻（**圖22**）。

14 將蛋黃牛奶放在一個較小盛水的盆上。將小盆子放上瓦斯爐上加熱，利用冒上來的水蒸氣，以隔水加熱的方式，將蛋黃牛奶攪打成濃稠蓬鬆的泡沫狀（手指沾起呈不滴落狀態）就離火。（此攪打過程要有耐心，約需要10分鐘以上。）（**圖23～25**）

15 吉利丁片泡冰水約5分鐘軟化（泡的時候不要重疊放置且需完全壓入水裡）。

16 將軟化的吉利丁片加入蛋奶醬中攪拌均勻放涼（**圖26**）。

17 材料c的動物性鮮奶油加細砂糖打至八分發（不流動的狀態；可以提早事先打好放冰箱冷藏）（**圖27**）。

18 將材料a芒果泥倒入材料b蛋黃醬中攪拌均勻（**圖28**）。

19 再與材料c打發的的動物性鮮奶油混合均勻（**圖29、30**）。

20 將鋼盆底部墊上冰塊不停攪拌，使得慕斯餡變的較濃稠（**圖31**）。

21 將蛋糕正面朝外排入慕斯圈中，放入較大的蛋糕片（慕斯圈外圍可以包入一層鋁箔紙或保鮮膜防止慕斯滲出）（**圖32**）。

22 慕斯內餡倒入一半，鋪上1/2量的芒果丁（**圖33、34**）。

23 鋪上另一片較小的蛋糕，用手稍微壓一下（**圖35**）。

24 鋪上剩下的芒果丁及剩下的慕斯內餡（*2），放入冰箱冷藏約5～6個小時至凝固（表面要預留一些倒果汁的空間，約剩0.3～0.4cm）（**圖36～38**）。

（C.製作慕斯表面芒果果凍）

25 芒果去皮去籽，取150g用果汁機打成泥狀。

26 吉利丁片泡冰塊水約5分鐘軟化（泡的時候不要重疊放置且需完全壓入水裡）（**圖39**）。

27 將芒果泥加細砂糖加熱至沸騰，放入軟化的吉利丁片攪拌均勻（**圖40、41**）。

28 放涼後將檸檬汁及君度橙酒加入混合均勻（**圖42、43**）。

29 將冷卻的果凍倒入已經凝固的慕斯上，放入冰箱冷藏至凝固即可（**圖44、45**）。

30 使用一把小刀沿著冷藏好的慕斯邊緣劃一圈即可脫模（**圖46～48**）。

31 表面用喜歡的新鮮水果裝飾。

椰奶櫻桃慕斯

份量

· 1個（6吋方形慕斯圈）

材料

A.原味戚風蛋糕
（烤盤尺寸：43cm×30cm）

a.麵糊

· 蛋黃4個
· 細砂糖15g
· 橄欖油25g
（或任何植物油）
· 牛奶40cc
· 低筋麵粉90g

b.蛋白霜

· 蛋白4個
· 檸檬汁1t
· 細砂糖50g

B.椰奶慕斯內餡

· 椰漿150cc
· 細砂糖40g
· 吉利丁片5g
· 蘭姆酒1/2T
· 馬斯卡朋起司100g

以前工作的時候因為工作內容具時效性，所以天天都在和時間賽跑，常常一整天埋首於工作中，性子自然而然變的急躁。這樣個性的我做甜點卻意外地有耐心，尤其是做程序繁多的慕斯。有時候從構思到完成要花費我一整天甚至兩天的時間，但是我卻樂在其中，只為了看到成品出來的光彩。

開始嘗試做點心之後，對各種材料的運用也更得心應手。有時候看似不搭的口味，經過安排卻有著美麗的驚喜，櫻桃與椰奶的相遇正是一場美麗的饗宴。

C.櫻桃慕斯

· 動物性鮮奶油100cc
· 櫻桃泥50g
· 細砂糖35g
· 蔓越莓汁100cc
· 吉利丁片5g
· 蘭姆酒1T

D.表面櫻桃果凍

· 吉利丁片3g
· 櫻桃泥100g
· 細砂糖20g
· 蔓越莓汁100cc
· 檸檬汁2t

準備工作

1. 所有材料秤量好；雞蛋必須是冰的（**圖1～4**）。
2. 將雞蛋的蛋黃蛋白分開（蛋白不可以沾到蛋黃、水分及油脂）（**圖5**）。
3. 低筋麵粉用濾網過篩（**圖6**）。
4. 烤盤鋪上烤焙紙（烤盤噴一些水或抹一些奶油固定烤焙紙）（**圖7**）。
5. 烤箱打開預熱至170℃。

做法

（A.製作原味戚風蛋糕）

1. 將蛋黃加細砂糖先用打蛋器攪拌均勻（**圖8**）。
2. 將橄欖油加入攪拌均勻（**圖9**）。
3. 再將過篩好的粉類與牛奶分兩次交錯混入，攪拌均勻成為無粉粒的麵糊（不要攪拌過久使得麵粉產生筋性，導致烘烤時會回縮）（**圖10～12**）。
4. 蛋白先用打蛋器打出一些泡沫，然後加入檸檬汁及細砂糖（分兩次加入）打成尾端挺立的蛋白霜（乾性發泡）（**圖13**）。
5. 挖1/3份量的蛋白霜混入蛋黃麵糊中，用橡皮刮刀攪拌均勻，然後再將拌勻的麵糊倒入蛋白霜中混合均勻 （用橡皮刮刀由下而上翻轉的方式）（**圖14～18**）。

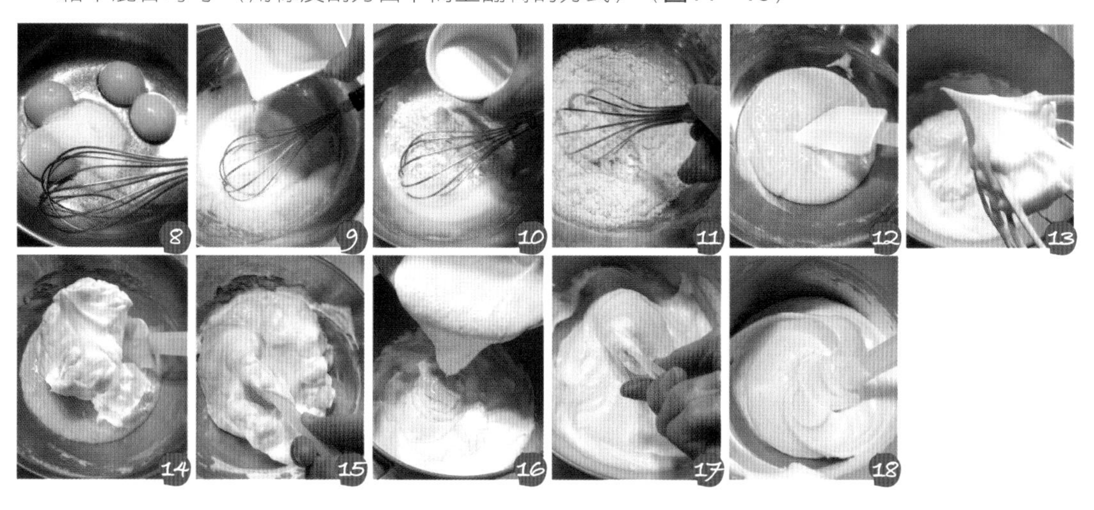

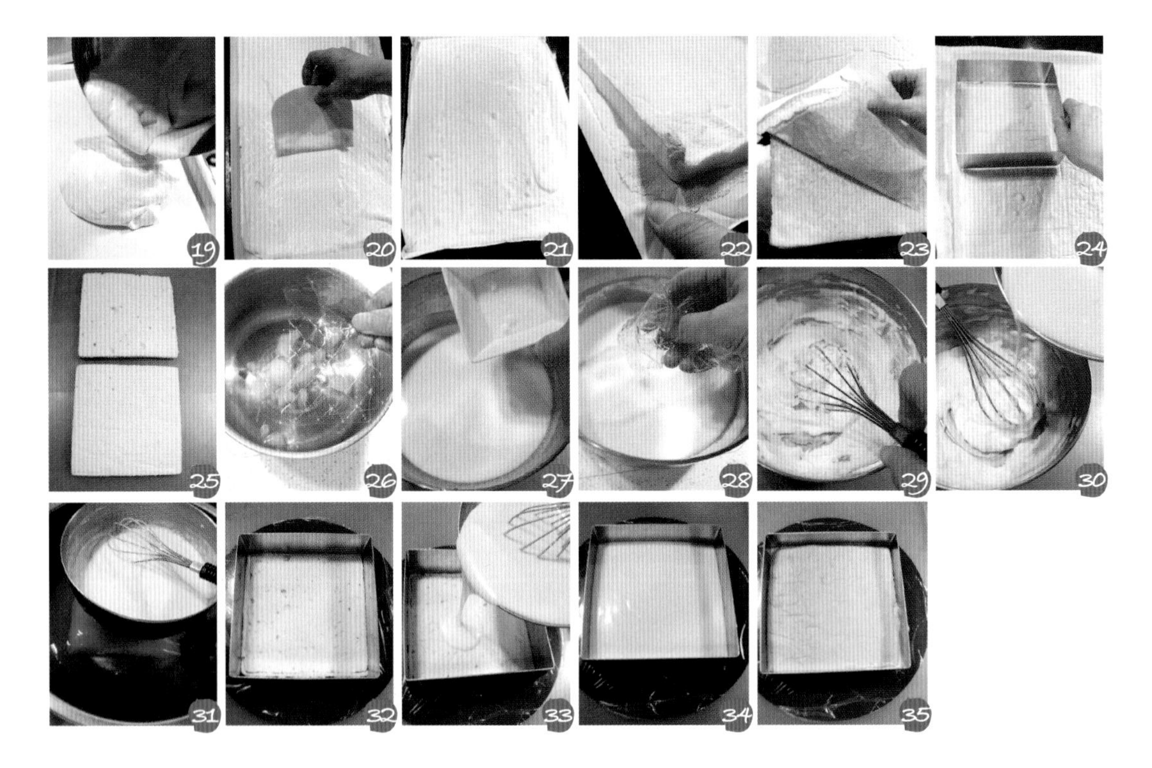

6 倒入鋪上烤焙紙的烤盤中用刮板抹平整，烘烤前在桌上輕敲幾下敲出較大的氣泡（**圖19**、**20**）。
7 放入已經預熱到170℃的烤箱中烘烤10～12分鐘（時間到用手輕拍一下蛋糕上方，如果感覺有沙沙的聲音就是烤好了）（**圖21**）。
8 蛋糕出爐後移出烤盤，將四周烤焙紙撕開散熱，完全放涼後再將蛋糕翻轉過來，將底部烤焙紙撕除（**圖22**、**23**）。
9 再將蛋糕翻轉過來，底部墊著撕下來的烤焙紙，烤面朝上。
10 切出2片同慕斯圈大小的方形蛋糕片（**圖24**、**25**）。

（B.製作椰奶慕斯內餡）

11 吉利丁片泡冰塊水軟化（泡的時候不要重疊放置且需完全壓入水裡）（**圖26**）。
12 將椰漿加細砂糖加熱至沸騰，放入軟化的吉利丁攪拌均勻放涼（**圖27**、**28**）。
13 放涼加入蘭姆酒攪拌均勻。
14 馬斯卡朋起司放入盆中攪打成乳霜狀（**圖29**）。
15 將椰漿分3～4次加入混合均勻（**圖30**）。
16 整個盆放置在另一個加入冰塊的大盆中不停攪拌，使得慕斯餡變較濃稠（**圖31**）。
17 慕斯圈中放置一片蛋糕（**圖32**）。
18 將椰奶慕斯餡倒入，再放上另一片蛋糕片（**圖33～35**）。
19 表面罩上一層保鮮膜，放冰箱冷藏2～3小時。

（C.製作櫻桃慕斯）

20 吉利丁片泡冰塊水軟化（泡的時候不要重疊放置且需完全壓入水裡）。
21 鮮奶油用打蛋器打到七分發（還有一些些流動的程度），放冰箱冷藏。（**圖36～38**）
22 將櫻桃洗乾淨去籽，加入蔓越莓汁，用果汁機打成細緻的泥狀（**圖39**）。
23 打成泥狀的櫻桃汁加入細砂糖加熱至沸騰，放入軟化的吉利丁片攪拌均勻放涼（**圖40～42**）。
24 放涼後加入蘭姆酒攪拌均勻。
25 然後跟打發的動物性鮮奶油混合均勻（**圖43**）。
26 整個盆放置在另一個加入冰塊的大盆中不停攪拌，使得慕斯餡變較濃稠（**圖44**）。
27 將完成的椰奶慕斯從冰箱取出，整齊鋪上去籽切半的櫻桃（**圖45**）。
28 將櫻桃慕斯餡倒入慕斯模中，整平後表面罩上一層保鮮膜（要預留一些空間倒果汁，約八分滿即可），放入冰箱冷藏到凝固（約2個小時）（**圖46、47**）。

（D.製作表面櫻桃果凍）

29 吉利丁片泡冰塊水軟化（泡的時候不要重疊放置且需完全壓入水裡）。
30 將櫻桃泥加細砂糖及蔓越莓汁加熱至沸騰，放入軟化的吉利丁片攪拌均勻再過濾放涼（**圖48、49**）。
31 放涼後加入檸檬汁混合均勻，倒入已經凝固的慕斯上，放入冰箱冷藏到凝固即可（**圖50、51**）。
32 脫模的時候用熱毛巾在慕斯模周圍熱敷幾次，就可以順利脫模了（**圖52、53**）。
33 最後在慕斯表面放上新鮮櫻桃裝飾。

其他甜點。

此類甜點包含派、塔及舒芙蕾。
千層派皮是由奶油與麵皮一層一層擀壓而成，烘烤成金黃酥脆的派皮。
塔皮的材料是由甜餅乾做成，烘烤一個餅乾塔皮，
就可以搭配水果及蛋奶醬組成討喜的點心。
舒芙蕾是法國傳統的蛋白點心，
添加了香味的奶油汁或醬做成的底部加上打勻了的蛋白，必須趁熱享用。

草莓千層派

份量

- 成品18cm×12cm
  切片3cm×12cm（6片）

材料

A.卡士達醬

a.
- 香草莢1/4根
- 牛奶300cc
- 動物性鮮奶油100cc
- 細砂糖20g

b.
- 蛋黃2個
- 細砂糖20g

c.
- 低筋麵粉25g
- 玉米粉5g
- 牛奶100cc

d.
- 無鹽奶油15g
- 白蘭地2T

B.派皮
- 冷凍自製千層酥皮1片
  （約35cm×25cm；做法請參考115頁千層酥皮）
- 糖粉適量

酥脆的千層派皮加上酒香十足的卡士達醬及酸甜的草莓，網路上發燒的夢幻點心也可以在家做。烤派皮的時候要特別注意不要烤焦，多一點耐心翻面烤透就會烤的酥脆可口。一次不要做太多，最好1～2天內吃完，以免影響口感。

做法

（A.製作卡士達醬）

1 所有材料秤量好（**圖1**）。
2 將材料c的低筋麵粉及玉米粉混合均勻過篩（**圖2**）。
3 將材料a的香草莢剖開以小刀刮出香草籽，連莢加入牛奶及動物性鮮奶油置於盆中用小火煮沸（**圖3、4**）。
4 將材料b的蛋黃及細砂糖用打蛋器混合均勻（**圖5、6**）。
5 將材料c的牛奶加入混合均勻的低筋麵粉及玉米粉中攪拌均勻（**圖7、8**）。
6 將攪拌均勻的材料c加入混合好的材料b中攪拌均勻，再將煮沸好的材料a用濾網過濾慢慢加入，一邊加一邊攪拌（**圖9、10**）。
7 攪拌均勻後放上瓦斯爐用小火加熱，一邊煮一邊攪拌到變濃稠就離火（**圖11**）。
8 將材料d的無鹽奶油加入攪拌均勻即可（**圖12**）。
9 表面趁熱封上保鮮膜避免乾燥，稍微放涼就加入白蘭地混合均勻放冰箱冷藏（**圖13**）。

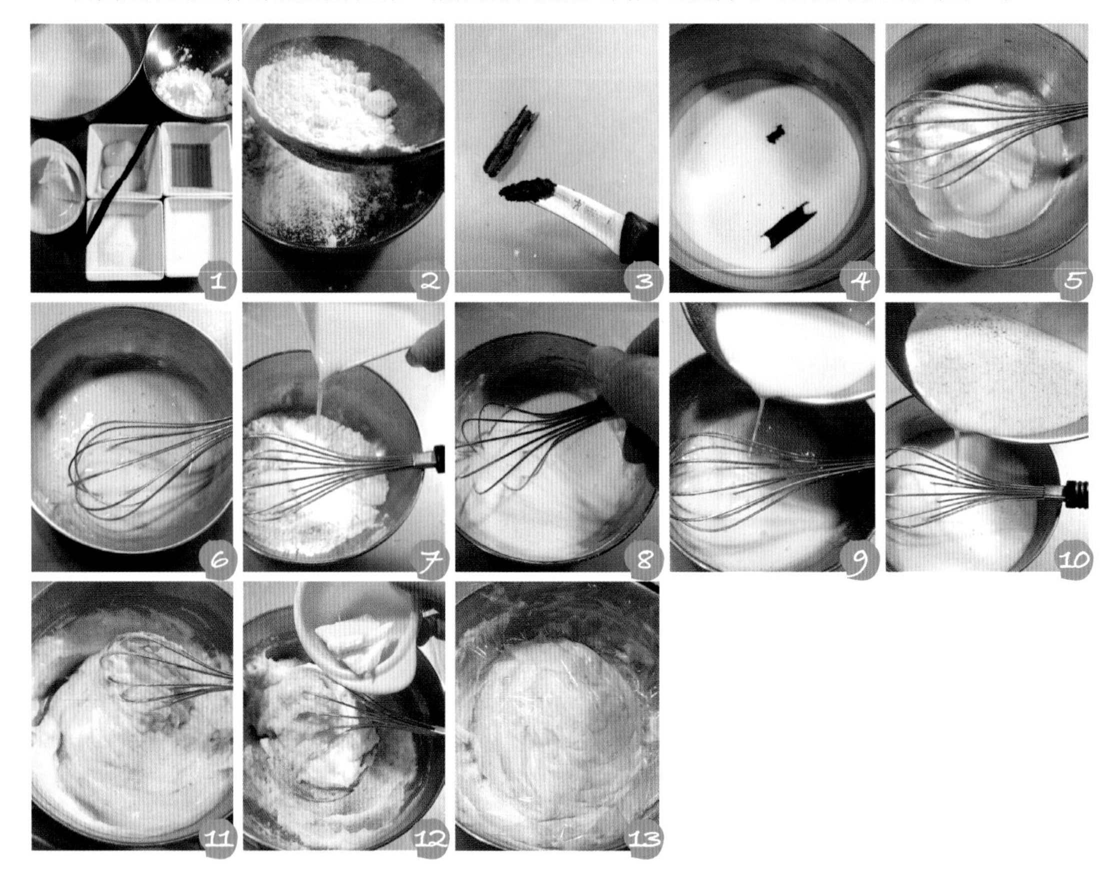

（B.製作派皮）

10 冷凍派皮由冰箱取出稍微回溫5分鐘，然後用擀麵棍擀平（**圖14**）。
11 用叉子在派皮上戳出均勻的孔洞（**圖15、16**）。
12 將派皮鋪放在烤盤上，放入已經預熱到200℃的烤箱中烘烤10分鐘，至酥皮表面呈現淡金色。
13 然後取出翻面再烘烤10分鐘（**圖17**）。
14 用另一個烤盤壓在酥皮上方再烘烤8～10分鐘至酥皮呈現均勻咖啡色即可。

15 將酥皮從烤箱取出，在酥皮表面均勻篩上一層糖粉（**圖18、19**）。
16 再度放回烤箱中用220℃烘烤7～8分鐘，至糖粉融化表面呈現金黃色（**圖20**）。
17 烤好的酥皮取出放涼，將周圍不整齊處切除，再平均切成三等份（**圖21**）。
18 切下的酥皮保留部分捏碎備用。
19 將事先做好的卡士達醬裝入擠花袋中，使用1cm圓形擠花嘴（**圖22**）。
20 在切好的酥皮上均勻擠上卡士達醬。
21 再鋪上對切的新鮮草莓（**圖23**）。
22 連續做完兩層，然後覆蓋上最後一片酥皮（**圖24、25**）。
23 將捏碎的酥皮屑沾上千層派的長向兩側（**圖26**）。
24 將紙裁切為1.5cm寬的紙條，然後均勻排放在酥皮表面（**圖27**）。
25 用濾網篩上一層糖粉，再將紙小心移除就形成漂亮的紋路（**圖28、29**）。
26 切的時候將整個派抵住固定物，然後刀具從側面以垂直切下的方式切片（**圖30**）。

蛋塔

份量

· 9個（直徑8cm塔模）

材料

A.餅乾塔皮

· 無鹽奶油80g
· 糖粉30g
· 奶粉10g
· 全蛋液30g
· 低筋麵粉115g
· 高筋麵粉15g
· 鹽1/8t

B.蛋餡

· （大）雞蛋2個
· 牛奶125cc
· 細砂糖40g
· 蘭姆酒1t

簡單的小蛋塔，也是麵包店少不了的產品。這種單純的口味從小吃到大，買麵包的時候總不忘拿幾個。

簡單的小點心可以讓Leo放學回家先墊個肚子，看他連塞兩個，就知道他喜歡。^^

準備工作

1. 所有材料秤量好（**圖1**）。
2. 低筋麵粉加高筋麵粉使用濾網過篩（**圖2**）。
3. 無鹽奶油放置室溫回軟，用手指壓按有痕跡的程度。

做法

（A.製作餅乾塔皮）

1. 無鹽奶油切小塊，用打蛋器打散成乳霜狀態（**圖3**）。
2. 將糖粉及鹽加入攪打至泛白呈現乳霜狀態（**圖4、5**）。
3. 再將奶粉加入攪拌均勻（**圖6**）。
4. 全蛋液分數次加入，每一次都要確實攪拌均勻才繼續加（**圖7**）。
5. 將過篩的粉類分兩次加入，使用刮刀按壓的方式混合成糰狀（不要過度攪拌，避免麵粉產生筋性影響口感）（**圖8～10**）。
6. 混合完成的外皮麵糰用保鮮膜包起來，放入冰箱冷藏至少30分鐘冰硬（**圖11**）。
7. 將冰硬的外皮麵糰取出，平均分成9份（每份約30g）（**圖12**）。

小叮嚀

倒蛋液的時候，紙巾只要鋪在蛋液上就可以，這樣倒的時候蛋液上方會跟紙巾摩擦，就不會產生氣泡，蛋液並不是從紙巾中過濾出來。

8 小麵糰在手心中滾圓（**圖13**）。
9 將滾圓的小麵糰稍微壓扁，兩面都沾上一層低筋麵粉（**圖14**）。
10 沾上低筋麵粉的麵皮放入塔模中（**圖15**）。
11 一邊旋轉一邊用大姆指慢慢按壓，將麵皮壓薄至充滿整個塔模（厚度盡量一致才不容易破）（**圖16**）。
12 麵皮周圍一圈用叉子壓出花紋（**圖17**）。
13 做好的蛋塔皮間隔整齊放入烤盤中。

13

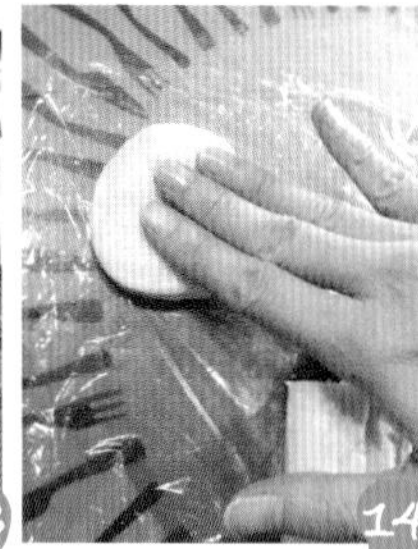
14

15

16

17

（B.製作蛋餡）

14 所有材料秤量好；雞蛋打散（**圖18**）。
15 將牛奶及細砂糖放入鍋中加熱，煮至砂糖融化就關火，放至微溫狀態就將蘭姆酒加入混合均勻（**圖19**）。
16 雞蛋用攪拌器打散，將微溫的牛奶液一點一點慢慢加入，一邊加入一邊攪拌（**圖20**）。
17 攪拌均勻的雞蛋牛奶液用濾網過濾（**圖21**）。
18 將蛋液裝入量杯中，上方鋪一張餐巾紙讓蛋液流經餐巾紙，避免產生氣泡（**圖22**）。
19 將蛋液平均倒入塔模中約九分滿（**圖23**）。
20 放入已經預熱到180℃的烤箱中烘烤20～22分鐘，至內餡凝固即可（**圖24**）。
21 烤好取出稍微涼一些便可小心倒出來脫模放涼（**圖25**）。

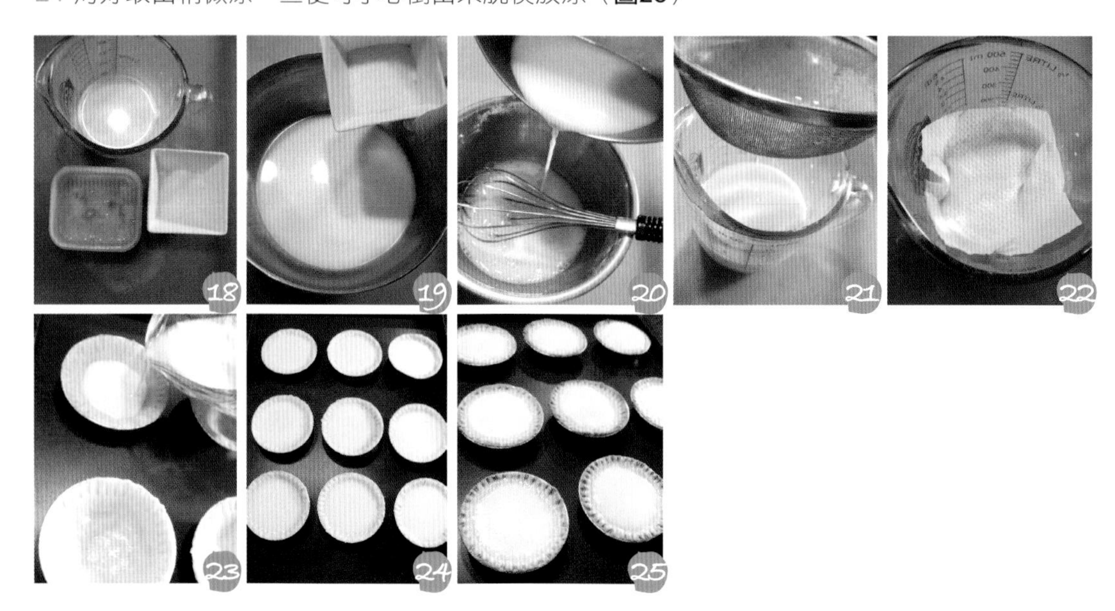
18 19 20 21 22 23 24 25

巧克力舒芙蕾

份量

- 2個（直徑9cm瓷碗）

材料

A.蛋奶醬

- 牛奶90cc
- 蛋黃1個
- 低筋麵粉15g
- 無糖可可粉5g
- 無鹽奶油10g

B.蛋白霜

- 蛋白1個
- 細砂糖20g

舒芙蕾是傳統的法式甜點，一烤出爐就必須馬上趁熱品嚐。這是不等人的點心，所以在餐廳吃都是師傅現點現做。我最喜歡偎在烤箱旁邊，看著在烤箱中的舒芙蕾，膨脹的像個高帽子，好可愛。出爐後會慢慢回縮是正常的，吃的時候也可以淋上自己喜歡的果醬或巧克力。

趁熱舀一勺，外層稍微酥脆，內部柔軟像布丁，蛋奶香濃郁，這是給人幸福滋味的甜點。

準備工作

1. 所有材料秤量好；雞蛋必須是冰的（**圖1**）。
2. 用手捏取一小塊奶油，直接在瓷碗上均勻塗抹一層奶油（**圖2**）。
3. 在瓷碗中灑上適量細砂糖，並旋轉瓷碗使得細砂糖均勻沾附，最後將多餘的細砂糖倒出（**圖3、4**）。
4. 將雞蛋的蛋黃蛋白分開（蛋白不可以沾到蛋黃、水分及油脂）（**圖5**）。
5. 低筋麵粉加無糖可可粉混合均勻用濾網過篩（**圖6**）。
6. 烤箱打開預熱至180℃。

做法

1. 將牛奶放入工作盆中用小火煮沸（**圖7**）。
2. 蛋黃用打蛋器打散（**圖8**）。
3. 將煮沸的牛奶慢慢加入，一邊加入一邊攪拌均勻（**圖9**）。
4. 然後將粉類過篩加入攪拌均勻（**圖10、11**）。

小叮嚀

1. 瓷碗也可以用咖啡杯或馬克杯代替。
2. 此甜點要趁熱吃，所以不適合多做，吃多少做多少。
3. 蛋奶醬避免煮太濃稠，以免影響成品表面平整度。

5 攪拌均勻的巧克力蛋奶醬放上瓦斯爐用小火加熱，一邊煮一邊攪拌到變濃稠有螺紋狀出現就離火（類似美乃滋的程度）（**圖12**）。
6 最後將無鹽奶油加入攪拌均勻即可（**圖13、14**）。
7 覆蓋保鮮膜避免乾燥，放涼備用。
8 打蛋白霜前先預先將烤箱預熱到180℃。
9 蛋白先用打蛋器打出一些泡沫，然後加細砂糖（分兩次加入）打成尾端挺立的蛋白霜（**圖15**）。
10 挖1/3份量的蛋白霜混入蛋黃麵糊中，用橡皮刮刀沿著盆邊以翻轉及劃圈圈的方式攪拌均勻（**圖16**）。
11 然後再將拌勻的麵糊倒入剩下的蛋白霜中混合均勻（**圖17～19**）。
12 將麵糊平均倒入事先塗抹奶油灑糖的瓷碗中（滿模程度）（**圖20**）。
13 將瓷碗放入深盤中，深盤中加入沸水（約瓷碗1cm高的份量）（**圖21、22**）。
14 放入已經預熱到180℃的烤箱中烘烤20分鐘。
15 然後將溫度調整為160℃再烘烤10分鐘（**圖23**）。
16 烤好取出在表面篩上一些糖粉（**圖24**）。
17 趁熱食用。

草莓塔
卡士達

份量

· 1個（8吋分離式派盤）

材料

A.甜派皮
· 無鹽奶油65g
· 糖粉35g
· 蛋黃1個
· 低筋麵粉130g
· 牛奶2t
· 鹽1/8t

B.卡士達軟餡

a.
· 牛奶150cc

b.
· 蛋黃1個
· 細砂糖30g

c.
· 低筋麵粉25g
· 玉米粉5g
· 牛奶50cc

d.
· 無鹽奶油15g
· 白蘭地10cc
（或蘭姆酒）

C.杏仁奶油餡
· 無鹽奶油40g
· 糖粉40g
· 杏仁粉50g
· 雞蛋液25g
· 白蘭地1t（或蘭姆酒）

D.草莓淋醬
· 草莓100g
· 細砂糖40g
· 檸檬汁2t
· 吉利丁2.5g

當草莓上市的季節，在市場和超市裡都可以看到草莓的蹤影。草莓真的是與甜點最好的搭配，酸甜滋味及炫麗嬌艷的色彩總是讓甜點更加分。

今天做的草莓派有多層次的口感，底層派皮酥脆不膩，杏仁奶油餡充滿核果香，冰涼的卡士達軟餡入口有白蘭地的芬芳，最後再鋪上滿滿香甜的草莓，組合成這道迷人的季節甜點。微酸微甜的濃郁韻味交織在口中，有著幸福的滋味。

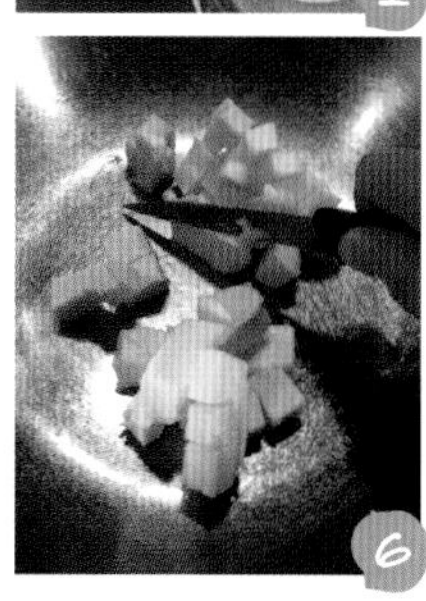

準備工作

1. 所有材料秤量好（**圖1～4**）。
2. 低筋麵粉用濾網過篩（**圖5**）。
3. 無鹽奶油從冰箱取出回復室溫切小丁狀（**圖6**）。

做法

（A.製作甜派皮）

1. 奶油丁先用攪拌器打至乳霜狀（**圖7**）。
2. 然後加入糖粉及鹽攪拌均勻（**圖8**）。
3. 加入蛋黃攪拌均勻（**圖9**）。
4. 再將過篩的粉類（分兩次加入）及牛奶加入，使用刮刀或手按壓的方式混合成糰狀（不要過度攪拌，避免麵粉產生筋性影響口感）（**圖10～13**）。
5. 混合完成的麵糰用保鮮膜包起來，略整成圓形放冰箱冷藏30分鐘（**圖14、15**）。
6. 桌上撒些中筋麵粉，將麵糰從冰箱移出，表面也灑上一些中筋麵粉避免沾黏（**圖16**）。

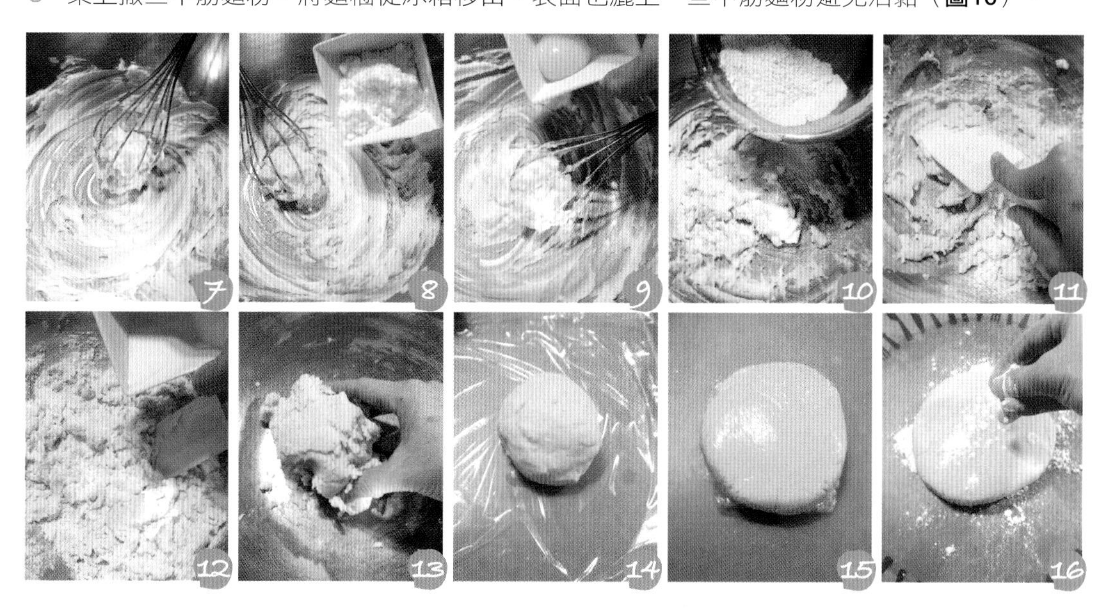

7 將麵糰擀成大片圓形（直徑約24cm）（**圖17**）。
8 將擀開的派皮用擀麵棍捲起鋪在8吋派盤上（**圖18**）。
9 用手仔細將派皮貼緊派盤（**圖19**）。
10 利用擀麵棍在派盤表面來回滾壓，將多餘派皮撕去（**圖20、21**）。
11 再用手指將派皮仔細壓緊，用叉子在派皮上平均戳出一些小孔（**圖22、23**）。
12 鋪上一張防沾烤焙紙，放上一些小石頭，烘烤過程派皮才會平整（也可以使用黃豆或紅豆等穀物，烘烤完可以收著重複使用）（**圖24**）。
13 放入預熱至180℃的烤箱烘烤10分鐘，然後將表面石頭及烤焙紙取出，再放入烤箱烘烤5～6分鐘，至表面呈現金黃色即可（**圖25**）。

（B.製作卡士達軟餡）

14 將材料a的牛奶用小火煮沸。
15 將材料c的低筋麵粉加玉米粉混合均勻過篩（**圖26**）。
16 將材料c的50cc牛奶倒入混合均勻的粉類中攪拌均勻（**圖27、28**）。
17 材料b的蛋黃及細砂糖用打蛋器攪拌均勻（**圖29**）。
18 將攪拌均勻的材料c加入混合好的材料b中攪拌均勻（**圖30**）。

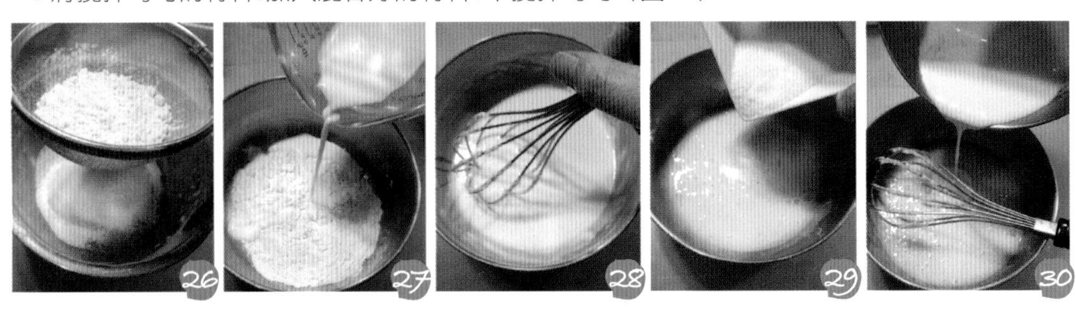

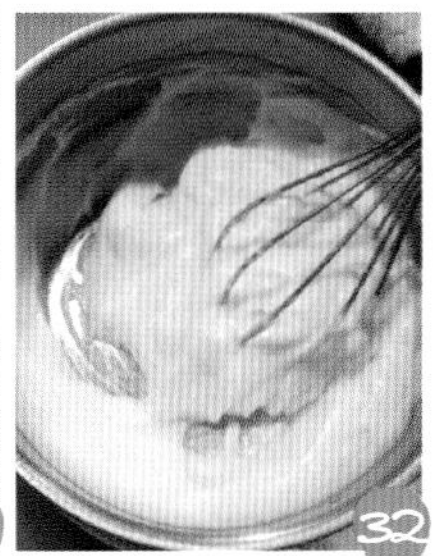

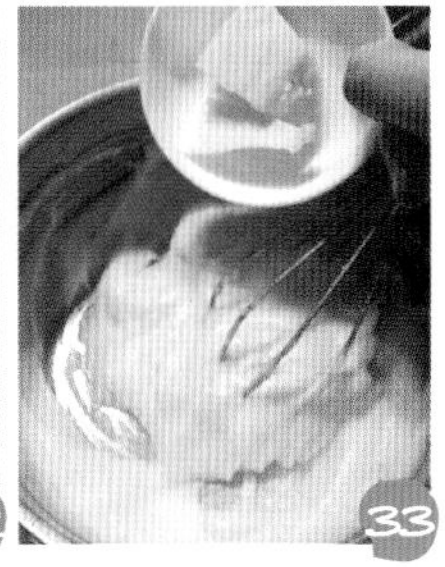

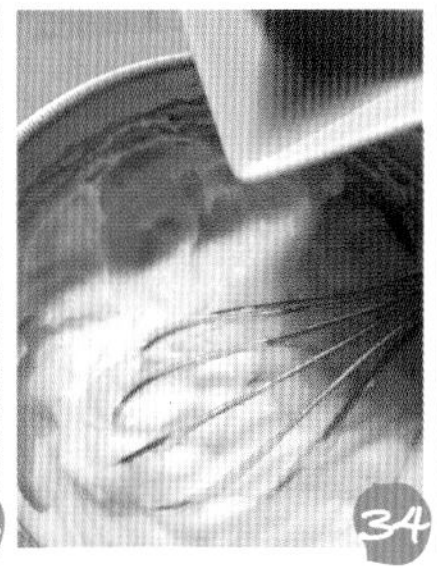

19 再將煮沸的牛奶慢慢加入，一邊加一邊攪拌（**圖31**）。
20 攪拌均勻後放上瓦斯爐用小火加熱，一邊煮一邊攪拌到變濃稠就離火（**圖32**）。
21 將材料d的無鹽奶油及白蘭地加入攪拌均勻即可（**圖33、34**）。
22 表面趁熱封上保鮮膜避免乾燥，完全涼了放冰箱備用（**圖35**）。

（C.製作杏仁奶油餡）

23 奶油回復室溫切小丁狀，用攪拌器打至乳霜狀（**圖36、37**）。
24 然後加入糖粉攪拌均勻（**圖38**）。
25 依序加入杏仁粉、雞蛋液及白蘭地攪拌均勻（**圖39～42**）。
26 混合完成的杏仁餡裝入擠花袋中（**圖43**）。
27 將杏仁餡擠入烤好放涼的甜派皮中（**圖44**）。
28 準備一張鋁箔紙，中間剪下直徑約15cm的圓形。

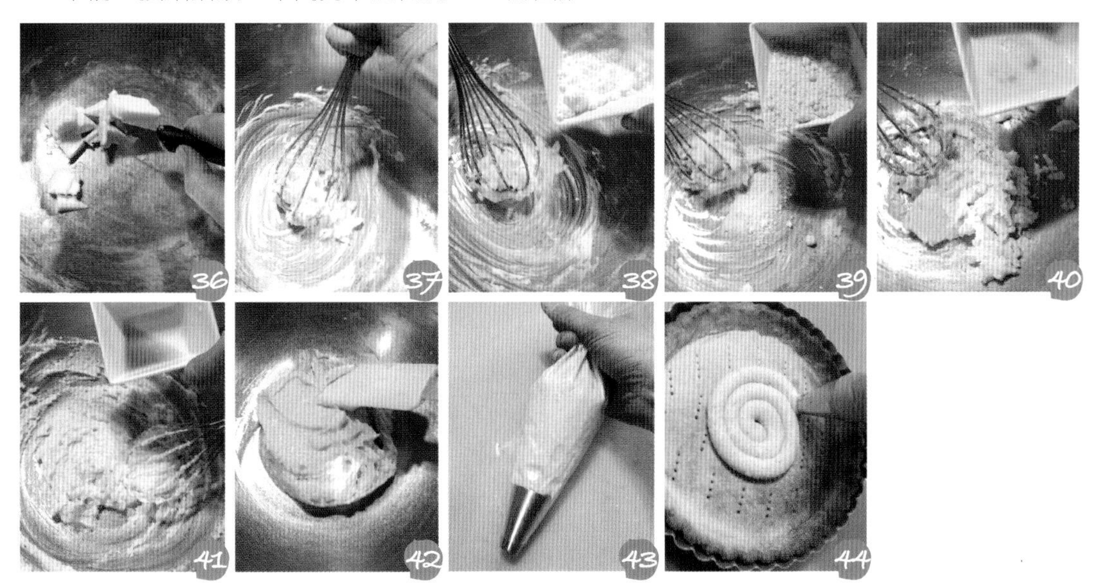

29 將挖孔的鋁箔紙鋪上，遮蓋住甜派皮邊緣（避免甜派皮邊緣烤焦）（**圖45**）。

30 放入預熱至180℃之烤箱烘烤20分鐘至杏仁餡呈現金黃色（**圖46**）。

31 烤好後將派皮脫模放涼。

（D.製作草莓淋醬）

32 草莓洗淨去蒂，切碎成泥狀，加入細砂糖及檸檬汁用小火熬煮4～5分鐘（草莓一定要剁成泥狀，這樣煮出來顏色才會漂亮）（**圖47～49**）。

33 吉利丁泡冰塊水軟化（**圖50**）。

34 把軟化的吉利丁片放入草莓醬中攪拌均勻，放涼備用（**圖51**）。

（E.組合）

35 冰透的卡士達軟餡裝入擠花袋中，使用1cm擠花嘴（**圖52**）。

36 將卡士達軟餡以蚊香狀均勻擠在放涼的派皮上（**圖53、54**）。

37 將洗淨去蒂的草莓鋪滿派的表面（中型大小草莓約25顆）（**圖55、56**）。

38 最後將放涼的草莓淋醬鋪在蛋糕表面（**圖57**）。

39 放入冰箱中冷藏1～2個小時。

| 附錄一 |

簡單的包裝技巧

自己親手動手做好的餅乾或蛋糕可說是送給親朋好友最佳的伴手禮，只要再利用一些包裝袋、緞帶或包裝盒就可以讓成品加分，也更方便攜帶。

1. 市售各式各樣的紙盒或是透明包裝袋（**圖1**）。
2. 將小餅乾分類裝在透明包裝袋中，以緞帶收口（**圖2**）。
3. 利用紙盒直接裝小西餅（**圖3**）。
4. 透明玻璃紙可以包裝切片蛋糕（**圖4**）。
5. 磅蛋糕先用玻璃紙包好，外面再使用牛皮紙包裝、緞帶做裝飾（**圖5～9**）。

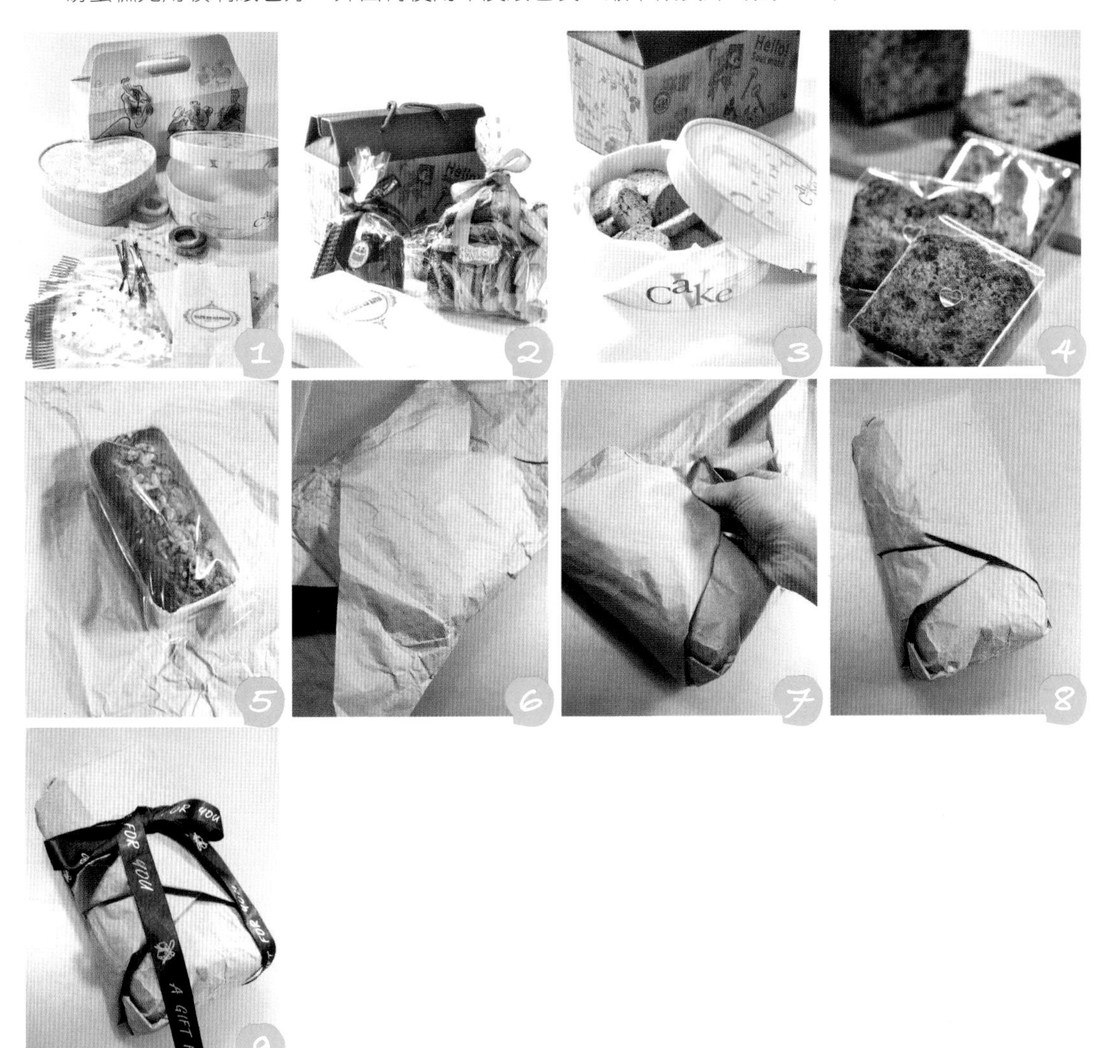

| 附錄二 |

烘焙新手常見問題Q & A

工具篇

Q：烤盤放入烤箱中的位置會影響成品嗎？

A：烘焙的時候，盡量讓成品位在烤箱的正中央。讓底盤與成品頂部距離燈管的間隔一樣，這樣受熱比較平均。所以在烤戚風蛋糕時，進烤箱的烤盤就要稍微放低一點，預留一些戚風蛋糕往上膨脹的空間；平時烤歐式麵包也是一樣，如果做的麵包體積較大，也必須放低一點。吐司的話也是要讓吐司模底部與頂部與燈管的間隔差不多的位置。一般來說烤八個小麵包的話，烤盤放在中間就差不多。

Q：為什麼太小的烤箱不適合烤西點？

A：因為如果烤箱空間不足，放入烤模之後，溫度就沒有辦法很快的均勻傳導。就例如一鍋沸水，鍋子大的話，沸水量多，假如加入一杯冰水，因為沸水量多，溫度也不會馬上降低。鍋子小的話，加入一杯冰水，因為沸水量少，相對的溫度就會馬上降低。而烤戚風蛋糕最重要的是溫度，如果溫度一下子改變就容易失敗。

材料篇

Q：有鹽奶油與無鹽奶油有何差別？

A：做蛋糕的時候，最好用無鹽奶油，因為蛋糕中配方鹽的份量都會比較少。舉例來說，磅蛋糕配方中的奶油份量如果是100g，因為比例的關係，使用有鹽奶油與無鹽奶油差別就很大。太多的鹽會影響成品的風味，所以做甜點使用無鹽奶油比較好。製作麵包的話，奶油的量如果不是很多（30g以下），那麼使用有鹽奶油或無鹽奶油就都沒有太大的關係。

Q：動物性鮮奶油與植物性鮮奶油有何不同？

A：動物性鮮奶油質地較細緻，而且都是不含糖，使用時必須另外加糖打發，冰過之後口感很像冰淇淋，適合用在需要加熱的處理。缺點是操作性較差比較不好保存，開封後大約一個月內要使用完畢，不然會發酸喔！而植物性鮮奶油通常本身已經含糖，直接就可以打發，但是不適合加熱，加熱容易油水分離。植物性鮮奶油優點是打發後不容易融化，成本也比較便宜，但是其中含有反式脂肪，多吃比較不適合。

Q：如何才能將動物性鮮奶油打好？

A：用來打發的鮮奶油，一定要使用乳脂肪35%以上的動物性鮮奶油，若天氣較熱，攪打的時候底部要再用一個大盆子內裝冰塊，再把打鮮奶油的盆子放上，隔著冰塊打比較容易打發，若使用電動打蛋器，務必使用低速讓空氣慢慢進入。打至八至九分發（尾端挺直狀），放冰箱冷藏備用，冰過也比較好操作。動物性鮮奶油比較容易融化，所以抹的時候動作要快一點，一旦覺得快融化馬上放入冰箱冷藏20～30分鐘再拿出來繼續操作。

Q：糖加奶油打發時，為何奶油會油水分離？

A：有可能溫度太高使奶油太軟接近融化了，奶油不要放到太軟，不然打得過程中，奶油接近融化的程度就容易油水分離。

Q：如何做出水果口味的鮮奶油？

A：鮮奶油先加入一些細砂糖，打到五分發，再將果醬加入繼續打發。

Q：用中筋麵粉或用低筋麵粉的差別在哪裡呢？用中筋麵粉製作的話，蛋糕是不是吃起來比較不綿細？

A：中筋麵粉和低筋麵粉的差異是在其中的蛋白質含量，中筋麵粉的蛋白質含量較低筋麵粉高，蛋白質含量高，它的筋性就越強。攪拌的時候不能太久，攪拌過久也容易出筋，造成組織不夠鬆軟綿密。只要攪拌混合過程不會太久，用中筋麵粉或低筋麵粉來做蛋糕就不會差別太大。希望口感鬆軟最好還是用低筋麵粉。

Q：為什麼蛋糕麵糊要先挖一大匙蛋白霜到麵糊中混合，而不是直接倒入混合？

A：因為麵糊的濃稠度比蛋白霜高，先用一些蛋白霜稀釋一下麵糊，再與其他蛋白霜混合，這樣才會好操作也混合的更均勻。

Q：為什麼蛋糕配方中會加一些玉米粉？

A：玉米粉完全沒有蛋白質，也就完全不含筋性。添加在蛋糕裡是為了降低麵粉的筋度，使蛋糕達到更鬆軟的口感。

Q：為什麼打蛋白霜要加檸檬汁？

A：蛋白加一點檸檬汁可以中和蛋白中的鹼性，調整蛋白韌性，使得蛋白泡沫更穩定。沒有檸檬汁用白醋也可以代替。

Q：為什麼蛋白霜要打到尾巴呈現挺立的狀態？

A：蛋白霜打到尾端尖挺，蛋糕烤出來才有蓬鬆柔軟的口感。因為空氣打進蛋白中會形成一個一個的小氣孔，將麵糊撐起來。這也是製作戚風蛋糕、海綿蛋糕不用加泡打粉會膨脹的原因。

Q：打蛋白霜容易失敗的原因是什麼？

A：分蛋的時候一定要注意蛋白不能沾到蛋黃、水分與油脂，使用工作盆底部一定要使用圓弧狀，攪打時才不會有死角，才不容易失敗。攪打太久成為棉花狀，尾端無法尖挺也沒辦法使用。

製作篇

Q：蛋糕烤出來放涼後表面為什麼會濕濕黏黏？

A：1.蛋白霜打過頭變棉花狀。
2.蛋白霜消泡了。
3.烤溫不夠。
4.還沒有烤透。
5.倒扣的時候，如果距離桌面太近，也會使得水氣回流，造成蛋糕表面濕黏。

以上幾點都會造成蛋糕表面回潮沾黏，攪拌好的蛋糕麵糊如果稀稀水水的，就表示蛋白霜打過頭或蛋白霜消泡了，完成的麵糊應該是非常有體積感不流動的狀態。

如果麵糊沒問題，那就是還沒有烤透，起始溫度可以增加10℃，等到蛋糕表面上色之後，就可以將溫度調整回原本溫度。

Q：磅蛋糕為什麼要叫磅蛋糕呢？

A：是因為配方中奶油、糖、麵粉、雞蛋都各一磅，所以稱做磅蛋糕。磅蛋糕的口感濃郁而厚實，成品多放兩天，風味會更好，是屬於英式傳統的蛋糕。

Q：為什麼烤磅蛋糕抹了一些油去烤，還是會沾黏在模具上？

A：抹烤模的油脂一定要使用沒有融化的奶油，不能用植物油或融化的奶油。先塗抹奶油，再灑上一層薄薄的低筋麵粉，這樣就不會沾黏。

Q：為何烤乳酪蛋糕放置在下面的烤盤裡要加熱水？

A：烤盤加滿熱水，可以讓乳酪蛋糕半蒸半烤出來更濕潤，有著絲綢般的質地。底部也不會因為溫度一下子上升太高，而造成表面膨脹裂開。熱水一定要盡量倒滿，避免中途加水而開烤箱，使得冷空氣進入，讓蛋糕塌陷。

Q：為何乳酪蛋糕與戚風蛋糕烤好出爐冷卻後表皮會皺皺的？

A：乳酪蛋糕的表面要烤得平滑，最好是烤到表面全部上色，且表面產生一層硬膜之後再把溫度降低，這樣表面就不容易回縮。如果蛋白打得太發，會使蛋糕膨脹和回縮差距較大而產生皺摺。可以將蛋白打軟一點試試看。

Q：起司蛋糕上的鏡面果膠是怎麼做出來的？

A：鏡面果膠可以在烘焙材料行買到。也可以準備一罐杏桃果醬，使用時舀1大匙加一點點熱水混合均勻，就可以塗抹在蛋糕表面了，效果與鏡面果膠一樣。

Q：烤戚風蛋糕的時候模具為什麼不能抹油或用防沾烤模？

A：不能用防沾烤模或是抹油，是因為戚風蛋糕一出爐就必須倒扣，如果使用防沾烤模，蛋糕沒有支撐力會馬上掉下來。戚風蛋糕會蓬鬆柔軟，就是因為倒扣之後內部水分可以蒸發，蛋糕才不會回縮。所以戚風蛋糕都是會沾黏在模具上，這樣倒扣時才有支撐力可以撐住。如果用防沾的活動模也是可以製作，只是沒辦法倒扣，冷了之後蛋糕會回縮，就沒有那麼蓬鬆柔軟的感覺。

Q：為什麼戚風蛋糕烤出來內部濕濕的，取出烤箱後就會縮？

A：1.如果在烤箱中膨脹得很好，一出爐就回縮是因為沒有烤透，組織還沒有定形。

2.另外的可能是蛋白霜沒有打挺，麵糊消泡了，這樣麵糊也會撐不起而導致內部很難烤透。

Q：戚風蛋糕從烤箱拿出來就馬上回縮的原因是什麼？

A：1.蛋白霜沒有確實打到挺直。

2.攪拌的時間過久，造成蛋白霜消泡了，麵糊沒有支撐力所以撐不起來。攪拌好的麵糊是非常有體積感而且流動緩慢的狀態，不會是水水的狀態。

3.使用了防沾烤模，導致蛋糕沒有抓附力就造成回縮。

4.如果在爐中膨脹得很好，一出爐就縮是因為沒有烤透，組織沒有定形。

5.蛋黃麵糊攪拌過久導致產生筋性。

Q：為什麼戚風蛋糕出爐倒扣就掉下來？

A：1.水分沒有烤乾，所以蛋糕太重了。一倒扣就掉下來。

2.蛋白霜沒有確實打挺或是攪拌消泡了，這樣麵糊撐不起來，都會導致內部很難烤透，沒有烤透蛋糕就太重。

3.使用了防沾烤模。

Q：烘烤戚風蛋糕不需要加發泡粉或是塔塔粉嗎？

A：蛋白霜只要確實打發，麵糊中就自然充滿空氣，這就是戚風蛋糕會蓬鬆的原理。所以可以不需要加發粉。塔塔粉屬酸性，與添加檸檬汁的原理一樣，若沒有檸檬汁，也可以用白醋代替。

Q：巧克力淋醬做出來會有白色的結晶，不會油油亮亮？

A：因為巧克力加熱不能超過50℃，巧克力磚直接加熱的話要隔水或用蒸氣來融化。加熱太久會讓巧克力失去光澤。

| 附錄三 |

全省烘焙材料行

北部

美豐	200基隆市仁愛區孝一路36號	（02）2422-3200
富盛	200基隆市仁愛區南榮路64巷8號	（02）2425-9255
嘉美行	202基隆市中正區豐稔街130號B1	（02）2462-1963
證大	206基隆市七堵區明德一路247號	（02）2456-6318
新樺	206基隆市獅球路25巷10號	（02）2431-9706
燈燦	103台北市大同區民樂街125號	（02）2557-8104
精浩	103台北市大同區重慶北路二段53號1樓	（02）2550-6996
洪春梅	103台北市民生西路389號	（02）2553-3859
果生堂	104台北市中山區龍江路429巷8號	（02）2502-1619
申崧	105台北市松山區延壽街402巷2弄13號	（02）2769-7251
義興	105台北市富錦街574巷2號	（02）2760-8115
源記（富陽）	106北市大安區富陽街21巷18弄4號1樓	（02）2736-6376
萊萊	106台北市大安區和平東路三段212巷3號	（02）2733-8086
正大（康定）	108台北市萬華區康定路3號	（02）2311-0991
倫敦	108台北市萬華區廣州街222號	（02）2306-8305
岱里	110台北市信義區虎林街164巷5號1樓	（02）2725-5820
源記（崇德）	110台北市信義區崇德街146巷4號1樓	（02）2736-6376
日光	110台北市信義區莊敬路341巷19號	（02）8780-2469
大億	111台北市士林區大南路434號	（02）2883-8158
飛訊	111台北市士林區承德路四段277巷83號	（02）2883-0000
元寶	114台北市內湖區環山路二段133號2樓	（02）2658-8991
嘉順	114台北市內湖區五分街25號	（02）2632-9999
得宏	115台北市南港區研究院路一段96號	（02）2783-4843
加嘉	115台北市南港區富康街36號	（02）2651-8200
菁乙	116台北市文山區景華街88號	（02）2933-1498
全家	116台北市羅斯福路五段218巷36號1樓	（02）2932-0405
大家發	220台北縣板橋市三民路一段99號	（02）8953-9111
全成功	220台北縣板橋市互助街36號（新埔國小旁）	（02）2255-9482
上荃	220台北縣板橋市長江路三段112號	（02）2254-6556
旺達	220台北縣板橋市信義路165號	（02）2962-0114
聖寶	220台北縣板橋市觀光街5號	（02）2963-3112
立畇軒	221台北縣汐止市樟樹一路34號	（02）2690-4024
加嘉	221台北縣汐止市環河街183巷3號	（02）2693-3334
佳佳	231台北縣新店市三民路88號	（02）2918-6456
艾佳（中和）	235台北縣中和市宜安路118巷14號	（02）8660-8895
佳記	235台北縣中和市國光街189巷12弄1-1號	（02）2959-5771
安欣	235台北縣中和市連城路389巷12號	（02）2226-9077
馥品屋	238台北縣樹林鎮大安路175號	（02）2686-2569

永誠（鶯歌）	239台北縣鶯歌鎮文昌街14號	（02）2679-3742
煌成	241台北縣三重市力行路二段79號	（02）8287-2586
快樂媽媽	241台北縣三重市永福街242號	（02）2287-6020
合名	241台北縣三重市重新路四段214巷5弄6號	（02）2977-2578
今今	248台北縣五股鄉四維路142巷14弄8號	（02）2981-7755
虹泰	251台北縣淡水鎮水源街一段61號	（02）2629-5593
熊寶寶	300新竹市中山路640巷102號	（03）540-2831
新勝	300新竹市中山路640巷102號	（03）538-8628
正大（新竹）	300新竹市中華路一段193號	（03）532-0786
力陽	300新竹市中華路三段47號	（03）523-6773
新盛發	300新竹市民權路159號	（03）532-3027
萬和行	300新竹市東門街118號	（03）522-3365
康迪	300新竹市建華街19號	（03）520-8250
富讚	300新竹市港南里海埔路179號	（03）539-8878
普來利	302新竹縣竹北市縣政二路186號	（03）555-8086
艾佳（中壢）	320桃園縣中壢市環中東路二段762號	（03）468-4558
乙馨	324桃園縣平鎮市大勇街禮節巷45號	（03）458-3555
東海	324桃園縣平鎮市中興路平鎮段409號	（03）469-2565
家佳福	324桃園縣平鎮市環南路66巷18弄24號	（03）492-4558
元宏	326桃園縣楊梅鎮中山北路一段60號	（03）488-0355
和興	330桃園市三民路二段69號	（03）339-3742
做點心過生活	330桃園市復興路345號66巷18弄24號	（03）335-3963
印象	330桃園市樹仁一街150號	（03）364-4727
台揚	333桃園縣龜山鄉東萬壽路311巷2號	（03）329-1111
陸光	334桃園縣八德市陸光街1號	（03）362-9783
天隆	351苗栗縣頭份鎮中華路641號	（03）766-0837

中部

德麥（台中）	402台中市南區美村路二段56號9樓之2	（04）2376-7475
總信	402台中市南區復興路三段109-4號	（04）2220-2917
永誠	403台中市西區民生路147號	（04）2224-9876
玉記（台中）	403台中市西區向上北路170號	（04）2310-7576
永美	404台中市北區健行路665號	（04）2205-8587
齊誠	404台中市北區雙十路二段79號	（04）2234-3000
辰豐	406台中市北屯區中清路151-25號	（04）2425-9869
裕軒	406台中市北屯區昌平路二段20-2號	（04）2421-1905
利生	407台中市西屯區西屯路二段28-3號	（04）2312-4339
豐榮	420台中縣豐原市三豐路317號	（04）2527-1831
明興	420台中縣豐原市瑞興路106號	（04）2526-3953
漢泰	420台中縣豐原市直興街76號	（04）2522-8618
敬崎	500彰化市三福街197號	（04）724-3927
王誠源	500彰化市永福街14號	（04）723-9446
永明	500彰化市磚窯里芳草街35巷21號	（04）761-9348
上豪	502彰化縣芬園鄉彰南路三段355號	（04）952-2339
金永誠	510彰化縣員林鎮光明街6號	（04）832-2811
順興	542南投縣草屯鎮中正路586-5號	（04）933-3455
信通	542南投縣草屯鎮太平路二段60號	（04）931-8369

宏大行	545南投縣埔里鎮清新里雨樂巷16-1號	（04）998-2766
新瑞益（雲林）	630雲林縣斗南鎮七賢街128號	（05）596-3765
好美	640雲林縣斗六市中山路218號	（05）532-4343
彩豐	640雲林縣斗六市西平路137號	（05）535-0990

南部

新瑞益（嘉義）	600嘉義市新民路11號	（05）286-9545
名陽	622嘉義縣大林鎮蘭州街70號	（05）265-0557
瑞益	700台南市中區民族路二段303號	（06）222-4417
銘泉	700台南市北區和緯路二段223號	（06）251-8007
富美	700台南市北區開元路312號	（06）237-6284
世峰	700台南市西區大興街325巷56號	（06）250-2027
玉記（台南）	700台南市西區民權路三段38號	（06）224-3333
永昌（台南）	700台南市東區長榮路一段115號	（06）237-7115
上輝	700台南市南區德興路292巷16號	（06）296-1228
永豐	700台南市南區賢南街51號	（06）291-1031
佶祥	710台南縣永康市鹽行路61號	（06）253-5223
玉記（高雄）	800高雄市六合一路147號	（07）236-0333
正大行（高雄）	800高雄市新興區五福二路156號	（07）261-9852
薪豐	802高雄市苓雅區福德一街75號	（07）722-2083
新鈺成	806高雄市前鎮區千富街241巷7號	（07）811-4029
旺來昌	806高雄市前鎮區公正路181號	（07）713-5345-9
德興	807高雄市三民區十全二路101號	（07）311-4311
十代	807高雄市三民區懷安街30號	（07）381-3275
德麥（高雄）	807高雄市本館路44-3號	（07）780-0870
烘焙家	813高雄市左營區至聖路147號	（07）348-7226
福市	814高雄縣仁武鄉高梅村後港巷145號	（07）346-3428
茂盛	820高雄縣岡山鎮前峰路29-2號	（07）625-9679
順慶	830高雄縣鳳山市中山路237號	（07）746-2908
旺來興	833高雄縣鳥松鄉大華村本館路151號	（07）382-2223
四海	900屏東市民生路180-5號	（08）752-5859
啟順	900屏東市民生路79-24號	（08）733-5595
聖林	900屏東市成功路161號	（08）723-2391
裕軒	920屏東縣潮洲鎮太平路473號	（08）788-7835

東部

立高	260宜蘭市校舍路29巷101號	（03）938-6848
欣新	260宜蘭市進士路155號	（03）936-3114
典星坊	265宜蘭縣羅東鎮林森路146號	（03）955-7558
裕明	265宜蘭縣羅東鎮純精路二段96號	（03）954-3429
玉記（台東）	950台東市漢陽路30號	（08）932-6505
立豐	970花蓮市中原路586號	（038）355-778
梅珍香	970花蓮市中華路486-1號	（038）356-852
大麥	973花蓮縣吉安鄉建國路一段58號	（038）461-762

滿足館 Appetite 005

烘焙新手必備的第一本書

106道超簡單零失敗の幸福甜點

作者 …… Carol（胡涓涓）
總編輯 …… 鄭淑娟
行銷企劃 …… 邱秀珊
協力編輯 …… 吳昭慧
助理編輯 …… 丁憶吟
內文設計 …… 許瑞玲
封面設計 …… 行者創意

印刷 …… 成陽印刷股份有限公司
電話 …… （02）2265-1491
法律顧問 …… 華洋國際專利商標事務所 蘇文生律師
初版十刷 …… 2012年3月
定價 …… 420元

社長 …… 郭重興
發行人兼出版總監 …… 曾大福
出版者 …… 幸福文化
部落格 …… http://mavis57168.pixnet.net/blog
發行 …… 遠足文化事業股份有限公司
地址 …… 231台北縣新店市中正路506號4樓
電話 …… (02) 2218-1417
傳真 …… (02) 2218-8057
電子信箱 …… service@sinobooks.com.tw
網址 …… www.sinobooks.com.tw
郵撥帳號 …… 19504465
戶名 …… 遠足文化事業股份有限公司

國家圖書館出版品預行編目資料

烘焙新手必備的第一本書：106道超簡單零失敗的幸福甜點 / Carol著.
-- 初版. -- 臺北縣新店市：幸福文化出版：遠足文化發行，2010.08 面； 公分. --
（滿足館Appetite ；5 ）
ISBN 978-986-85556-6-2（平裝）
1. 點心食譜

427.16 99013696

請沿虛線剪下，黏貼好後，直接投入郵筒寄回

廣　告　回　信
臺灣北區郵政管理局登記證
第 1 4 4 3 7 號

請直接投郵，郵資由本公司負擔

23141
台北縣新店市中正路506號4樓
遠足文化事業股份有限公司　收

讀者回函卡

感謝您購買本公司出版的書籍，您的建議就是幸福文化前進的原動力。請撥冗填寫此卡，我們將不定期提供您最新的出版訊息與優惠活動。您的支持與鼓勵，將使我們更加努力製作出更好的作品。

讀者資料

● 姓名：＿＿＿＿＿＿＿＿ ● 性別：□男　□女 ● 出生年月日：民國＿＿年＿＿月＿＿日

● E-mail：＿＿＿＿＿＿＿＿＿＿＿＿＿＿＿＿

● 地址：□□□□□

● 電話：＿＿＿＿＿＿＿＿ 手機：＿＿＿＿＿＿＿＿ 傳真：＿＿＿＿＿＿＿＿

● 職業：□學生　□生產、製造　□金融、商業　□傳播、廣告
□軍人、公務　□教育、文化　□旅遊、運輸　□醫療、保健
□仲介、服務　□自由、家管　□其他

購書資料

1.您如何購買本書？□一般書店（　　縣市　　書店）　□網路書店（　　書店）
□量販店　□郵購　□其他

2.您從何處知道本書？□一般書店　□網路書店（　　書店）　□量販店　□報紙　□廣播
□電視　□朋友推薦　□其他

3.您通常以何種方式購書（可複選）？□逛書店　□逛量販店　□網路　□郵購　□信用卡傳真
□其他

4.您購買本書的原因？□喜歡作者　□對內容感興趣　□工作需要　□其他

5.您對本書的評價：（請填代號 1.非常滿意 2.滿意 3.尚可 4.待改進）
□定價　□內容　□版面編排　□印刷　□整體評價

6.您的閱讀習慣：□生活風格　□休閒旅遊　□健康醫療　□美容造型　□兩性　□文史哲
□藝術　□百科　□圖鑑　□其他

7.您最喜歡哪一類的飲食書：□食譜　□飲食文學　□美食導覽　□圖鑑　□百科　□其他

8.您對本書或本公司的建議：＿＿＿＿＿＿＿＿＿＿＿＿＿＿＿＿